交通职业教育教学指导委员会推荐教材
高职高专院校工程机械运用与维护专业教学用书

高等职业教育规划教材

Gongcheng Jixie Yeya yu Yeli Chuandong Jishu

工程机械液压与液力传动技术

主　编　张春阳
主　审　沈松云

人民交通出版社

内 容 提 要

本书是高等职业教育规划教材,由交通职业教育教学指导委员会交通工程机械专业指导委员会组织编写。内容包括:液压传动基础知识,液压泵与液压马达,液压缸,液压阀,液压辅助装置,液力机械传动装置,液压伺服系统,液压传动系统。

本书是高职高专院校工程机械运用与维护专业教学用书,可供公路机械化施工等相关专业教学使用,或作为继续教育及职业培训教材,也可供从事液压技术工作的工程技术人员学习参考。

本书第二版正在修订,敬请关注。

图书在版编目(CIP)数据

工程机械液压与液力传动技术/张春阳主编.—北京:人民交通出版社,2009.8

ISBN 978-7-114-07721-0

I.工… II.张… III.①工程机械-液压传动-高等学校:技术学校-教材②工程机械-液力传动-高等学校:技术学校-教材 IV.TU6 TH137.33

中国版本图书馆CIP数据核字(2009)第063527号

书　　名:工程机械液压与液力传动技术
著 作 者:张春阳
责任编辑:蔡培荣
出版发行:人民交通出版社
地　　址:(100011)北京市朝阳区安定门外外馆斜街3号
网　　址:http://www.ccpress.com.cn
销售电话:(010)59757973
总 经 销:人民交通出版社发行部
经　　销:各地新华书店
印　　刷:北京武英文博科技有限公司
开　　本:787×1092　1/16
印　　张:10
字　　数:234千
版　　次:2009年8月　第1版
印　　次:2021年12月　第10次印刷
书　　号:ISBN 978-7-114-07721-0
定　　价:27.00元

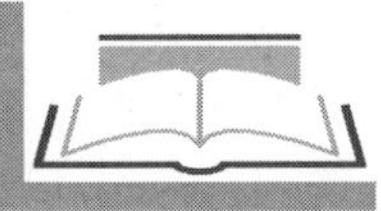

前言

QIANYAN

交通职业教育教学指导委员会交通工程机械专业指导委员会自1992年成立以来，对本专业指导委员会两个专业(港口机械、筑路机械)的教材编写工作一直十分重视，把教材建设工作作为专业指导委员会工作的重中之重，在“八五”、“九五”和“十五”期间，先后组织人员编写了20多本专业急需教材，供港口机械和筑路机械两个专业使用，解决了各学校专业教材短缺的困难。

随着港口和公路事业的不断发展，港口机械和公路施工机械的更新换代速度加快，各种新工艺、新技术、新设备不断出现，对本专业的人才培养提出了更高的要求。另外，根据目前职业教育的发展形势，多数重点中专学校已改制为高等职业技术学院，中专学校一般同时招收中专和高职学生，本专业教材使用对象的主体已经发生了变化。为适应这一形势，交通工程机械专业指导委员会于2006年8月在烟台召开了四届二次会议，制定了“十一五”教材编写出版规划，并确定了教材的编写原则。

1. 拓宽教材的使用范围。本套教材主要面向高职，兼顾中专，也可用于相关专业的职业资格培训和各类在职培训，亦可供有关技术人员参考。

2. 坚持教材内容以培养学生职业能力和岗位需求为主的编写理念。教材内容难易适度，理论知识以“够用”为度，注重理论联系实际，着重培养学生的实际操作能力。

3. 在教材内容的取舍和主次的选择方面，照顾广度，控制深度，力求针对专业，服务行业，对与本专业密切相关的内容予以足够的重视。

4. 教材编写立足于国内港口机械和筑路机械使用的实际情况，结合典型机型，系统介绍工程机械设备的基本结构和工作原理。同时，有选择地介绍一些国外的新技术、新设备，以便拓宽学生的视野，为学生进一步深造打下基础。

《工程机械液压与液力传动技术》是高职高专院校工程机械运用与维护专业规划教材之一，内容包括：液压传动基础知识，液压泵与液压马达，液压缸，液压阀，液压辅助装置，液力机械传动装置，液压伺服系统，液压传动系统。

本书由南京交通职业技术学院张春阳担任主编，云南交通职业技术学院沈松云担任主审。

本套教材在编写过程中，得到交通系统各校领导和教师的大力支持，在此表示感谢！编写高职教材，我们尚缺少经验，书中不妥和疏漏之处，敬请读者指正。

交通职业教育教学指导委员会
交通工程机械专业指导委员会
2009.1

目　录

—MULU

第一章

液压传动基础知识

在工程机械上，传动是指能量(或动力)由发动机向工作装置的传递，把发动机曲轴的旋转运动变为工作装置的各种不同形式的运动，例如，车轮的转动、转向轮的转向、车厢的举升与下降等。

工程机械常用的传动形式，根据工作介质的不同可分为机械传动、液体传动、气体传动、电力传动等。以液体为工作介质传递能量的叫液体传动，液体传动包括液压传动与液力传动。

本章介绍液压传动的基本工作原理、液压油及液压流体力学方面的一些基础知识。

第一节　液压传动的基本原理

一、液压传动的基本原理

液压传动是用液压油作为工作介质，通过动力元件(油泵)，将发动机的机械能转换为油液的压力能，通过管道、控制元件，借助执行元件，将油液的压力能转换成机械能，驱动负载，实现直线或回转运动。

油压千斤顶就是一个简单的液压传动装置，图1-1是油压千斤顶的结构图，图1-2为油压千斤顶原理图。

油压千斤顶主要由小油缸2，大油缸9，单向阀4、7，开关11及油箱12组成。在开关11关闭的情况下，当提起手柄时，小油缸中小柱塞3上移使其工作容积增大而形成真空，油箱里的油便在大气压力作用下通过单向阀4进入小油缸；压下手柄时，小柱塞下移，挤压小油缸下腔的油液，这部分油便顶开单向阀7进入大油缸，推动大柱塞上移从而顶起重物13。

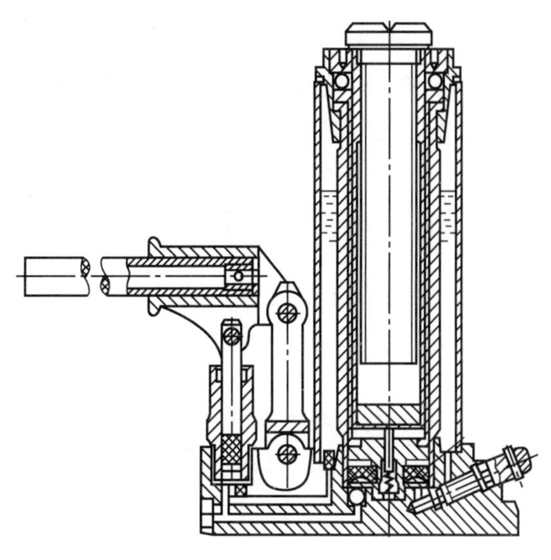

图1-1　油压千斤顶结构图

再提起手柄时，大油缸内的压力油将试图倒流入小油缸，此时单向阀7自动关闭，使油不能倒流，这就保证了重物不致自动落下。压下手柄时，单向阀4 自动关闭，使油液不能倒流入油箱，而只能进入大油缸以将重物顶起。这样，当手柄反复提起和压下时，小油缸不断交替进行吸油与排油过程，压力油不断进入大油缸，将重物一点点顶起。

当放下重物时，打开开关11，大油缸的大柱塞便在重物作用下下移，将大油缸中的油挤回到油箱12。

由上可知，小油缸的作用是将手动的机械能转换为油液的压力能；大油缸则将油液的压力能转换为顶起重物的机械能。

综上所述，油压千斤顶这个例子所代表的液压传动系统，具有以下两个特性：

(1)手柄上只需施加几十牛顿的力，千斤顶的大柱塞却能顶起质量为好几吨的重物。

这是什么道理呢？现将图1-2 简化为图1-3 的密封连通器，可更清楚地分析其动力传递过程。

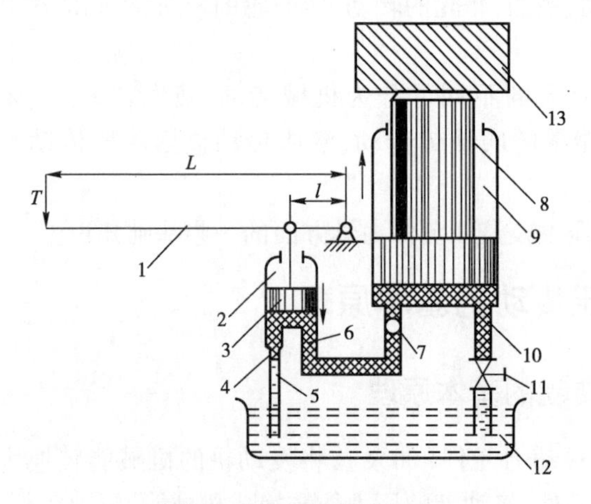

图1-2 油压千斤顶原理图

1-手柄；2-小油缸；3-小柱塞；4、7-单向阀；5、6、10-管道；8-大柱塞；9-大油缸；11-开关；12-油箱；13-重物

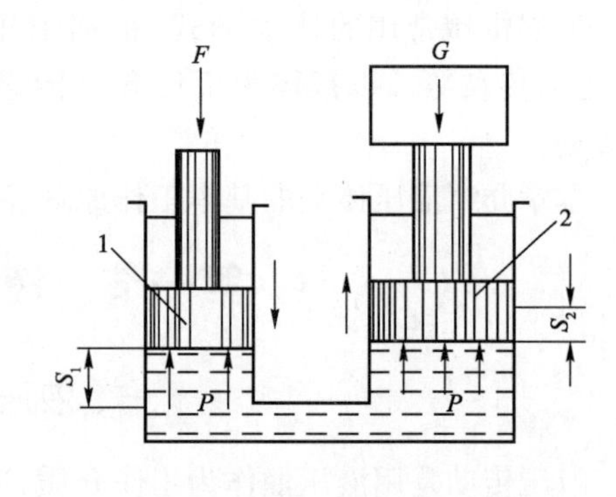

图1-3 密封连通器

1-小柱塞；2-大柱塞

大柱塞上有负载 G，当小柱塞上作用一个主动力 F，使密封连通器保持力的平衡。此时，油液受压后在内部建立了压力。根据静力平衡原理，小柱塞上受到的压力 p_1 为

$$p_1 = \frac{F}{A_1}$$

式中：A_1——小柱塞的面积。

大柱塞上受到的压力 p_2 为

$$p_2 = \frac{G}{A_2}$$

式中：A_2——大柱塞的面积。

因密封容器中压力处处相等，即 $p_1 = p_2 = p$，所以

$$\frac{F}{A_1} = \frac{G}{A_2}$$

或者

$$G = F \cdot \frac{A_2}{A_1}$$

上式表明，只要小柱塞面积 A_1 做得很小，大柱塞面积 A_2 做得很大，就可用很小的力 F 去推动大的负载 G。所以说油压千斤顶具有力的放大作用。

(2)每压动一次手柄，小柱塞向下移动的距离为 S_1，不管大柱塞上的负载有多大，大柱塞每次都只能上升很小一段距离 S_2。

小柱塞向下移动的距离为 S_1，由于没有泄漏和油的不可压缩性，小柱塞排出的油的体积 A_1S_1 全部进入了大柱塞的下腔，使大柱塞向上移动了距离 S_2，它得出的体积 A_2S_2 即等于 A_1S_1，故有

$$A_1S_1 = A_2S_2$$

所以

$$S_2 = S_1 \frac{A_1}{A_2}$$

上式说明，大柱塞上升的距离与其负载的大小无关。当小柱塞向下移动的距离 S_1 为一定值时，大柱塞上升的距离 S_2 取决于小、大柱塞面积 A_1、A_2 之比。由于 A_2 比 A_1 大得多，所以 S_2 比 S_1 小得多。

二、液压传动系统组成及图形符号

下面以东风 EQ340 型自卸汽车车厢举倾机构为例，说明液压传动系统的组成，如图 1-4 所示。

当油泵 2 运转，车厢举倾机构不工作时，分配阀 4 中的阀芯处于图中所示位置。此时，油泵所输出的压力油经单向阀 3，分配阀 4 及回油管返回油箱。由于液压缸 8 活塞上、下腔均与油箱连通，此时液压缸处于不工作状态。

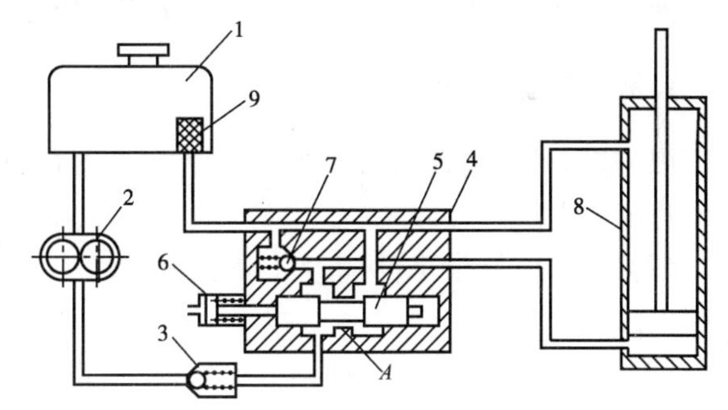

图 1-4　东风 EQ340 型自卸汽车车厢举倾机构结构简图

1-油箱；2-油泵；3-单向阀；4-分配阀；5-阀芯；6-气动缸；7-限压阀；8-液压缸；9-滤油器

当压缩空气通过操纵阀进入气动缸 6 时，压缩空气推动气动缸活塞右移，分配阀阀芯也随之右移，将通路 A 关闭。从油泵输出的压力油经分配阀进入液压缸活塞下腔，推动液压缸活塞上移，通过活塞杆将车厢举升。

为了防止液压系统过载，在液压缸的进油路上装有限压阀 7。当系统油压超过一定值时，限压阀开启，一部分压力油通过限压阀返回油箱，系统油压则不再升高。

当压缩空气经操纵阀从气动缸 6 排出时，气动缸 6 活塞在弹簧作用下回位，分配阀阀芯也返回到原来位置(图中所示位置)。此时，液压缸活塞下腔通过分配阀与回油管连通。液压缸活塞下腔压力油返回油箱，车厢在自重作用下下降。

综上所述，通常一个液压系统由以下四个部分组成：

(1)动力元件——油泵,是将机械能转换为液体的压力能的能量转换元件。

(2)执行元件——液压缸,是将液体的压力能转化为机械能的能量转化元件。

(3)控制元件——各种阀,如分配阀、单向阀和限压阀等,用于控制系统所需要的力、速度和方向,以满足机械的工作要求。

(4)辅助元件——包括油箱、滤油器、油管、管接头及密封件等。

液压系统就是按机械的工作要求,用管路将上述液压元件组合在一体,形成一个整体,使之完成一定的工作循环。

液压系统由许多元件组成,如果用各元件的结构图来表达整个液压系统,则绘制起来非常复杂,而且往往难于将其原理表达清楚,所以用各种符号表示元件的职能,并将各元件的符号用通路连接起来组成液压系统图,以表示液压传动的原理。

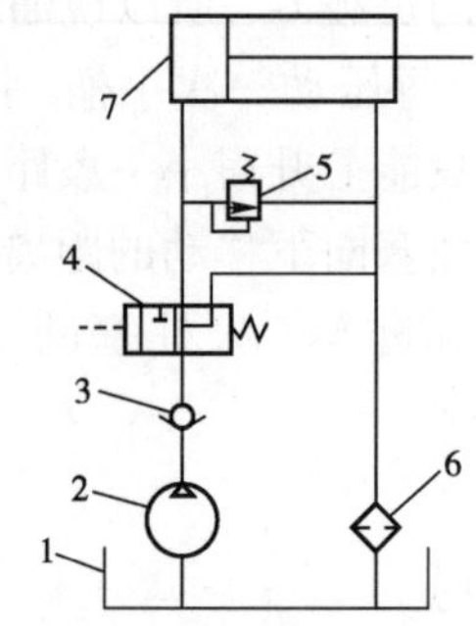

图 1-5　东风 EQ340 型自卸汽车车厢举倾机构液压系统图

1-油箱;2-油泵;3-单向阀;4-分配阀;5-限压阀;6-滤油器;7-液压缸

图 1-5 所示为用我国国标的图形符号表示的东风 EQ340 型汽车车厢举倾机构液压系统图。液压系统图图形符号只表示元件的职能,连接系统的通路,不表示元件的具体结构和参数。

三、液压传动的特点

液压传动与机械传动、电力传动、气动传动等相比较,具有以下特点。

1. 液压传动的优点

(1)液压传动装置运动较平稳,能在低速下稳定运动。能方便地在运转中实现无级调速,且调速范围大。

(2)体积小,质量小,功率大。因而其惯性小,换向频率高。液压传动采用高压时,容易获得很大的力或力矩。

(3)液压传动装置的控制调节比较简单,操作比较方便。它与电、气配合可组成性能好,自动化程度高的传动及控制系统。

(4)传动介质为油液,故液压元件自我润滑作用,有利于延长元件的使用寿命。

(5)液压元件易于实现标准化,通用化,便于组织专业性大批生产,从而可以提高生产率,提高产品质量,降低成本。

2. 液压传动的缺点

(1)液压元件相对运动零件表面不可避免有泄漏,因而引起容积损失;油压在管路中流动以及经过液压元件时都要产生压力损失。这些都会引起系统总效率的降低。

(2)油温的变化要引起油液黏度的变化,会影响液压系统的工作稳定性。因此,在高温及低温条件下,均不宜采用液压传动。

(3)为了减少泄漏,液压元件的制造精度要求较高。由于液压元件相对运动件间的配合

间隙很小,所以对油的污染比较敏感,要求有防止油液污染和良好的过滤设施。

第二节 液 压 油

液压油一般都采用矿物油,它在液压传动中既作为传递能量的介质,同时又有润滑零件的作用。因此,液压油质量的优劣,直接影响液压系统的工作。为了能够合理地选用和正确使用液压油,首先应了解它的性质。

一、液压油的性质

1. 密度和重度

对于匀质液体,其单位体积的质量就是液体的密度 ρ,即

$$\rho = \frac{m}{V}(\mathrm{kg/m^3})$$

式中:V——液体的体积,m^3;

m——体积中液体的质量,kg。

对于匀质液体,其单位体积的重量称为重度 γ,即

$$\gamma = \frac{G}{V}$$

由于 $G = mg$,所以,密度 ρ 和重度 γ 的关系是:$\gamma = \rho g$。g 为重力加速度,$g = 9.81\mathrm{m \cdot s^{-2}}$。在国际单位制(SI)中,液体的密度单位为 $\mathrm{kg/m^3}$;重度单位为 $\mathrm{N/m^3}$。

液体的密度和重度随压力和温度而变化。但一般情况下这种变化很小,可以忽略不计。在计算时可取 $\rho = 890 \sim 920\mathrm{kg/m^3}$;$\gamma = (8.7 \sim 9)10^3\mathrm{N/m^3}$。

2. 液体的压缩性

液体的压缩性是指液体受压后其体积变小的性能。压缩性的大小用体积压缩系数表示,其定义为:受压液体单位压力变化时,液体体积的相对变化值称压缩性。参考图1-6,假定压力 p 为时,液体体积为 V;压力增加为 $p+\Delta p$,液体体积为 $V-\Delta V$。根据定义,液体的压缩性系数为

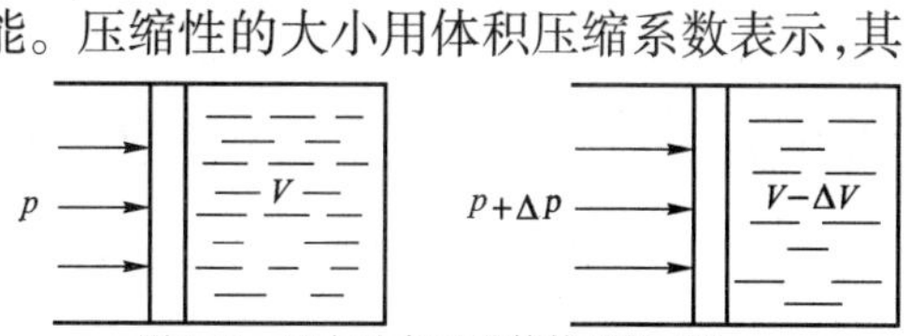

图1-6 压力升高时液体体积的变化

$$\beta = -\frac{1}{\Delta p} \cdot \frac{\Delta V}{V}$$

式中:β——液体的压缩性系数;

ΔV——液体压力变化所引起的液体体积变化值;

Δp——液体的压力变化值。

压力增大时液体体积减小;反之则增大,所以 $\Delta V/V$ 为负值。为了使 β 为正值,故在式中的右边加了一个负号。

液体在受压的体积 V_t 为

$$V_t = V - \Delta V = V(1 - \beta \Delta p)$$

液压油的压缩性系数β值一般为$(5\sim7)\times10^{-10}(m^2/N)$。液压油的压缩率很小,故在通常情况,可认为油是不可压缩的,这是研讨区别于气体的最主要的标志。当液压油混有空气时,其压缩性便显著增加,将使液压系统的工作恶化。所以,在设计和使用中应尽量防止空气进入油中。但压力很高时,对某些特殊品种的液压油,例如硅油,却具有很高的可压缩性(可被压缩35%左右)。故在汽车上可用作液体弹簧。

二、液体的黏度

液体在外力作用下流动时,分子间的内聚力阻碍分子间的相对运动而产生一种内摩擦力。液体的这种性质,叫做液体黏度。液体黏性的大小用黏度来表示,黏度大,液层间内摩擦力就大,油液就"稠",反之,油液就"稀"。黏度是液体最重要的物理特征之一,是选择液压油的主要依据。

常用的黏度表示方法有3种:绝对黏度(流动黏度)、运动黏度和相对黏度。

1. 绝对黏度

如图1-7所示,在两个平行板(下平板不动,上平板动)之间充满某种液体。当上平板以速度v相对于下平行板移动时,由于液体分子与固体壁间的附着力,紧挨着上平板的一层极薄的液体跟着上平板一起以速度v运动,而紧挨着下平板的极薄的一层液体则黏附在平板上不动,中间各层液体则由于液体的黏性从上到下按递减的速度向右移动(这是由于相邻两薄层液体间分子的内聚力,对上层液体起阻滞作用,对下层起拖曳作用的缘故)。

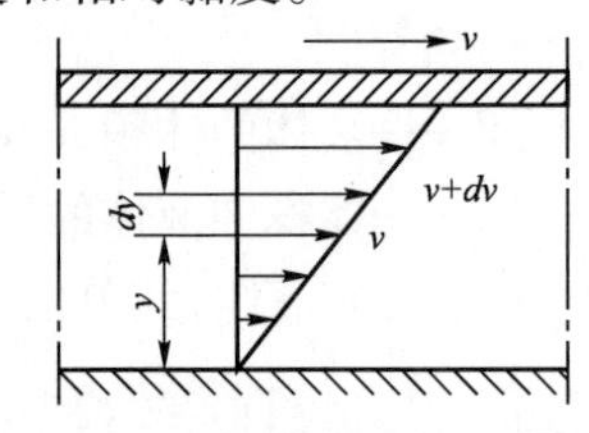

图1-7　液体流动时的速度分布

实验证明,相邻液层间单位面积上的内摩擦力F_f与两液层间的速度差Δv成正比,与两液层间的距离Δy成反比,即

$$F_f=\mu\frac{\Delta v}{\Delta y}$$

式中:μ——比例系数,称为黏性系数或绝对黏度;

$\frac{\Delta v}{\Delta y}$——速度梯度,即液层速度沿着平板间隔方向(图示方向)的变化率。

绝对黏度的物理意义是,液体在单位速度梯度下流动时,其单位面积上所产生的内摩擦力。

在SI单位制中,绝对黏度用帕秒(Pa·s)表示,$1Pa\cdot s=1N\cdot s/m^2$。绝对黏度也称为动力黏度,之所以称为动力黏度,是因为在它的量纲中有动力学的要素——力的缘故。

2. 运动黏度

液体的绝对黏度与其密度的比值称为液体的运动黏度,并以符号v表示。即

$$v=\frac{\mu}{\rho}$$

运动黏度的单位过去用斯(St)或厘斯(cSt)表示。现在则以m^2/s为单位,$1m^2/s=10^4St=$

10^6cSt。目前在生产实际中仍习惯用厘斯这个单位。

运动黏度没有什么特殊的物理意义，只是因为在分析和计算中常遇到μ与ρ之比值，为方便起见采用v来表示。习惯上它用来表示液体的黏度，例如，我国液压油的牌号就是以这种油液在50℃时运动黏度v的平均值来命名的，如20号液压油，意即$v_{50}=20$cSt。

3. 相对黏度

由于绝对黏度很难测量，所以常用液体的黏性越大，通过量孔越慢的特性来测量液体的相对黏度。

相对黏度是采用恩格勒黏度计来测量液体的黏度。这种仪器的测量方法是，使200cm^3的被试油液在某一恒定温度下，借自重流过孔径为2.8mm的小孔时，测出所需的时间t_1与同一体积的蒸馏水在20℃时，流过该小孔所需时间t_2的比值，该比值叫做该恒定温度下的恩氏黏度$°E_t$，即

$$°E_t=\frac{t_1}{t_2}$$

工业上常以20℃、50℃、100℃作为测量恩氏黏度的标准温度，相对黏度以符号$°E_{20}$、$°E_{50}$、$°E_{100}$来表示。在液压传动中，一般以50℃作为测量的标准温度，相应表示符号为$°E_{50}$。

已知恩氏温度后，可用下面的经验公式将恩氏黏度换算成运动黏度。

$$v=7.31°E_t-\frac{6.31}{°E_t}(\text{cSt})$$

4. 黏度与温度和压力的关系

油液的黏性主要取决于分子间的相互作用力。温度升高时分子间的距离增加，内聚力减少，故油液的黏度随温度的升高而降低。

油液黏度随温度变化的性质叫黏温特性。油液黏度的变化要直接影响液压系统的工作特性，因而，油液的黏温特性是液压油的一个重要指标。液压油的黏度随温度变化的关系可由黏温图1-8查得。

三、对液压油的基本要求及其液压油的选用

液压油在液压传动系统中除传递能量外，还具有润滑、冷却的作用。工程机械的露天使用环境和复杂多变的负荷条件，要求液压油应具有以下性能：

（1）低凝点。也就是好的流动性，工程机械要在露天的寒冷气温下工作，要求低温起动液压装置时，液压油容易被油泵吸入并在系统内循环，所以油的低温流动性要好。

（2）黏度适宜。黏度过高，油泵吸油困难，流动阻力增大，压力损失也增大，机械效率也下降；黏度过小，泄漏损失增大，磨损增加，泵的容积损失增大，压力难以维持，甚至控制系统失调。所以液压油的黏度必须适宜。

（3）黏温特性好。液压油起动前温度低，冬季在寒冷的北方可达－55℃，而转动后油温却很高，有的可高达120℃以上。如黏温性能不好，则低温时黏度过高，难以起动；高温时黏度过低，密封性差。所以，在使用温度范围内，油液黏度随温度的变化越小越好，即应具有良好的黏

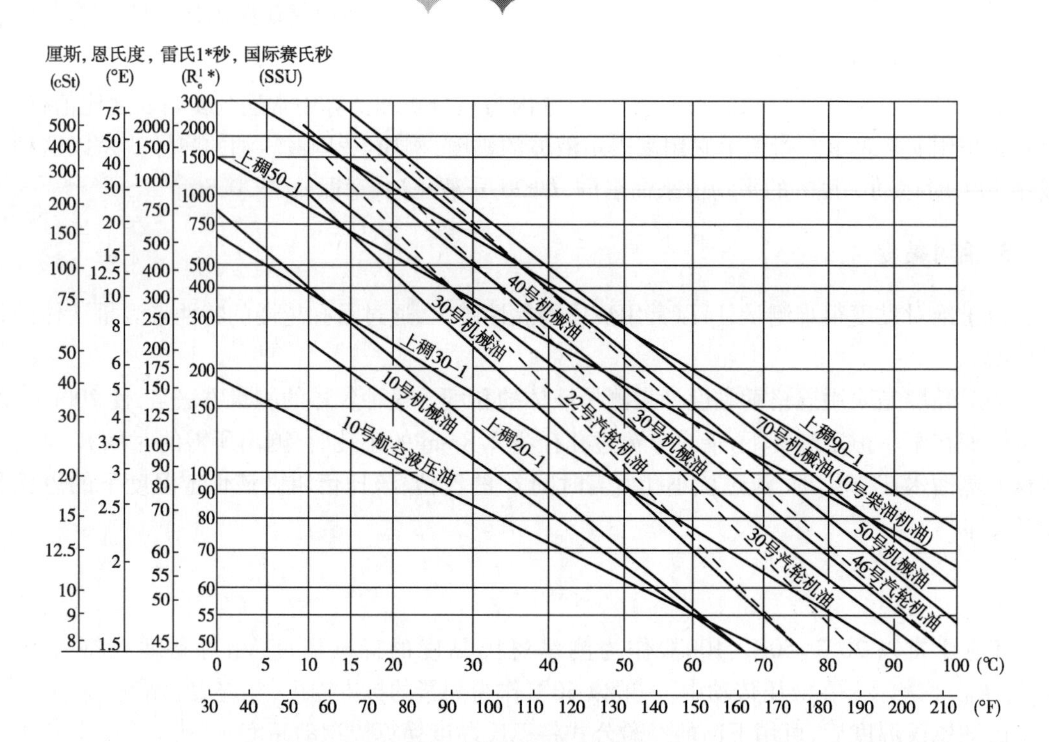

图 1-8　部分国产油黏温图

温性能。

(4)良好的润滑性。液压元件中有许多相对运动的摩擦副。这些摩擦副,往往承受很大的负荷,同时又有相当高的相对运动速度。这些部位要靠液压油来润滑,以免发生磨损和烧伤,因此液压油应该具有良好的润滑性。润滑性的好坏通常是以零件表面生成的油膜强度来衡量的。若油膜越不易破裂,则润滑性能越好。

(5)抗氧化稳定性好。液压油在工作过程中和空气接触,又存在金属和杂物催化的影响,油容易被氧化。氧化生成胶质等污染物,堵塞滤油器和管道,使液压系统工作不稳定,降低效率,甚至停止工作,所以要求液压油抗氧化稳定性好。

(6)防锈性和抗腐蚀性好。液压油在使用过程中,由于水和空气的共同作用,液压元件会发生腐蚀,腐蚀粒子随油循环,造成磨料损失,致使液压元件损坏,所以液压油防锈性和抗腐蚀性的好坏关系到液压元件寿命的长短,是重要的性质之一。

(7)抗泡沫性好。液压油中侵入空气,会使系统工作显著恶化。因为低压空气的可压缩性为油液的1000倍,所以混有空气泡的液压油,使能量传递不稳,产生振动和噪声。气泡的存在,使油与空气接触面增大,加速油氧化变质。所以要求液压油释放空气的性能好。通常加入抗泡剂以提高油的抗泡性。

(8)对密封材料适应性好。液压系统的密封是保证系统安全可靠工作的重要条件。通常密封材料是橡胶,如果不适应就会使橡胶溶胀、软化或变硬,均丧失密封性,故要求液压油的适应性好。

液压系统通常采用矿物油,常用的有机械油、汽轮机油、变压器油及合成锭子油等。随着液压技术的发展,对液压油提出了更高的和不同的要求,油液经过精炼或在其中加入各种改善其性能的添加剂——抗氧化、抗泡沫、抗磨损、防锈等添加剂,以提高其使用性能。

液压油品种的选择,一般根据液压装置本身的使用性能和工作环境等因素确定。当品种选定后,主要考虑油液的黏度。在确定油液黏度时应考虑下列因素:工作压力的高低、工作环境温度的高低、工作部件运动速度的高低。当系统工作压力较高、环境温度较高、工作部件运动速度较低时,为了减少漏损,宜采用黏度较高的液压油;当系统工作压力较低、环境温度较低、工作部件运动速度较高时,这时泄漏对系统的影响相对减少,而液体的内摩擦力影响较大,应选用黏度较低的液压油。此外,各类油泵对液压油的黏度有一个许用范围。其最大黏度主要取决于该类泵的自吸能力,而其最小黏度则主要考虑摩擦时的润滑和泄漏。

表 1-1 为按液压泵类型推荐用油黏度,可供选用时参考。

按液压泵类型推荐用油黏度[cSt(50℃)] 表 1-1

泵 类 型		工作温度 5~40℃	工作温度 40~80℃
齿轮泵		19~42	58~98
叶片泵	工作压力≤7MPa	19~29	25~44
	工作压力>7MPa	31~42	35~55
轴向柱塞泵		26~42	42~93
径向柱塞泵		19~29	38~135

第三节 液压传动的基本参数

液压传动的基本参数是压力、流量和功率。

一、液体的压力

液体在单位面积上所承受的法向作用力,称为压力,而在物理学中称为压强。设液体在面积 A 上所受的法向作用力为 F_n,则液体的压力为

$$p=\frac{F_n}{A}$$

在国际单位制(SI)中,压力的单位是 N/m^2(牛顿/米^2),称为帕斯卡,简称为帕(Pa)。由于此单位太小,在工程中使用很不方便,因此常采用它的倍数单位 kPa(千帕)或 MPa(兆帕)。

$$1MPa=1000kPa=10^6Pa=10^6N/m^2$$

液压系统中是靠油的压力产生作用力克服外载荷的。那么,油的压力是怎样形成的呢?现以图 1-3 所示的千斤顶为例进行分析。

用手通过手柄压千斤顶的小柱塞时,油会向大柱塞油缸挤,但大柱塞上有重物 G,只有当大柱塞油缸的油压 p 足够大,使作用力 $N=pA>G$ 时,小柱塞油缸的油才有可能被挤入大柱塞油缸,才能将重物顶起。重物越重,要想顶起重物,系统内的油压就必须高。如果大柱塞上无重物,则在小柱塞上稍一用力,油便进入大柱塞油缸,此时系统内油压必然很低。在这种情况下,即使是想往小柱塞上用力,也是有劲使不上。因此我们说,液压系统中油压的大小决定于外载荷的大小,也就是决定于油液运动所受到的阻力。

二、流　　量

单位时间内流过管道的液体的体积称为液体的流量。若在时间 t 内，流过管道的液体体积为 V，则流量 Q 为

$$Q=\frac{V}{t}$$

液压系统中，工程制流量常以 L/min（升/分）为单位；SI 制用 m^3/s。1L（升）$=10^{-3}m^3$。

液体在单位时间内流过的距离叫液体的流速。若液体通过管道的流量为 Q，管道截面积为 A，则液体的流速 v 为

$$v=\frac{Q}{A}$$

流量的单位常用 m/s（米/秒）。若流量的单位用 L/min，管道截面积单位为 cm^2（厘米^2），则

$$v=\frac{1}{6}\cdot\frac{Q(L/\min)}{A(cm^2)}(m/s)$$

液压系统的流量大小直接影响到工作机构（如液压缸活塞杆）的运动速度。

三、功 和 功 率

在物理学中已知，若一个物体在力 F 的作用下，沿力 F 的方向移动了距离 S，则力 F 对这个物体做的功 W 为

$$W=FS$$

单位时间内做的功叫功率 P，所以

$$P=\frac{W}{t}=\frac{FS}{t}=Fv(W/s)$$

式中：$S/t=v$，物体移动的速度。

下面以一个简单的油缸和活塞的例子来说明。

具有流量 Q 和压力 p 的压力油从左端进入油缸，在时间 T 内向油缸提供了体积为 V 的油，则 $V=Qt$，这时面积为 A 的活塞将受到一个向右的力 F，以克服外载荷 R，而移动了距离 S，并获得速度 v。从上述的压力概念可知，压力 p 与活塞上受力 F 之间的关系为

$$F=Ap$$

压力油对活塞做的功 W 为

$$W=FS=pAS$$

由于 $AS=V$，所以

$$W=pV=pQt$$

由此可知，压力油由于具有压力，所以它能做功，即它具有能量，在数值上具有压力能为 pQt。液压油做功的功率 P 为

$$P=\frac{W}{t}=pQ$$

若压力以 MPa 代入，流量以 L/min 代入，则液压功率可用下式计算

$$P = \frac{pQ}{60}$$

在液压传动中,作用力由油的压力产生的,速度是由压力油的流量提供的,而液压功是靠压力和流量共同传递的。

第四节　静止液体的力学性质

一、液体静压力特性

(1)液体静压力永远垂直于承压表面。如果静压力不垂直于承压表面,则液体将沿着这个面产生相对运动,破坏了静止的条件。

(2)静止液体中,任何一点所受到的各个方向的压力都相等。如果液体中某点受到各个方向上的压力不相等,那么液体就要产生运动,破坏了静止的条件。

二、静止液体压力的表达式

首先研究液体未受表面力而仅处于重力作用下的情况(图1-9)。

液体具有重量,上层液体对下层液体产生压力。若横截面积为 s 的某一点上液柱高度为 h,则液柱体积为 sh;液体的密度为 ρ,则液柱重量为 $sh\rho g$。液体内这一点所受的液体静压为

$$p = \frac{sh\rho g}{S} = \rho gh$$

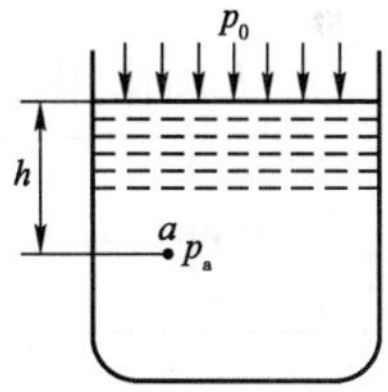

图1-9　静止液体的压力

可见,液体自重所产生的压力与离开液面的深度成正比。

若将这圆形容器密封起来,对其表面施加压力 p_0,则液体内任一点 a 的液体静压力变化为

$$p_a = p_0 + \rho gh$$

此式即为静止液体的压力表达式。它说明液体内任一点的静压力等于液面的表面压力与该点液柱深度上的液体自重产生的压力之和。

三、压力的两种计算基准

在地球表面上,一切物体都受到大气压力的作用。工程上各种物体所受的大气压力往往是自成平衡,而不显示任何力学效果。在绝大多数的压力仪表中,大气压力并不能使仪表指针动作。实际使用中,压力表测出的压力值是高出大气压力的那部分压力,而不是被测压力的绝对值。这样测出的高于大气压力的那部分压力为相对压力(也称为表压力)。而包括大气压力在内的压力就是绝对压力。由此,绝对压力和相对压力的定义为:

绝对压力——以绝对真空为基准(零点)起算的压力数。

相对压力——以标准大气压力为基准(零点)起算的压力数。

绝对压力和相对压力的关系是

绝对压力 = 相对压力 + 大气压力

相对压力 = 绝对压力 − 大气压力

如果液体中某点的绝对压力小于大气压力，则称这点上具有真空，并称绝对压力不足大气压力的差值为真空度。即

真空度 = 大气压力 - 绝对压力

绝对压力、相对压力、真空度之间的关系如图1-10所示。

表压力与真空度有着相反的关系，所以真空度又称为负表压力。对于具体的某一点来说如果有表压力，就没有真空度；有真空度，就没有表压力。这里应注意，真空度不是绝对压力，而是该点绝对压力值与大气压力值相比较的不足部分。

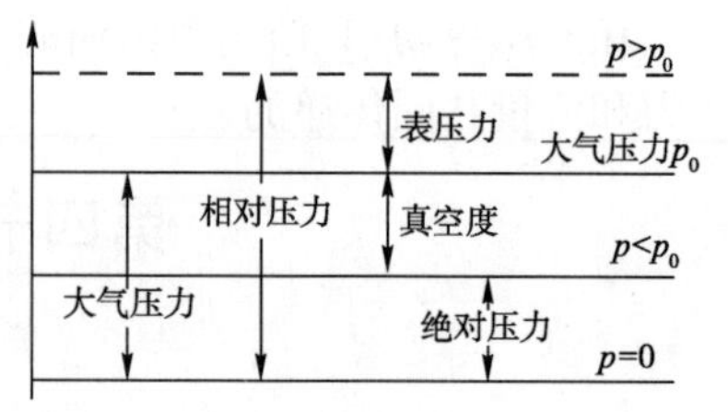

图1-10　绝对压力、相对压力，真空度的关系

四、压力油作用在平面和曲面上的力

在液压系统中，当不计重力作用时，相对静止油液中的压力可以认为是处处相等的。因此，可以将作用在液压元件上的液压力看成是均匀分布的压力。

1. 压力油作用在平面上的力

压力油作用在平面上的力 F 等于油的压力 p 与承压面积 A 的乘积，即

$$F = pA$$

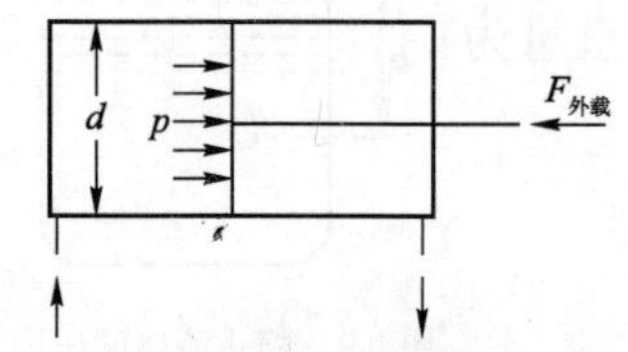

图1-11　压力油作用在平面上的力

如图1-11所示，液压缸左活塞受油液压力 p 的作用，右腔的油液流回油箱。设活塞的直径为 d，右腔流回油箱的油液压力 $p'=0$，则活塞受到的向右的作用力为

$$F = p \cdot s = \frac{\pi}{4}d^2 \cdot p$$

例　在液压制动装置中（如图1-12所示），设总泵的直径 $d = 25.4\text{mm}$，分泵的直径 $D = 32\text{mm}$。现根椐制动要求，分泵活塞推杆作用在制动器上的制动力 $F_2 = 3159\text{N}$，踏板的传动比 $L_1/L_2 = 5.5$，试求驾驶员需踩在踏板上的力 R。

解　制动器上制动力 $F_2 = 3159\text{N}$，分泵的压力为

$$p = \frac{F_2}{S_2} = \frac{4F_2}{\pi D_2}$$

压力 p 传递到总泵作用于活塞，使推杆得到力 F_1 为

$$F_1 = p \cdot S_1 = \frac{4F_2}{\pi D^2} \cdot \frac{\pi}{4}d^2 = \left(\frac{d}{D}\right)^2 \cdot F_2$$

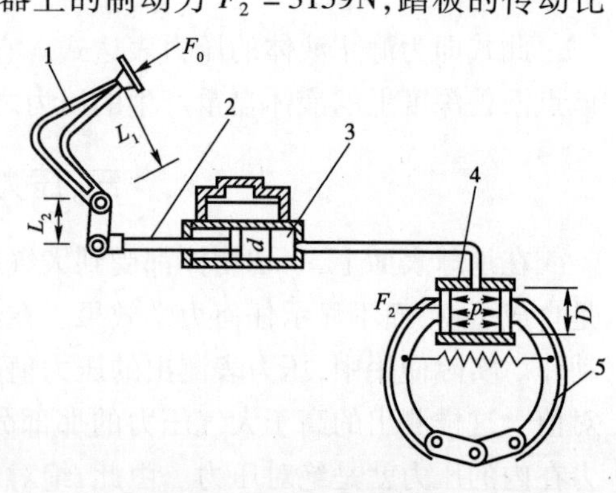

图1-12　液压制动示意图

1-踏板；2-推杆；3-总泵；4-分泵；5-制动器

又因为

$$F_0 L_1 = F_1 L_2$$

所以

$$F_0 = \frac{L_2}{L_1} \cdot F_1 = \frac{L_2}{L_1}\left(\frac{d}{D}\right)^2 \cdot F_2 = \frac{1}{5.5} \times \left(\frac{0.0254}{0.032}\right)^2 \times 3159 = 362 \qquad \text{N}$$

2. 压力油作用在曲面上的力

在液压传动中，常需要计算压力油作用在圆柱形表面、圆锥形表面和球面上的力。这些表面均是曲面，压力油作用在曲面上的所有压力的方向均垂直于曲面，所以是互相不平行的。在工程上通常只需要计算作用于曲面上的力在某一指定方向上的分力。当计算压力油作用在曲面上的力时，首先应明确要计算的是哪一指定方向上的力。下面对一个具体例子进行分析。

图 1-13 所示为一液压缸受力简图。在液压缸中充满了压力为 p 的油液。试求出沿 x 方向压力油作用在液压缸右半壁上的力。

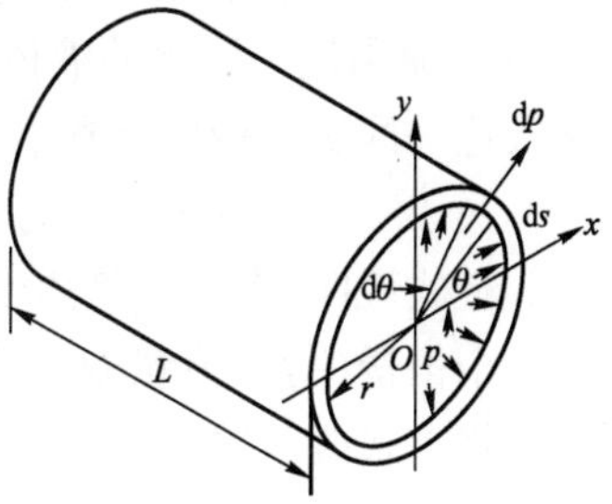

设液压缸半径为 r，长度为 L，在液压缸右半壁上任取一狭长条微小面积 $L\mathrm{d}s = Lr\mathrm{d}\theta$。由于 $\mathrm{d}s$ 取得足够小，因此可以将它看成是一个微小平面，压力油作用在这微小平面上的力 $\mathrm{d}F$ 为

$$\mathrm{d}F = pL\mathrm{d}\theta$$

图 1-13　液压缸受力计算简图

F 沿 x 的分力为

$$\mathrm{d}F_{\mathrm{x}} = \mathrm{d}F\cos\theta = pLr\cos\mathrm{d}\theta$$

压力油沿 x 方向作用在液压缸右半壁上的总作用力只可将上式积分后求得

$$F_{\mathrm{x}} = \int_{\frac{\pi}{2}}^{\frac{\pi}{2}} pLr\cos\theta\mathrm{d}\theta = pLr\int_{-\frac{\pi}{2}}^{\frac{\pi}{2}}\cos\theta\mathrm{d}\theta = pLr\left[\sin\frac{\pi}{2} - \sin\left(-\frac{\pi}{2}\right)\right] = 2pLr$$

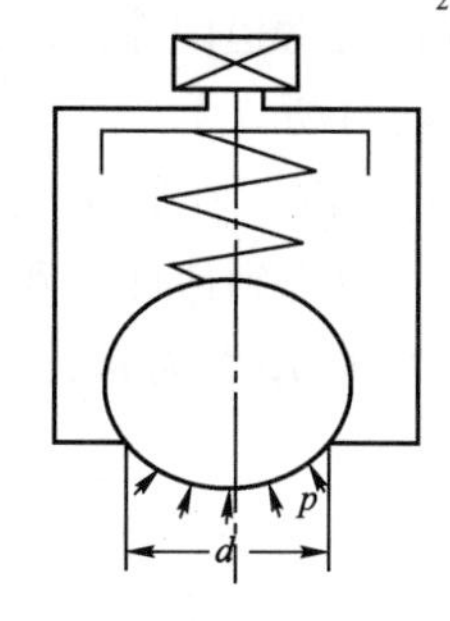

图 1-14　溢流阀钢球受力计算简图

由上式可见，压力油沿 x 方向上的作用力 F，等于油压力 p 和面积 $(2Lr)$ 的乘积。而 $2Lr$ 正好是液压缸右半壁曲面沿 x 方向的垂直平面上的投影面积。这一关系对其他曲面也是适用的。因此，压力油作用在曲面某一方向上的力等于油的压力与曲面在该方向的垂直平面上的投影面积的乘积。如图 1-14 所示的简单溢流阀中，钢球在弹簧力的作用下压在阀座孔上。阀座孔与压力油相通，油压力为 p，压力油作用在钢球底部球面上所产生的垂直向上的作用力 F，应等于油压力 p 与承压球面在水平面投影面积的乘积。很明显，该投影面积就等于阀座孔的横截面积。因此，压力油所产生的向上作用力 F 为

$$F = \frac{\pi}{4}d^2 p \qquad \mathrm{N}$$

式中：d——阀座孔直径，m。

第五节　液体流动的力学性质

液压系统中的压力油在不断流动，所以液体在液压系统的不同位置的流动状态是不同的，表达液体流动状态的参数，如流速、压力、能量、动量等也在不断变化。然而，各参数的变化以及它们之间的关系都有一定的规律。本节将研究这些规律，以进一步认识整个液压系统，解决液压技术中的问题。

一、流动液体的连续原理

在管道中任意取两个垂直于管道的截面Ⅰ和Ⅱ(图1-15),其截面分别为A_1和A_2,如以v_1和v_2分别表示两截面的流速,则在单位时间内流过截面Ⅰ的液体体积为v_1A_1,流过截面Ⅱ的液体体积为v_2A_2。对于不可压缩的液体来说,截面Ⅰ、Ⅱ之间液体的体积是不变的,所以单位时间内通过截面Ⅱ流出这一区域的液体体积v_2A_2应该等于通过截面Ⅰ流入这一区域的液体体积v_1A_1,即

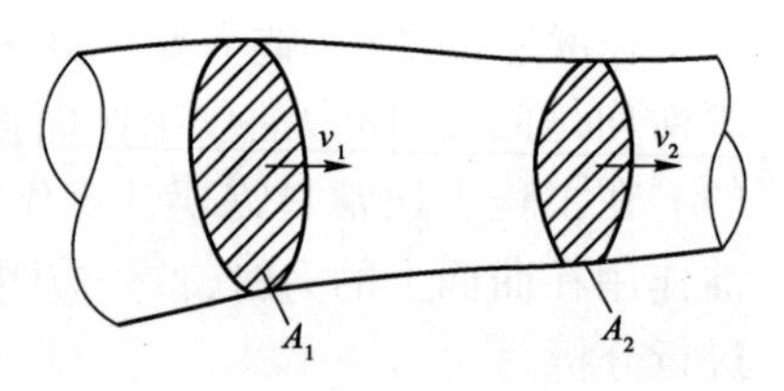

图1-15　液体连续性原理简图

$$v_1A_1 = v_2A_2 = \text{恒量}$$

上式说明,在同一管道中,对于不可压缩的液体来说,液体的流速和管道的横截面积乘积是一个恒量(等于流量Q),这一结论就是液体的连续原理,上式叫液流的连续性方程。

将上式改写得

$$\frac{v_1}{v_2} = \frac{A_1}{A_2}$$

此式表明,液体在管道中的流速与其横截面的大小成反比。

二、流动液体的能量守恒定律

在液压系统中是利用具有压力的流动液体来传播能量的。现在就对液体在管道内流动时所具有的能量及其变化规律进行分析。

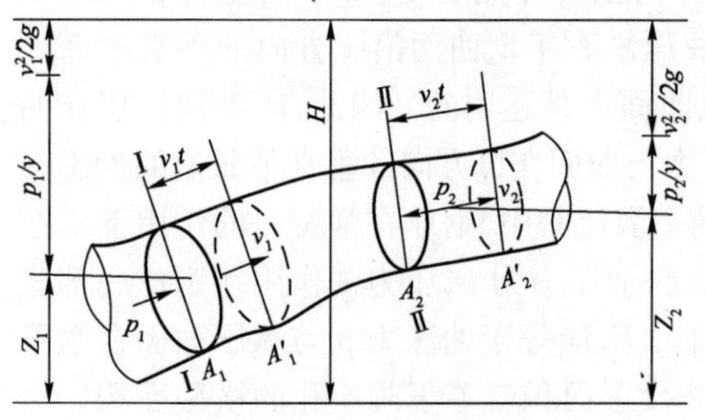

图1-16　液流能量定理示意图

图1-16为液体流经管子的情况。在管子断面Ⅰ处流速为v_1,压力为p_1,断面中心到地面的距离为Z_1。管子断面Ⅱ处,流速为v_2、压力为p_2,断面中心距地面高度为Z_2。

如果在断面Ⅰ处取出一块重量为mg的油液(m—油的质量,g—重力加速度),则这部分油液具有的能量分别为

位能。由于距地面有一定的高度,故有位能mgz_1。因此,单位重量的油其位能为$\frac{mgz_1}{mg} = Z_1$。

动能。质量为m的油液具有的动能为$\frac{mv_1^2}{2}$,所以单位重量的动能为$\frac{mv_1}{2mg} = \frac{v_1^2}{2g}$。

压力能。由于油液具有压力,故它具有压力能。前已说明,当压力为p_1,流量为Q_1时的压力能为p_1Q_1t。

又因为流量为Q_1的油液在t时间内其重量为$Q_1\gamma t$(γ为油的重度),因此,单位重量油液的压力能为

$$\frac{p_1Qt}{Q_1\gamma t} = \frac{p_1}{\gamma}$$

在断面 I 处，单位重量油液具有的总能量为 $Z_1+\frac{v_1^2}{2g}+\frac{p_1}{\gamma}$。

同样的这块单位重量的油液，流到断面 II 时，如果没有能量损失，那么断面 II 处单位重量油液的总能量为 $Z_2+\frac{v_2^2}{2g}+\frac{p_2}{\gamma}$。

根据能量守恒定律，油液流经断面 I、II 时的总能量是相等的，即

$$Z_1+\frac{v_1^2}{2g}+\frac{p_1}{\gamma}=Z_2+\frac{v_2^2}{2g}+\frac{p_2}{\gamma}=\text{常数}$$

此等式叫伯努利方程。其物理意义是：在密封的管道内流动的液体在任意截面上具有 3 种形式的能量，即位能、动能和压力能，这 3 种能量的总和是一定的，但它们之间可以互相转化。

在液压传动中，由于油液的高度所产生的位能和压力能相比很小，故通常可以略去，于是伯努利方程变为下式

$$\frac{v_1^2}{2g}+\frac{p_1}{\gamma}=\frac{v_2^2}{2g}+\frac{p_2}{\gamma}$$

在实际的液压传动装置中，由于液体具有黏性，因此液体在流动时为克服内摩擦阻力必然要损失一部分能量。因此，单位重量的油液自断面 I 流到断面 II 时，能量损失为 ht。根据能量守恒定律，则有

$$\frac{p_1}{\gamma}+\frac{v_1^2}{2g}=\frac{p_2}{\gamma}+\frac{v_2^2}{2g}+ht$$

液压传动主要是依靠液体的压力能传递动力，所以液流的压力能远大于其具有的动能；但液力传动则主要依靠液体的动能传递动力，因而其动能远大于压力能。

对液压传动，动能$\frac{v}{2g}$可以省略，则上式变为

$$p_1-p_2=\gamma ht=\Delta p$$

式中 Δp 称为压力损失，这个损失越小，传动效率也就越高。

三、流动液体的动量定理

从物理学中已知，有一质量为 m 的物体，如受到一个外力 F 的作用，在一段时间 Δt 内，物体的速度由 v_1 变为 v_2，则物体运动的加速度 a 为

$$a=\frac{v_2-v_1}{\Delta t}$$

根据牛顿第二定律

$$F=ma=m\frac{v_2-v_1}{\Delta t}=\frac{mv_2-mv_1}{\Delta t}$$

在上式中，物体的质量 m 与速度 v 的乘积 mv 称为该物体的动量。动量是一个矢量，它的方向与速度 v 的方向相同。由此可知，质点的动量对时间的改变率等于作用于该质点的力，这

就是动量定理，是牛顿第二定理的另一种陈述形式。

假定一股流量为 Q 的液流，则在时间 Δt 内流过截面液体的体积为 $V=Q\cdot\Delta t$，而流过液体的质量 m 为

$$m=\rho v=\rho Q\Delta t$$

所以

$$F=\rho Q(v_2-v_1)$$

这就是流通液体的动量方程。利用这个方程可以很容易的求出液体与固体之间的作用力。

下面通过几个例题说明液流动量方程的应用。

例 1　一股流量为 Q 的射流射到一个可转动的叶片上（图 1-17），求液流给叶片的作用力 F'。

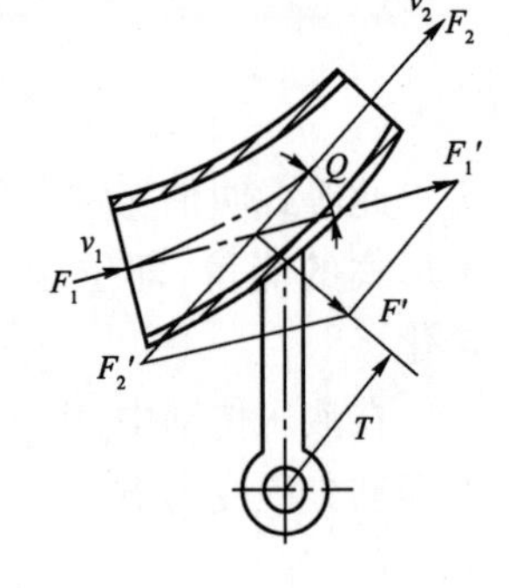

图 1-17　液流对叶片的作用力

液流在 v_1 方向受到叶片的作用力 F_1 为

$$F_1=\rho Q(v_2\cos\theta-v_1)$$

液流在 v_1 方向对叶片的作用力 F'_1 为

$$F'_1=-F_1=-\rho Q(v_2\cos\theta-v_1)$$

液流在 v_2 方向受到叶片的作用力 F_2 为

$$F_2=\rho Q(v_2-v_1\cos\theta)$$

液流在 v_2 方向对叶片的作用力 F'_2 为

$$F'_2=-F_2=-\rho Q(v_2-v_1\cos\theta)$$

将 F'_1 和 F'_2 合成，则可以求出液流对叶片的总作用力 F'，这个力将使叶片产生转动的扭矩 M，其大小为

$$M=F'r$$

例 2　图 1-18 所示为换向阀的局部结构，阀体上有两个通道，阀芯可在阀体上左右移动，以关闭或接通阀体的两个通道。求液流通过换向阀时对阀芯的轴向作用力 F'。

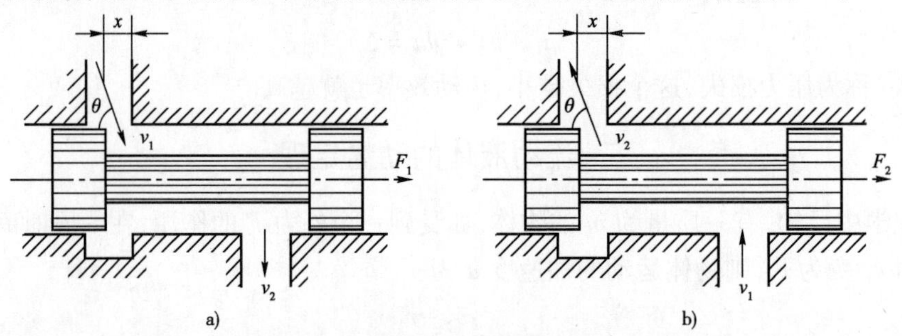

图 1-18　液流作用在滑阀上的液动力

a）流入阀腔；b）流出阀腔

取阀芯台阶之间的液体为研究对象，液流的初速度 v_1 在轴向的分量为 $v_1\cos\theta$，液流末速度 v_2 在轴向的分量为 0，因而这部分液体在轴向受到阀芯的作用力 F 为

$$F=\rho Q(0-v_1\cos\theta)=-\rho Qv_1\cos\theta$$

而阀芯受到液流的作用力 F' 为

$$F' = -F = \rho Q v_1 \cos\theta$$

力 F' 的方向与液流初速度 v_1 在轴向投影的方向相同，即向右。此力也称为液动力，液动力企图封闭窗口。

液流在 v_1 方向受到叶片的作用力 F_1 为

$$F_1 = \rho Q(v_2\cos\theta - v_1)$$

液流在 v_1 方向对叶片的作用力 F'_1 为

$$F'_1 = -F_1 = -\rho Q(v_2\cos\theta - v_1)$$

液流在 v_2 方向受到叶片的作用力 F_2 为

$$F_2 = \rho Q(v_2 - v_1\cos\theta)$$

液流在 v_2 方向对叶片的作用力 F'_2 为

$$F'_2 = -F_2 = -\rho Q(v_2 - v_1\cos\theta)$$

将 F'_1 和 F'_2 合成，则可以求出液流对叶片的总作用力 F'，这个力将使叶片产生转动的扭矩 M，其大小为

$$M = F'r$$

本小节所讲到的液流动量原理也是今后学习液力传动的基本理论基础。

第六节　压力损失

液压传动中，通常用许多油管将各元件连接起来。当液压油流过时，由于液体具有黏性，所以就会因克服内摩擦力而产生能量损失。另外，液体在流经管接头或流断面大小发生突然变化时，也要产生能量损失。这些损失主要表现为压力损失。压力损失又可分为沿程压力损失和局部压力损失。损失的大小与液体在管路内的流动状态有关。

一、液体的流动状态

由实验得知，由于液流速度 v、管子直径 d 以及油的黏度不同，油在管中流动会出现“层流”与“紊流”两种不同状态。

层流是指液体在流动时呈不混杂的线状或层状流动。此时液体中各质点是在平行管道做直线运动的，流速较低，受黏性的制约不能随意运动，黏性力起主导作用。紊流是指液体作混杂紊乱状态的流动，此时液体质点除了作平行管道的直线运动外，还具有横向的运动，流速较高时，黏性的制约减弱，因而惯性力起主导作用。

液体的流动是层流还是紊流，需根据雷诺数来判别。雷诺数用 Re 表示，即

$$Re = \frac{vd}{\upsilon}$$

式中：v——液流速度，cm/s；

d——油管内径，cm；

υ——运动黏度，cSt。

液流的雷诺数相同，其流动状态就相同。

经大量实验，在工程上常用一个临界雷诺数 Rec 来判别液流的状态是层流还是紊流。

当雷诺数 $Re < Rec$ 时为层流；$Re > Rec$ 时则为紊流。

对光滑金属圆管 Rec 为 2000～2300；橡胶软管 Rec 为 1600～2000。

对于层流，油流阻力仅由黏性产生。对于紊流，由于油分子混杂运动的结果，使油的摩擦力加大，油流阻力增加。

二、沿程压力损失

液流在主管中的压力损失为沿程压力损失，它是由液体流动时的内摩擦阻力所引起的，主要决定与管道的长度，管子的内径，流速和黏度等。液流的流动状态不同，流经直管时的压力损失也不同，可用下面的半经验公式确定。

$$\Delta p = \lambda \frac{l}{d} \frac{\rho v^2}{2}$$

式中：λ——沿程损失系数；

v——液体的平均流速；

ρ——液体的密度；

l——管子的长度；

d——管子的直径。

沿程损失系数 λ 的数值与液体流动状态有关，可参考液压传动设计手册。

三、局部压力损失

当液流经过弯头、阀门或管子断面突然变化处时，液流速度大小和方向要发生急剧变化，结果在这些区域造成涡流。液体质点在这涡流区域内相互碰撞和摩擦，从而消耗能量，造成局部压力损失。局部压力损失可由下式确定。

$$\Delta p = \varepsilon \frac{\rho v^2}{2}$$

式中：ε——局部损失系数，具体数据可查阅有关液压设计手册。

管路液压的损失，导致功率的浪费和油液的发热，使泄漏增加，传动效率降低，影响液压的工作性能，所以要尽量减少管路的液压损失。为了减少损失，应尽量减少管路长度，采用较小流速，力求管道内壁光滑，采用黏度适当的油，尽量减少管道截面的变化等等。当然采取每一项措施都可能带来其他一些问题，例如，降低流速，会导致油管尺寸加大，成本增高等。在对机械的使用维修中也要尽量避免人为的增加系统阻力的任何做法。

第七节　液体在缝隙和小孔中的流动

在液压系统中，经常遇到油液流过缝隙和小孔的情况。例如许多液压元件的相对运动表面间存在间隙，以及元件上有节流小孔、阻尼小孔等，当缝隙或小孔两端压力不相等时，就会有油液通过。研究油液通过缝隙和小孔时的压力和流量变化规律，对于分析泄漏和有关计算具有重要意义。

一、油液在缝隙中的流动

液压元件中常见的缝隙形式有两种：一是由两个平行平面所形成的平面缝隙；另一种是由

两个内、外圆柱表面所形成的环状缝隙。油液流经这些缝隙的流量，实际上就是泄漏量。

1. 油液在平面缝隙中的流动

图 1-19 表示油液流经平面缝隙的情况。平面间缝隙的厚度为 δ，沿液流方向缝隙的长度为 l，宽度为 b。图中油液沿 x 方向运动。液流在流经缝隙前后的压力分别为 p_1 和 p_2。由于缝隙比较小，且油液本身又具有黏性，因此液流在缝隙中的运动速度较低，一般呈层流状态。液流在缝隙中的速度为抛物线形，如图中虚线所示。

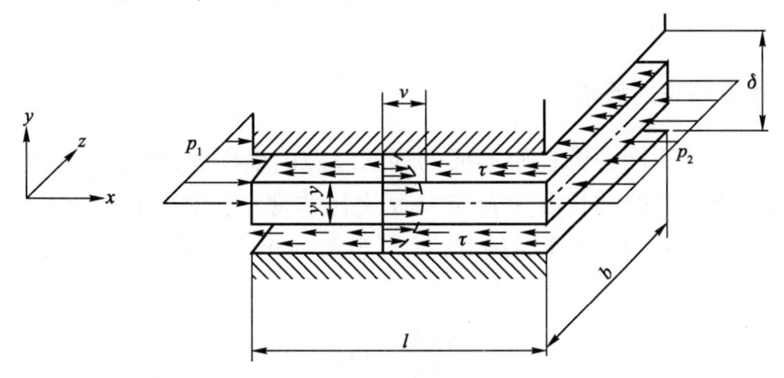

图 1-19　油液在平面缝隙中的流动

现从缝隙中对称截取尺寸为 $b\times 2y\times l$ 的液体薄层。由于液层之间存在速度差，因此薄层上、下表面都受到液体内摩擦力的作用。在稳定流动的情况下，作用在液体薄层上的力应互相平衡，即

$$2yb(p_1-p_2)=2bl\tau$$

$$y(p_1-p_2)=-\mu l\frac{\mathrm{d}v}{\mathrm{d}y}$$

$$\frac{\mathrm{d}v}{\mathrm{d}y}=-\frac{p_1-p_2}{\mu l}y$$

式中右端的负号表示随流速的增加而降低。

对上式进行积分得

$$v=-\frac{p_1-p_2}{2\mu l}y^2+C$$

当 $y=\pm\frac{\delta}{2}$时，$v=0$。将此边界条件代入，可求得积分常数为

$$C=\frac{p_1-p_2}{2\mu l}\cdot\frac{\delta^2}{4}$$

因此，液流速度的表达式为

$$v=-\frac{p_1-p_2}{2\mu l}\left(y^2-\frac{\delta^2}{4}\right)$$

由此可得液流通过缝隙的流量 Q 为

$$Q=2\int_0^{\delta/2}bv\mathrm{d}y=\frac{b(p_1-p_2)}{\mu l}\int_0^{\delta/2}\left(\frac{\delta^2}{4}-y^2\right)\mathrm{d}y=\frac{b\delta^3\Delta p}{12\mu l}\ (\mathrm{m^3/s})$$

式中：b——缝隙的宽度，m；

δ——缝隙的厚度，m；

l——缝隙的长度，m

μ——油液的动力黏度，Pa·s；

Δp——缝隙两端的压力差，$\Delta p = p_1 - p_2$，Pa。

从上式可知，油液流经平面缝隙的流量和缝隙的厚度δ的三次方成正比，和黏度的大小成反比。因此，在采用间隙密封的地方，应尽可能缩小间隙量，并适当提高油液的黏度，以便减小高压油的泄漏。

2. 油液在环状缝隙中的流动

图1-20表示由两个不同心圆柱所形成的环状缝隙的横断面，缝隙厚度为δ，缝隙内侧圆柱面的直径为d，液流方向缝隙的长度为l。δ与d之比非常小，油液沿环状缝隙的流动情况与平面缝隙相似。如果将环状缝隙沿圆周展开，就相当于一个平面缝隙。如用πd代替缝隙宽度b，就可得到液流经环状缝隙的流量计算公式。

$$Q = \frac{\pi d \Delta p \delta^3}{12 \mu l} (\text{m}^3/\text{s})$$

式中：d——环状缝隙内侧（或外侧）圆柱面的直径，m。

3. 油液在偏心环状缝隙中的流动

当两圆柱表面不同心时便形成图1-21所示的偏心环状缝隙。油液流经偏心环状缝隙的流量不能直接计算，还应考虑偏心量对流量的影响。其计算公式如下：

$$Q = \frac{\pi d \Delta p \delta^3}{12 \mu l} (1 + 1.5\varepsilon^2) (\text{m}^3/\text{s})$$

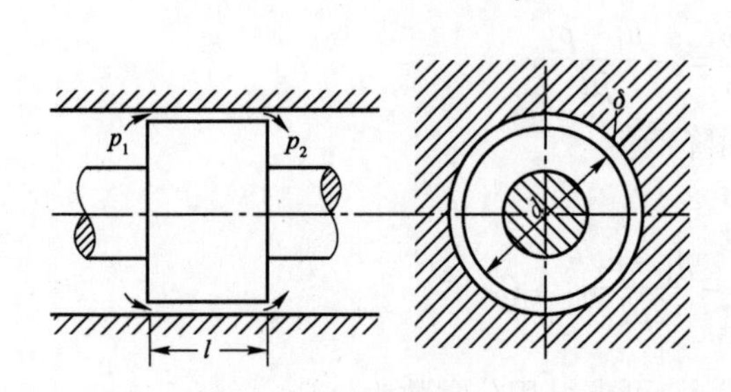

图1-20　环状缝隙

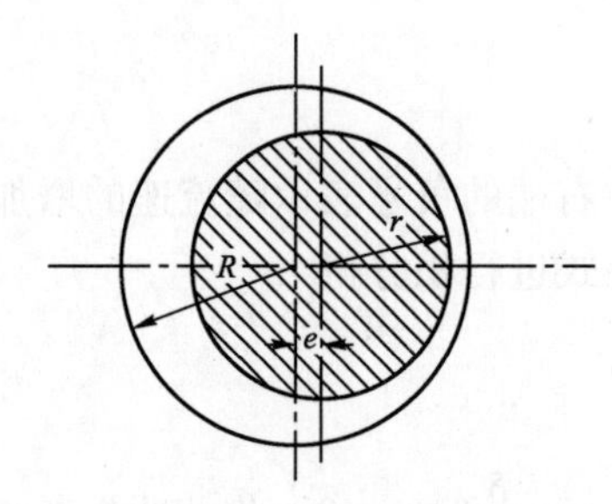

图1-21　偏心环状缝隙

式中：ε——相对偏心率，$\varepsilon = \frac{\delta}{e}$，$e$为两圆柱表面的偏心量，m；

δ——大圆半径与小圆半径之差，m。

如果偏心量达到最大值，即$e = \delta$，即相当于$\varepsilon = 1$，这时可得到偏心环状缝隙的最大流量为

$$Q = \frac{\pi d \Delta p \delta^3}{12 \mu l} (1 + 1.5) (\text{m}^3/\text{s})$$

或

$$Q_{\max} = 2.5Q$$

式中：Q——通过同心环状缝隙的流量。

由上式可知，环状缝隙由于偏心可使泄漏量增加，当偏心最大时，可使泄漏量增大到2.5倍。

4. 油液在具有相对运动的缝隙中的流动

上述流量计算公式仅用于形成缝隙的两个表面间没有相对运动的情况，而在实际中两个表面往往有一个是运动的。例如活塞和缸壁的表面形成的环状缝隙，活塞是作往复运动的。因此，在比较精确地计算缝隙流量时应考虑到这一因素的影响。

如果形成平面缝隙的一个平面有移动时，流经缝隙的流量公式为

$$Q=\frac{b\Delta p\delta^3}{12\mu l}\pm\frac{bv\delta}{2}(\mathrm{m^3/s})$$

式中：v——运动平面的速度，m/s，与液流方向同向取“+”号，相反取“-”号。

如果形成环状缝隙的圆柱表面有相对往复运动，只要将上式中的 b 用 πd 来代替，就可得到油液流经此种缝隙的流量公式。即

$$Q=\frac{\pi d\Delta p\delta^3}{12\mu l}\pm\frac{\pi dv\delta}{2}(\mathrm{m^3/s})$$

5. 油液在圆环形平面缝隙中的流动

油液流经圆环形平面缝隙，见图1-22。在以后要介绍的轴向柱塞泵中的滑靴就属于这种情况。油液经上面的中心孔流入油腔，并经圆环形平面缝隙流出，其流经缝隙的流量公式为

$$Q=\frac{\pi\Delta p\delta^3}{6\mu\ln R/r}(\mathrm{m^3/s})$$

式中：R、r——分别为圆环形平面缝隙的大半径、小半径，m；

Δp——缝隙前后油液的压力差，即油液流经圆环形平面缝隙的压力损失。

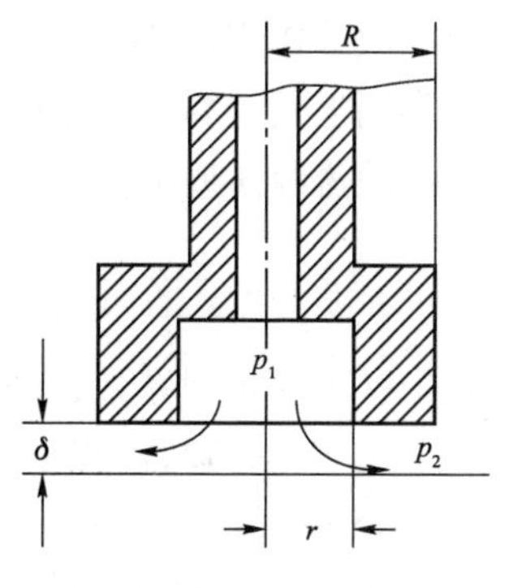

图1-22　圆环形平面隙缝

二、油液在小孔中的流动

在液压技术中常采用节流小孔和阻尼小孔控制流量和压力。在液压元件中，小孔一般分为薄壁小孔和细长小孔。油液在两种小孔中的流动特性是不同的。

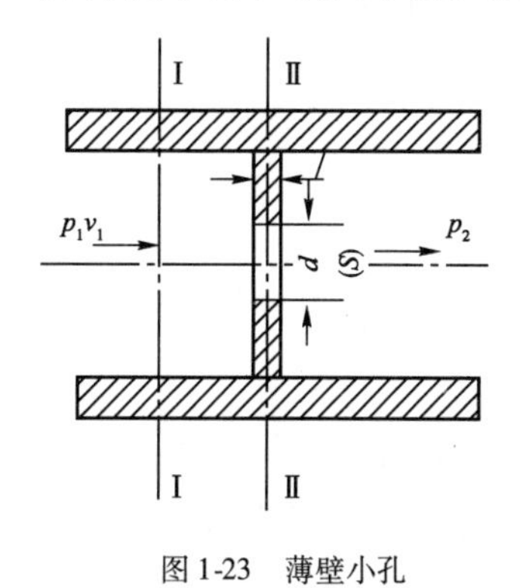

图1-23　薄壁小孔

1. 油液在薄壁小孔中的流动

薄壁小孔是指长径比 $l/d\leqslant0.5$ 的小孔。它在管道中对液流起节流作用，油液流经薄壁小孔时多为紊流状态；油液流经小孔的流量公式可用伯努利方程式求得。

如图1-23所示的薄壁小孔中油液以压力 p、流过直径为 d、截面积为 S 的小孔后. 压力降为 p_2。在图中取出断面Ⅰ、Ⅱ列出伯努利方程式

$$\frac{p_1}{\rho}+\frac{v_1^2}{2}+gh_1=\frac{p_2}{\rho}+\frac{v_2^2}{2}+gh_2$$

式中：p_1、v_1、h_1——断面Ⅰ处油液的压力、流速、高度；

p_2、v_2、h_2——断面Ⅱ处油液的压力、流速、高度。

由于断面Ⅰ处截面积比断面Ⅱ处截面积大得多，故 v_1 比 v_2 小得多，$v_1^2 << v_2^2$。因而可将上式中的 v_1^2 忽略不计。又 $h_1 = h_2$，则上式化简为

$$\frac{p_1}{\rho} = \frac{p_2}{\rho} + \frac{v_2^2}{2}$$

$$v_2 = \sqrt{\frac{2}{\rho}(p_1 - p_2)} = \sqrt{\frac{2}{\rho}\Delta p}$$

式中：小孔的压力差 $\Delta p = p_1 - p_2$。

因此，通过薄壁小孔的流量 Q 为

$$Q = v_2 S = S\sqrt{\frac{2}{\rho}\Delta p}$$

上式是根据理想液体的伯努利方程式推导出来的。实际上油液是有黏性的，由于摩擦力的影响，油液经过小孔的实际流速比上式求出的流速略小一些。特别是液流经过小孔时所产生的收缩作用，使液流收缩喉部面积小于薄壁小孔的面积，这对小孔的流量影响甚大。因此，在利用上式计算小孔流量时，要综合考虑上述因素的影响。通常在公式中乘以流量系数。这样油液流经薄壁小孔的流量公式为

$$Q = CS\sqrt{\frac{2}{\rho}\Delta p}\,(\mathrm{m^3/s})$$

式中：C——流量系数，即实际流量与理论流量之比值，它由实验确定，对于液压油，$C = 0.6 \sim 0.73$，计算中可取 $C = 0.65$；

S——小孔的面积，$\mathrm{m^2}$；

ρ——油液密度，$\mathrm{kg/m^3}$；

Δp——小孔前后压力差，Pa。

薄壁小孔的流量和小孔前后的压力差 Δp 的平方根成正比。同时，油流经薄壁小孔时摩擦阻力的作用很小，所以流量受油液黏度的影响很小，因而受油温变化的影响也很小。这是油液流经薄壁小孔的一个特点。

如果已知流过薄壁小孔的流量 Q，可以求出油液在小孔前后所产生的压力降（即局部压力损失）。其计算公式为

$$\Delta p = \frac{\rho}{2} \cdot \frac{Q^2}{C^2 S^2} = \frac{1}{C^2} \cdot \frac{\rho v^2}{2}\,(\mathrm{Pa})$$

式中：v——液流经过小孔时的流速，m/s。

2. 油液在细长小孔中的流动

细长小孔是指长径比 $l/d > 4$ 的孔，压力控制阀中的阻尼孔均属细长孔。这样的小孔实质上是一段管子。油液流经细长孔时一般呈层流状态，因而细长小孔的流量，可以用前面导出的圆直管层流流量公式计算，即

$$Q=\frac{\pi d^4\Delta p}{128\mu l}(\mathrm{m^3/s})$$

从上式可看出，油液流经细长小孔的流量和小孔前后压力差 Δp 的一次方成正比。而流经薄壁小孔的流量和小孔前后的压力差平方根成正比，所以相对薄壁小孔而言细长小孔压力差对流量的影响要大些；同时因流量公式中含有动力黏度 μ 这一参数，当油温升高时油液黏度降低，流经小孔的流量增多，因此流量受油液温度影响较大。这也是和薄壁小孔的特性不同之处。

第八节　液压冲击和气穴现象

一、液 压 冲 击

在液压系统中，由于某种原因引起液体压力在某一瞬间急剧升高，形成很高的压力峰值，其值比正常压力高几倍，这种现象称液压冲击。

液压冲击现象在日常生活中也会遇到，例如打开自来水管阀门后又迅速关闭，有时就会听到自来水管中撞击声音，同时还会引起水管的强烈振动。

1. 液压冲击的成因

如图 1-14 所示，设活塞及所有与活塞相连运动件的质量为 $\sum m$，并以速度 v 相对于液压缸从左向右运动，以下简要说明液压冲击的成因。

1）液体突然停止运动时产生的冲击

如图 1-24 所示，当阀门 K_2 开启时，油缸右腔的液体以一定的速度 v_a 经阀门排出。当阀门 K_2 关闭时，液流不能再排出，则管中液流速度 v_a 突然降为零，液体质点的全部动能都转变为液体的压力能，在这瞬间紧靠阀门的液层受到压缩。这时油缸的右腔液体受惯性作用仍以速度 v 运动，因此液体从阀门开始，依次逐层受压，使回油管中的油压急剧升高，产生很大的压力峰值。此时，油缸中油液压力迅速降低，而管道中的液体又迅速向油缸右边倒流，使油缸油压急剧升高，油管内油压迅速降低，如此往复循环。但由于往复运动中的能量损失，液压冲击将逐步消失。

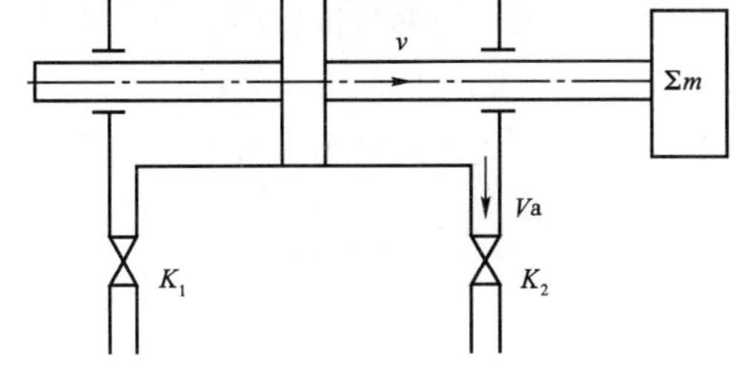

图 1-24　液压冲击

2）运动部件惯性产生的液压冲击

如图 1-24 所示，当工作部件换向或制动时，换向阀突然关闭油缸的进出口通道，由于运动部件的惯性，活塞将继续运动一段距离后才能停止，使油缸右腔油液受到压缩，使油缸和管道中的油压急剧升高而产生液压冲击。

3）液压系统中某些液压元件失灵产生的液压冲击

当溢流阀在系统中做安全阀使用，对系统起过载保护作用时，若系统过载时安全阀不能及时打开或根本打不开，也要导致系统压力急剧上升，产生液压冲击。

2. 液压冲击的危害与防止措施

产生液压冲击时，系统压力在短时间内达到高值，从而引起振动和噪声，影响液压系统工作稳定性和可靠性。例如使联接件松动、密封装置破坏，甚至造成管道破裂、液压元件损坏，因而应避免产生液压冲击。

防止液压冲击的措施有：

(1)增加管道内径以减小管道中液流速度，从而减小转变压力能的动能。也可以用弹性系数较大的管材，如采用橡胶软管。

(2)尽可能减小运动部件的质量，延缓换向或制动的时间，均可减少液压冲击。

(3)装设某些缓冲装置，如可能在产生冲击地方附近设置储能器、在液压缸入口及出口处设置灵敏的溢流阀，以缓和所出现的冲击压力。

二、气穴现象

1. 气穴现象及产生原因

油液中不可避免地总会含有一些空气，除混入油液中呈气泡状态存在的气体外，油液中还能溶解一部分空气。在常压状态下，油液中空气的溶解量约占7%～10%。

液体中溶解的空气量与油液的压力成正比。当油液在液压系统中流动时，流速高的区域压力很低，当压力低于工作温度下油液的空气分离压时，溶解于液体中的空气将大量被分离出来，形成气泡。这些气泡以原有的气泡为核心，逐渐形成并长大。此外，当油液中某部分的压力低于当时温度下饱和蒸汽压时，油液将沸腾汽化，产生大量气泡。这些气泡便夹杂在油液中，使充满在管道或液压元件中的液流成为不连续状态，这种现象叫气穴。

2. 气穴的危害及防止措施

如果液体中产生了气穴现象，则液体中的气泡随着液体运动到高压区时，气泡在周围压力油的冲击下，其体积迅速缩小直至溃灭，并又凝结成液体。由于这一过程发生在一瞬间，从而引起局部高压。实验结果证明，在溃灭中心的压力可高达150～200MPa。局部压力的急剧升高是发生在一瞬间，以压力波的形式向四周传播，产生强烈的振动与噪声。

此外，在局部高压区，液体质点的动能除转换为压力能外，还有一部分要转换为热能，使局部高压区的温度急剧升高。液压元件的表面长期受到液压冲击和高温的作用外，同时从液体中分离出来的空气中所含的氧气，具有较强的酸化作用(使油液氧化，生成酸性化合物的作用)，因此零件表面逐渐被腐蚀，严重时剥落成小坑，成蜂窝状。这种因气穴现象而产生的零件腐蚀，称为气蚀。

气穴是液压系统中常出现的故障现象，危害很大。液压泵中产生气穴时，除产生振动和噪声外，由于气穴占有一定空间，破坏了液流的连续性，降低了吸油管的通道能力，使容积效率降低，在压油管中造成流量和压力波动，使液压系统工作不稳定。

防止气穴和气蚀现象，主要的是尽量减少空气的侵入，除在设计上采取相应措施外，使用中主要应注意以下几点。

(1)及时向液压油箱加油,使油面保持在规定的平面上。如油箱油面过低,回油管回油时会溅起泡沫,使空气侵入。吸油管如果离油面太近,也会形成漩涡,使空气进入系统。

(2)低压区要密封可靠。液压系统如果密封不严,就会有空气侵入。应特别注意的是因为这些地方内部油压低,如密封不严,可能并不漏油,因而不易被发现,所以在使用中也一定要注意这些地方。

(3)有的油箱上装有放气螺塞,加油时应注意拧紧放气;有的液压缸上也装有放气螺塞,当发现系统中有空气时,应拧紧螺塞进行放气。

(4)及时清洗及更换滤油网,避免油泵吸油腔产生过大的阻力。

第二章

液压泵与液压马达

第一节 概　　述

在液压系统中,液压泵和液压马达都是能量转换元件。液压泵是将原动机的机械能转换成油液的压力能,为液压系统提供具有一定压力和流量的液体,它是液压系统的动力元件。液压马达则是将油液的压力能转换成机械能,来驱动工作机构,实现旋转运动,所以按职能来说,它是液压系统的执行元件。下面介绍液压泵和液压马达的基本工作原理。

1. 油泵的工作原理

常用的油泵都是容积式的,其工作原理都是利用容积变化来进行吸油、压油的。现以图2-1 所示的单柱塞泵为例来说明。

柱塞 2 依靠弹簧 3 紧压在偏心轮 1 上,偏心轮的旋转使柱塞做往复运动。当柱塞向右运动时,它和缸体 4 所围成的密封工作腔 5 的容积由小变大,形成部分真空,油箱 8 中的油液便在大气压力的作用下,经吸油管顶开单向阀 6 进入工作腔 5,这就是吸油过程。当柱塞向左运动时,工作腔的容积由大变小,其中的油液受压,当油的压力达一定值时,便顶开单向阀 7 进入系统中,这就是压油过程。偏心轮不断地旋转,泵就不断地吸油和压油。这样,单柱塞泵就将原动机带动偏心轮转动的机械能转换成泵输出油液的压力能。

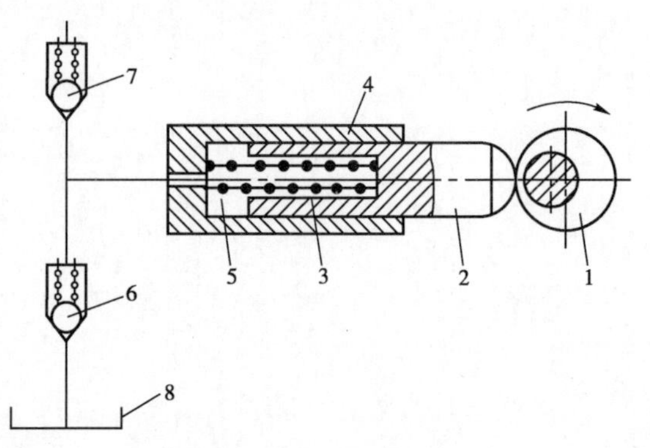

图 2-1　单柱塞泵的工作原理

1-偏心轮;2-柱塞;3-弹簧;4-缸体;5-工作腔;6、7-单向阀;8-油箱

由上述工作原理可知:

(1)油泵必须具有一个和若干个密封工作腔,其工作过程是依靠密封工作容积的变化来吸油和压油的。泵的输油能力(输出流量的大小)是由密封工作腔的数目、容积变化的大小及容积变化的快慢来决定的,所以称这种泵为容积式泵。

(2)在吸油过程中,必须与大气相通(对开式油箱),泵必须具有自吸能力,即必须使泵的密封工作腔在吸油过程中逐渐增大。在压油过程中,输出压力的大小取决于油从单向阀 7 排

出时所遇到的阻力，即泵的输出压力决定于外界负载。

(3)必须使泵在吸油时工作腔与油箱相通，而与压力管路不相通；在压油时工作腔与压力管路相通，而与油箱不通，图2-1中是分别由阀6和7来实现的，阀6、7又称配流装置。配流装置是泵不可缺少的，只是不同结构形式的泵，具有不同形式的配流装置。

2. 液压马达的工作原理

容积式液压马达的工作原理，从原理上讲是把容积式泵倒过来使用，即向马达输入液压油，输出的是转速与转矩。

大部分液压泵和液压马达是互逆的，但在具体结构上还是有差异的。

1)液压泵和液压马达的分类

常用液压泵和液压马达按其结构形式可分为齿轮式、叶片式、柱塞式3大类，每一类还有多种不同形式。按输出、输入流量是否可调又分为定量泵、定量马达和变量泵、变量马达两大类。不同类型的液压泵和液压马达的职能符号如图2-2所示。

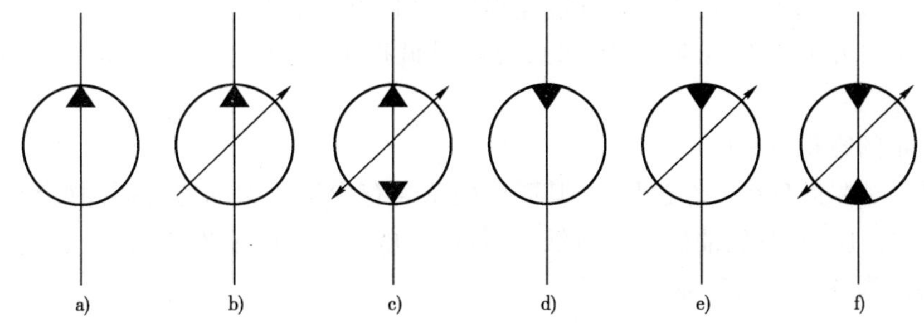

图2-2　液压泵和液压马达的职能符号

a)定量泵；b)单向定量泵；c)双向定量泵；d)定量马达；e)单向变量马达；f)双向定量马达

2)液压泵和液压马达的压力、排量和流量

油泵的工作压力是指泵工作时输出油液的实际压力，其值决定于外界负载。液压马达的工作压力是指输入液压马达的油液压力，它也是由负载决定的。

油泵(液压马达)的额定压力是指泵(马达)规定允许达到的最大工作压力，超过了此值就是过载，泵(马达)的效率就要下降，寿命就将降低。泵(马达)铭牌上所标定的压力就是额定压力。

油泵的排量是指在没有泄漏的情况，泵轴每转所排出的液体体积。它由泵的密封工作腔的数目和结构尺寸的大小来决定，排量一般用q表示。如图2-1所示的单柱塞泵，设柱塞的直径为d，行程为l，则其排量$q = \pi d^2 l/4$。液压马达的排量是指在没有泄漏的情况下，马达每转一转所需输入的液体体积。

油泵的理论流量Q_t是指在不考虑泄漏的情况下，单位时间内输出的液体体积，等于泵的排量q与泵转速n的乘积，即

$$Q_t = qn$$

液压马达的理论流量也是其排量和转速的乘积。

油泵或液压马达的实际流量是指在考虑泄漏情况下，泵和马达在单位时间内所输出(对

泵)和所输入(对马达)液体的体积。对液压泵,实际流量小于实际流量;对液压马达,实际流量大于理论流量。

泵和马达的额定流量是指在额定转速和额定压力下的输出(对泵)和所输入的(对马达)流量,其值为实际流量。

3. 液压泵的功率和效率

1)液压泵的功率

泵的输入功率是原动机的机械功率,即与输入的转矩 T、转速 n(或角速度 w)、泵输出的液体流量 Q 和其工作压力 p 有关。如果不考虑泵在能量转换过程中的能量损失,其输出功率应等于输入功率。

$$P_T = pQ_t = T_t w$$

式中:T_t——泵的理论转矩。

实际上,泵在能量转换过程中存在能量损失,其输出功率小于输入功率。

泵的功率损失主要有两部分:容积损失和机械损失,与其相对应的是容积效率和机械效率。

2)液压泵的容积效率

容积损失是在指泵在工作过程中,其高压腔总会有少量压力油通过间隙漏到低压腔而引起的流量损失。压力愈高,油的黏度愈低,泄漏量就愈大。所以输出流量 Q_p 总是小于理论流量 Q_t。设泵的泄漏量为 ΔQ,则

$$Q_p = Q_t - \Delta Q$$

因而,油泵的容积效率 η_r 为

$$\eta_r = \frac{Q_p}{Q_t} = \frac{Q_t - \Delta Q}{Q_t} = 1 - \frac{\Delta Q}{Q_t}$$

3)液压泵的机械效率

机械损失主要由两部分组成:一是泵在工作过程中,由于泵内相对运动件之间的机械摩擦引起的转矩损失,它与泵的工作压力有关,压力愈高,其转矩损失就愈大;二是泵内油液的黏性所引起的转矩损失,油的黏度愈大,泵的转速愈高,这项转矩损失就愈大。

由于存在机械损失,泵的实际输入转矩 T 大于理论转矩 T_t。其损失的转矩为 ΔT,所以

$$T_t = T - \Delta T$$

因而,泵的机械效率 η_m 为

$$\eta_m = \frac{T_t}{T} = \frac{T - \Delta T}{T} = 1 - \frac{\Delta T}{T}$$

4)液压泵的功率

泵的输入功率 P_t 为

$$P_t = Tw = 2\pi nT$$

泵的输出功率 P_p 为

$$P_p = PQ_p$$

综合所述，泵在工作过程中存在功率损失，使输入功率 P_t 要大于输出功率 P_p。

5）液压泵的总效率

泵的总效率 η 为

$$\eta = \frac{P_p}{P_t} = \frac{pQ_p}{Tw} = \frac{pQ_t\eta_r}{(T_t/\eta_m)w} = \frac{pQ_t}{T_tw}\eta_v\eta_m$$

由于理论输出功率 pQ_t 与理论输入功率 T_tw 是相等的，所以泵的总效率 η 为

$$\eta = \eta_v\eta_m$$

泵的输入功率 P_t 为

$$P_t = \frac{P_p}{\eta} = \frac{pQ_p}{\eta}$$

若压力 p 以 Pa 代入，流量 Q_p 以 m^3/s 代入，则上式的功率单位为 W（瓦，N·m/s）；若压力以 MPa 代入，流量以 L/min 代入，则输入功率 P_t 为

$$P_t = \frac{pQ_p}{60\eta}(kW)$$

4. 液压马达的功率与效率

液压马达也有容积损失和机械损失，其所产生的原因与泵相同。与泵不同的是马达的实际输入流量 Q_M 要大于理论流量 Q_{tM}，实际输出转矩 T_M 小于理论转矩 T_{tM}。因此，液压马达的容积效率 η_{vM} 和机械效率 η_{mM} 分别为

$$\eta_{vM} = \frac{Q_{tM}}{Q_M}$$

$$\eta_{mM} = \frac{T_M}{T_{tM}}$$

若马达输入压力为 p_M，则输入功率 P_i 为

$$P_i = p_MQ_M$$

马达的输出功率 P_e 为

$$P_e = T_Mw_M = T_M2\pi n_M$$

式中：w_M——马达的角速度；

n_M——马达的转速。

液压马达的总效率 η_M 为其输出功率 P_e 与输入功率的比值，经推导可得

$$\eta_M = \frac{P_e}{P_i} = \eta_{vM}\eta_{mM}$$

液压马达的输出功率亦可写成

$$P_e = P_i\eta_M = p_MQ_M\eta_M$$

或者

$$T_M\omega_M = p_M Q_M \eta_M$$

所以

$$T_M = \frac{p_M Q_M}{\omega_M}\eta_M = \frac{p_M(Q_{tM}/\eta_{vM})}{2\pi n_M}\eta_M = \frac{p_M Q_{tM}}{2\pi n_M}\eta_{mM}$$

因为

$$Q_{tM} = q_M n_M$$

式中：q_M——液压马达的排量。

所以

$$T_M = \frac{p_M q_M}{2\pi}\eta_{mM}$$

上式中，若液压马达的出口压力不为零，P_M 则应以马达的入口与出口压力差值代入。

第二节　齿轮泵与齿轮马达

一、齿轮泵工作原理和结构分析

齿轮泵由于结构简单紧凑、体积小、重量轻、工艺性好、价格便宜、自吸能力强、对油液污染不灵敏、维修方便及工作可靠等优点，故在工程机械上得到了较广泛的应用。它的缺点是泄漏较大，流量脉动大，噪声较高，径向不平衡力大，所达到的额定压力还不够高等。齿轮泵在结构上采取一定措施后，也可以达到较高的工作压力，目前它的最高工作压力可达 30MPa。

1. 齿轮泵的工作原理

图 2-3 为齿轮泵的工作原理图，泵的泵体内装有一对相同的外啮合齿轮，齿轮两侧靠端盖封闭。

泵体和前后盖围成的空间分成吸油腔和排油腔。若主动齿轮逆时针转动，它们通过各自的齿间将吸油腔的油带到排油腔。

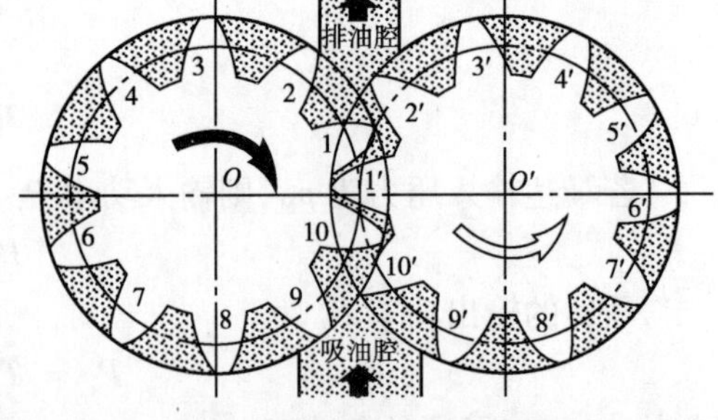

图 2-3　齿轮泵的工作原理图

在图示位置时，轮齿 1 和 1′进入啮合，这时轮齿 1 嵌入轮齿 1′和 2′的齿间，随着齿轮的转动，嵌入程度增加，使排油腔的容积减小，因而一部分油从排油腔排出。齿轮继续转动，轮齿 2′又嵌入轮齿 1 和 2 的齿间，嵌入程度又不断增加，又使排油腔的容积减小，排油腔的油又被排出泵外，这就是泵的排油过程。

在吸油腔，一对对轮齿退出啮合时，一个齿轮轮齿（如图 2-3）从另一个齿轮的齿间（轮齿 1′和 10′之间）退出，使吸油腔容积加大，产生一定的真空度，油箱中的油便在大气压的作用下进入吸油腔，这就是泵的吸油过程。

常常判断泵的吸油腔和泵的排油腔就是根据轮齿的进入和脱离啮合，使油腔容积是增大

还是减小来判断。

上述的吸油和排油过程是连续进行的,所以形成油不断地吸入和排出。

由于泵的吸油是靠吸油腔产生一定的真空度,油箱的油才会被大气压力压入吸油腔的,真空度过大会造成气穴,同时也会使进油不足,降低容积效率,所以一方面要限制泵的转速,一方面要尽量减小进油阻力。为了减小进油阻力,常常将泵的进油口比排油口大。

齿轮在旋转过程中,对应于轮齿的不同啮合位置,将使排油腔体积的变化率不同,造成了泵的流量脉动。由于流量脉动造成压力脉动,当液压系统中管路、阀与泵产生共振时,会产生强烈的振动,齿轮泵就是振源。因而在液压系统中采用齿轮泵时,其流量脉动问题应特别引起注意。

2. 困油现象及清除

从理论上说,齿轮泵在整个啮合转动过程中,始终保持有一对轮齿啮合就可以了。但在制造时,由于齿轮节距有误差,因而在啮合转动过程中当第一对轮齿脱离啮合时,第二对轮齿可能还没有马上进入啮合,使高低压腔串通了,出现排油中断现象。为此设计时采取第一对轮齿将要脱离啮合的阶段,第二对轮齿同时参与啮合。这就会带来一个问题,即产生闭死容积现象。

从图 2-4a)可知,当前一对轮齿在 A_1 点尚未脱离啮合时,后一对轮齿已在 B_1 点开始啮合,因而在这两点之间必定形成闭死容积,此时闭死容积最大。由于产生闭死容积,两对轮齿之间的油被封闭在密封容积中,形成所谓困油现象。随着齿轮的旋转,闭死容积逐渐缩小,直到啮合点 A_2 和 B_2 对称于点 P 时,如图 2-4b)所示,闭死容积减到最小。齿轮继续旋转,闭死容积又逐渐变大,直到前一对齿轮 A_3 点(如图 2-4c)快要脱离时增至最大。

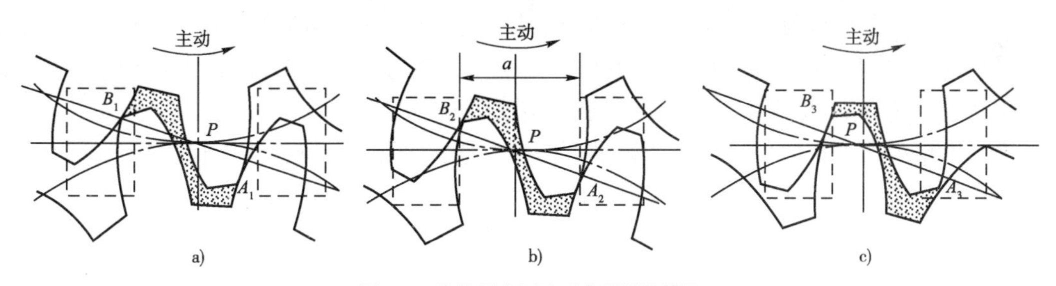

图 2-4 齿轮泵的困油现象及消除措施

由于油液的压缩性很小,也会产生很高的压力,使轴承受到很大的冲击力,影响寿命并产生噪声。同时油液从一切可泄露的缝隙挤出去,产生热量。当闭死容积减少时,将形成真空,带来气蚀危害,此外,使流量脉动加剧。

如何解决这种困油现象呢?这可以在与齿轮端面相配合的固定侧板端面上(或浮动轴套上)开二个小沟槽(卸荷槽)便能消除困油现象。卸荷槽的位置和尺寸应满足下列要求:

(1)当闭死容积减少时,使闭死容积和排油腔连通如图 2-4a)。

(2)当闭死容积增大时,使闭死容积和吸油腔连通如图 2-4c)。

(3)当闭死容积达到最大时,使闭死容积和吸油腔均不相通如图 2-4b)。

由上述可知,卸荷槽的尺寸是很严格的,在使用维修中要注意不可以随便改动卸荷槽的尺寸(例如磕碰、用砂纸或用油石磨棱边等)。在齿轮泵拆装时,对于卸荷槽偏置的结构,要特别注意不可装反。

3. 径向受力平衡问题

如图 2-3 所示,齿轮泵的排油腔和吸油腔的压力是不平衡的,因此,齿轮受到来自排油腔高压油的油压力作用;另一侧,排油腔的高压油沿泵体内孔和齿轮圆之间的径向间隙向吸油腔泄露时,使油压力是递降的,这部分不平衡的油压力也作用在齿轮上。上面两个力联合作用的结果,使齿轮泵的左、右两个齿轮及其轴承都受到一个径向不平衡力的作用。油压力越高,这个径向不平衡力就越大。其结果不仅加速了轴承的磨损,降低了轴承的寿命,造成齿轮与泵体内孔的摩擦,俗称扫堂。另外主动齿轮和被动齿轮的啮合力,是沿着压力角的方向,大小相等,方向相反。啮合力和油压作用力的共同作用,主动齿轮和被动齿轮受到的合力大小和方向都是不相同的,并且被动齿轮受到的合力比主动齿轮受到的合力大,被动齿轮的轴承易磨损。因此,在维修中应注意检查轴承及泵体内孔吸油腔一侧的磨损情况,当磨损超过允许极限尺寸时,应予以更换。

4. 端面间隙补偿问题

要提高齿轮泵的容积效率,必须尽可能减少齿轮泵的内泄漏。齿轮泵液压油从排油腔泄漏到吸油腔的途径有 3 条:一是通过齿顶圆和泵体内孔间的径向间隙;二是轮齿啮合线处的接触间隙;三是通过齿轮端面与侧盖之间端面间隙。

对于径向间隙来说,由于齿顶圆圆周速度的方向和泄漏液流的方向正好相反,同时在排油腔高压油作用下,齿轮往往被压向吸油腔一侧,此处的径向间隙几乎接近于零,从而泄漏量较少。途径二的泄漏量也较少。这二部分的泄漏量一般约占总泄漏量的 20% ~25%。途径三的泄漏量最大,约占总泄漏量的 75% ~80%。因此,对普通齿轮泵来说,其容积效率较低,且输出压力也不易提高,根本原因就是存在端面间隙泄漏问题。

提高齿轮泵的容积效率或提高齿轮泵工作压力的主要措施是减小端面间隙的泄漏,解决这个问题的办法不同构成了各系列齿轮泵的主要特征。

在高压齿轮泵中,一般采用端面间隙补偿装置以减小端面间隙泄漏。具体措施是采用浮动侧板,或浮动轴套上与泵端贴合面处引入高压油,产生压向齿轮端面的轴向压紧力。

二、齿轮马达的工作原理和结构特点

1. 工作原理

齿轮马达产生扭矩的工作原理见图 2-5 所示。图中 P 为两齿轮的啮合点。齿轮的齿高为 h,啮合点 P 到两齿轮齿根的距离分别为 a 和 b;由于 a 和 b 都小于 h,所以当压力油输入到进油腔作用在齿面上时(如箭头所示,凡齿面两边受力平衡的部分都未用箭头表示),在两个齿轮上就各有一个使它们产生转矩的作用力 $PB(h-a)$ 和 $PB(h-b)$。其中 P 为输入油液的压力,B 为齿宽。在上述作用力的作用下,两齿轮按图示方向旋转,并把油液带到回油腔排出。齿轮马达产生的转矩与齿轮旋转方向一致。输入压力油,齿轮马达即能输出转矩和转速。

2. 齿轮马达的结构特点

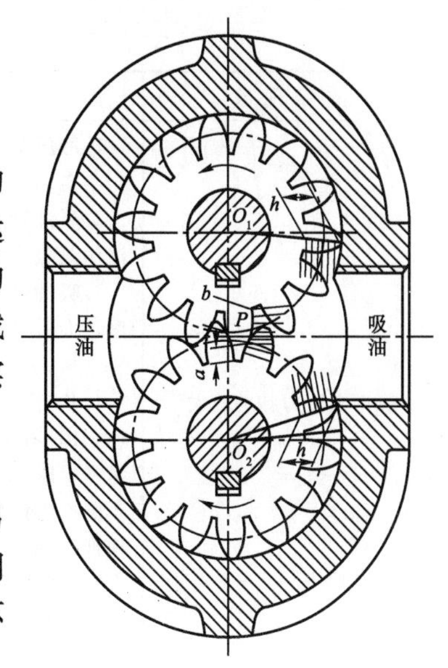

图 2-5 齿轮马达的工作原理图

齿轮马达和齿轮泵基本相似,从原理上讲是可逆的。

目前齿轮马达可以分为 2 类:一类是以齿轮泵为基础的齿轮马达,如 CB-E 型齿轮泵可不经改装便作为齿轮马达(CM-E 型)使用;一类是专门设计的齿轮马达。专门设计的齿轮马达由于考虑了液压马达的一些特殊要求,如需要带载荷起动,要经受外载荷的冲击,要能正反向旋转等,因此在实际结构上与齿轮泵相比有些差别。其结构特点是:

(1)进、回油通道对称,孔径相同,以使正反转时性能一样。

(2)采用外泄漏油孔。一方面因为马达回油有些背压,另一方面因为马达正反转时其进回油腔也互相变化,如果采用内部泄油容易将轴端油封冲坏。所以齿轮马达与齿轮泵不同,必须采用外泄漏油孔。

(3)对于轴向间隙自动补偿的浮动侧板的结构,必须适应正反转时都能工作的要求;同时困油卸荷槽也必须是对称布置的结构。

(4)使用滚动轴承较多,主要是为了减少摩擦损失,改善启动性能。

齿轮马达与其他类型马达相比具有结构简单、体积小、重量轻,对油液污染不敏感,耐冲击等优点。但是它的容积效率较低,起动力矩小,低速稳定性差。适用于汽车车辆、工程机械、港口机械等液压系统中的回转运动结构。

三、齿轮泵和齿轮马达常见故障与排除方法

1. 外啮合齿轮泵液压故障诊断

外啮合齿轮常见故障有:泵不排油或排油量与压力不足,噪声及压力脉动较大,温升过高,液压泵旋转不灵活或咬死等。产生这些故障的原因与排除方法如表 2-1 所列。

外啮合齿轮常见故障与排除方法 表 2-1

故障现象	产生原因	排除方法
泵不排油或排量与压力不足	1. 泵反向旋转; 2. 滤油器或吸油管道堵塞; 3. 液压泵吸油侧及吸油管处密封不良有空气吸入,其表现为压力显示值最低,液压缸无力,油箱起泡等; 4. 油液黏度在造成吸油困难,或温升过高导致油液黏度降低造成内泄漏过大; 5. 零件磨损,间隙增大,泄漏较大; 6. 泵的转速太低; 7. 油箱中油面太低; 8. 溢流阀有故障	1. 调换改变泵转向; 2. 拆洗滤油器及管道或更换油液; 3. 检查并紧固有关螺纹连接件或更换密封件; 4. 选择合适黏度的油液,检查诊断温升过高故障,防止油液黏度过大变化; 5. 检查有关磨损零件,进行修磨达到规定间隙; 6. 检查有关打滑现象; 7. 检查油面高度,并使吸油管插入油面以下; 8. 检查溢流阀的阀芯、弹簧及阻尼孔等诊断溢流阀故障

续上表

故障现象	产生原因	排除方法
噪声及压力脉动较大	1. 液压泵吸油侧及轴油封和吸油管段密封不良,有空气吸入; 2. 吸油管及滤油器堵塞或阻力太大造成液压泵吸力不足; 3. 吸油管外露或伸入油处较浅或吸油高度过大; 4. 由于装配质量造成困油现象,卸荷槽(或卸荷孔)的位置偏移,导致液压泵泵油时产生困油噪声,表现为随着油泵的旋转,不断交替地发出爆炸声,使人难以忍受,规律性很强; 5. 齿形精度不高、节距有误差或轴线不平行; 6. 泵与电动机轴不同心或松动	1. 加黄油于连接处,若噪声减少,说明油封不良,应拧紧接头或更换密封; 2. 检查滤油器的容量及堵塞情况,及时处理; 3. 吸油管应伸入油面以下的2/3,防止吸油管口露出油面,吸油高度应不大于500mm; 4. 打开液压泵的一侧端盖,轻轻的转动主轴,检查两齿轮啮合与卸荷槽(孔)的微通情况. 采用刮刀微量刮削多次修整多次试验,直至消除噪声为止; 5. 更换齿轮或研配与调整; 6. 按技术要求进行高速调整,检查直线性,保持同轴度在0.1mm内
温升过高	1. 装配不当,轴向间隙小油膜破坏,形成干摩擦,机械效率低; 2. 液压泵磨损严重,间隙过大泄漏增加; 3. 油液黏度不当(过高或过低); 4. 油液污染变质,吸油阻力过大; 5. 液压泵连续吸气,特别是高压泵,由于气体在泵内受绝热压缩,产生高温,表现为液压泵温度瞬时急剧升高	1. 检查装配质量,调整间隙; 2. 修磨磨损件使其达到合适间隙; 3. 改用黏度合适的油液; 4. 更换新油; 5. 停车检查液压泵进气部位,及时处理
液压泵旋转不灵活或咬死	1. 轴向间隙或径向间隙过小; 2. 装配不良,致使盖板轴承孔与主轴、泵与电动机的联轴器的同心度不好; 3. 油液中杂质吸入泵内卡死运动	1. 修复或更换泵的机件; 2. 修整、重装; 3. 加强滤油、或更换新油

2. 齿轮液压马达液压故障诊断

齿轮液压马达常见的故障有:输出转速低,输出扭矩也低,噪声过大等。产生这些故障的原因与排除方法如表2-2所列。

齿轮马达常见故障及其排除方法　　表2-2

故障现象	产生原因	排除方法
转速低,输出扭矩也低	1. 供油液压泵因吸油口滤油器堵塞、油的黏度过大、轴向间隙过大等原因造成供油不足; 2. 液压马达功率不匹配,转速低于额定值; 3. 各连接处密封不严,有空气混入; 4. 油液污染,堵塞或部分堵塞了液压马达内部通道; 5. 油液黏度过小,致使内泄露增大; 6. 侧板和齿轮两侧面磨损,内部泄露; 7. 径向间隙过大; 8. 溢流阀失灵	1. 清洗滤油器,更换成黏度适合的油液; 2. 选用能满足要求的液压马达; 3. 紧固各连接处,提高密封性能; 4. 拆卸液压马达,换清洁的油液; 5. 更换成黏度适合的油液; 6. 对侧板和齿轮进行修复; 7. 对齿轮和马达,仔细清洗并更进行修复; 8. 修理溢流阀

续上表

故障现象	产生原因	排除方法
噪声过大	1. 滤油器堵塞； 2. 进油管管接头漏气； 3. 进油口部分堵塞； 4. 齿轮齿形精度不高或接触不良； 5. 轴向间隙过小； 6. 马达内部个别零件损坏； 7. 内孔与端面不垂直，端盖上两孔中心线不平行； 8. 液针断裂，轴承保持架损坏	1. 清洗滤油器，使吸油畅通无阻； 2. 紧固管接头； 3. 清除进油脏物； 4. 更换齿轮或对研修整形，也可采用齿形变位的方式来降低噪声； 5. 研磨有关零件，重配轴向间隙； 6. 拆卸检查，更换损坏的有关零件； 7. 拆卸检查，修复有关零件，恢复设计要求的精度； 8. 更换滚针轴承

第三节　叶片泵和叶片马达

一、叶片泵的工作原理和结构分析

叶片泵按其每个工作腔在泵每转一周时吸油、排油的次数，分为单作用式和双作用式两大类。单作用式常作变量泵使用，其额定压力较低(6.3MPa)；双作用式只能做定量泵使用，额定压力可达7～16MPa。

1. 单作用式

单作用式叶片泵的工作原理如图2-6a)所示，它由转子3、定子2、泵体1、叶片4和端盖、配油盘(图中未画出)等组件组成。转子和定子都为圆盘形，但它们不同心，偏心距为e。在其端部配油盘上开有两个月牙形窗口，即吸油窗口和排油窗口，它们分别与泵的进、排油口相通。转子上开有槽，叶片装在槽内并可在槽中滑动。

转子旋转时，在离心力作用下，叶片从槽中伸出，其顶部紧贴在定子的内表面上。这样，在定子的内表面、转子的外圆柱面、相邻的两个叶片表面及两侧配油盘表面之间就形成了若干个密封的工作腔，如图中A_1、A_2…A_8。当转子按图示方向回转时(定子、配油盘不动)，图中下半部分叶片逐渐从槽中伸出，密封工作腔的容积逐渐变大，如图中$A_1<A_2<A_3<A_4$，产生局部真空，油箱中的油液在大气压力的作用下，由腔的吸油口经配油盘的吸油窗口进入这些密封腔，把油吸入，这就是吸油过程。与此同时，图中上半部分的叶片随着转子的回转被定子内表面逐渐推入转子槽内，密封工作腔的容积逐渐减小，例如图中$A_5>A_6>A_7>A_8$，腔内油液经配油盘的压油窗口压出泵外，这就是压油过程。在吸油区和压油区之间，各有一段封油区把它们隔开。这种泵的转子每转一周，泵的每个密封的工作腔吸油和压油各一次，所以称其为单作用叶片泵。

这种泵的压油区和吸油区压力不平衡，其转子受到单向径向不平衡力的作用，故又称这种泵为非平衡式叶片泵。

如果改变定子与转子的偏心距e，则泵内各密封工作腔A_1、A_2…A_8的容积随之改变，因而转子每转一周所能吸入或排出的油量，即泵的排量随之改变。所以，这种泵叫变量泵，如果$e=0$，则泵的排量为零，如果转子中心偏向定子中心O的另一侧，则泵的进、出口方向改变，液流反向。

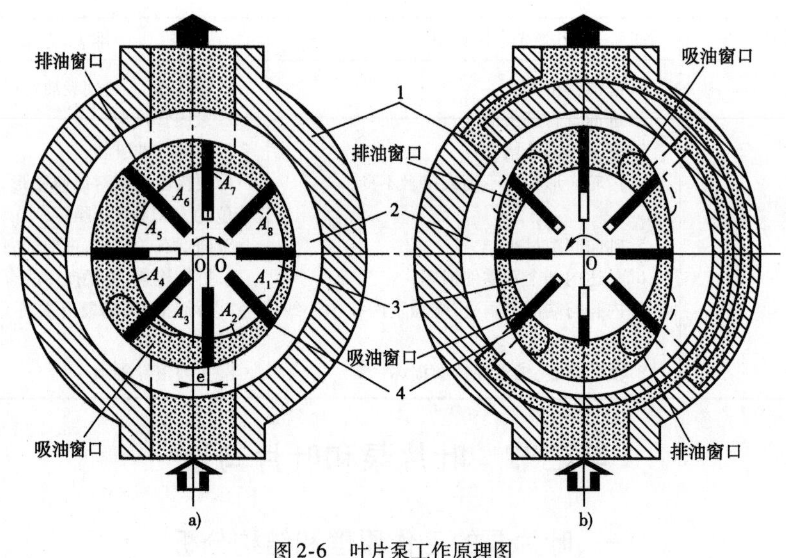

图 2-6　叶片泵工作原理图

1-泵体;2-定子;3-转子;4-叶子

2. 双作用式

双作用式叶片泵的工作原理如图 2-6b)所示。双作用泵亦由转子 3、定子 2、叶片 4、端盖和配油盘组成。与单作用式不同的是,其定子和转子是同心的,定子的内表面不是内圆柱面,而是由两段半径较大的圆弧和两段半径较小的圆弧以及它们之间的过渡曲线所组成。

当转子在图示方向回转时,定子和配油盘不动,处在左下角和右上角处的密封工作腔的容积逐渐变大,为吸油区;处在左上角和右下角处的密封工作腔的容积逐渐缩小,为压油区。吸油区和压油区之间各有一段封油区将二者隔开。这种泵的转子每转一周,每个密封的工作腔吸油、压油各两次,所以叫双作用式叶片泵。又由于这种泵的两个吸油区和两个压油区是对称分布的,作用在转子上的液压力径向平衡,所以又叫做平衡式叶片泵。

比较上述两种叶片泵可知,单作用泵易于实现变量和换向。但有许多缺点:由于液压力径向不平衡,使轴承负荷增加,由此限制了这种泵工作压力的提高;流量脉动较大;排量较同体积的双作用泵为小。双作用式叶片泵的特点正好与之相反,因此,目前使用的叶片泵中绝大部分是双作用的,单作用泵只作为变量泵用于要求变量的液压系统中。

3. 叶片泵结构分析

1)双作用叶片泵叶片的安放角

一般双作用叶片泵的叶片并不是沿转子的径向安放的。因为处在排油腔的叶片,缩回槽内是靠定子曲面的作用将它推入的。如果叶片径向安置就容易卡死,这从排油腔中叶片顶部的受力情况分析便能说明这个问题。

作用在叶片顶部的定子曲面给叶片的反作用力是定子曲面的法线方向,如图 2-7 所示,法线方向不是转子的径向方向。若叶片径向布置,叶片除了受反力 N 的径向分力 S,使叶片缩回外,还受一个切向力 T。力 T 使叶片弯曲,增大了叶片与槽的摩擦,使叶片不易活动,情况严重时叶片甚至可能被卡住、折断。为了避免这种情况,叶片槽尽量和反力 N 方向一致才好,为此槽应顺旋转方向倾斜一个角度 θ,这样叶片所受的切向力也就减小了。这有利于叶片在槽中的滑动,减小了叶片与槽的磨损。一般双作用叶片泵倾角 $\theta = 10° \sim 14°$。

因为叶片安放角是由其工作原理和结构决定的,对于同结构的泵有的有倾角,有的则没有,倾角的大小也不尽相同。在工程机械的维修中,拆装叶片泵时,务必注意泵轴的转动方向与倾角方向的关系,切不可装错,否则将可能大大降低叶片泵的使用寿命或使泵不能正常工作,甚至将叶片折断,使泵立即损坏。

2)困油现象及配油盘上的三角槽

双作用叶片泵中,相邻两叶片、定子、转子和两侧配油盘所包围的容积,在通过长半径 R 和短半径 r 圆弧段的封油区(见图 2-8)时,一般是不会发生困油现象的。但由于制造上的误差,仍可能出现轻微的困油现象。

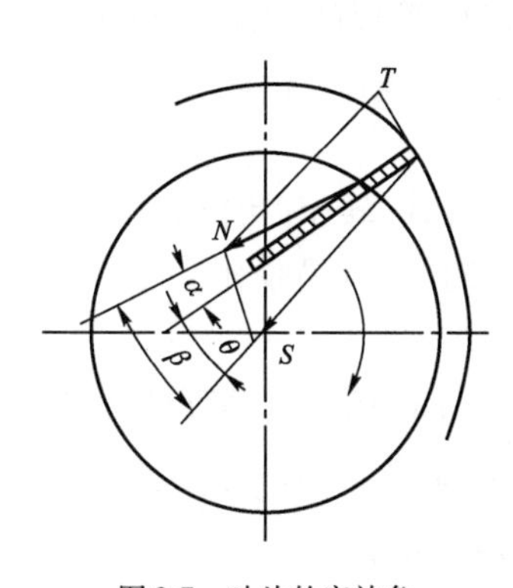

图 2-7　叶片的安放角

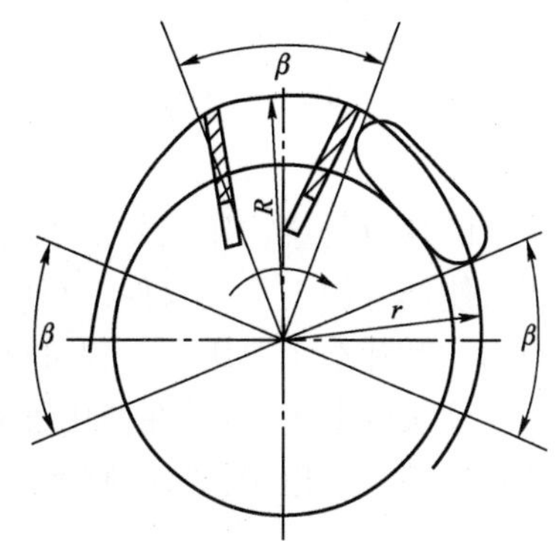

图 2-8　双作用叶片泵定子曲线及配油盘上的三角槽

为保证正常的吸油和压油,两叶片间的夹角必须略小于配油盘上封油区的夹角 β,定子内表面圆弧曲线部分的夹角理论上应等于配油盘上封油区的夹角。但是在制造上若产生误差,当叶片经圆弧进入过渡曲线段时,其密封工作容积已开始变化却未接通配油窗口,势必造成轻微困油现象。

包围在两叶片之间的封闭油液从吸油腔进入封油区(即长圆半径 R 圆弧段)时,其压力基本与吸油腔压力相同,但转子继续转过一个微小角度时,这部分油液突然与压油腔相通,因此油液压力突然升高到工作压力,使该部分油液体积受到压缩,于是压油腔中的油液可能倒流过来,使泵的输出流量瞬时变小,引起流量脉动、压力脉动和噪声。为减少这种现象,在配油盘上从封油区进入压油区这一边开有三角沟槽(如图 2-8)所示,使这部分油液逐渐与压油腔相通,压力也逐渐上升,这样就大大减少了流动脉动、压力脉动和泵的噪声。三角沟槽还能消除困油现象。三角沟槽的具体尺寸,一般由实验确定。

在维修中要特别注意不得改变三角沟槽的尺寸(例如磕碰、用砂纸砂、用油石磨等),以免泵的性能受到损害。

3)叶片泵叶片卸荷问题

为了提高叶片泵的容积效率,并使油泵可靠的工作,在叶片根部通有压力油。在压力油和离心力作用下,使叶片紧贴在定子内表面上。当叶片经过压油区时,叶片顶部也受到高压油作用，因此叶片在根部高压油作用下，使叶片与定子产生急剧的摩擦与磨损，严重影响叶片泵的使用寿命。因而使进一步提高叶片泵的压力受到限制。

要进一步提高叶片泵的压力，主要要解决叶片卸荷问题。近年来出现的一些双作用式高压叶片泵，由于在叶片结构上采取了某些措施，油压可高达20MPa，甚至有的高达39MPa。

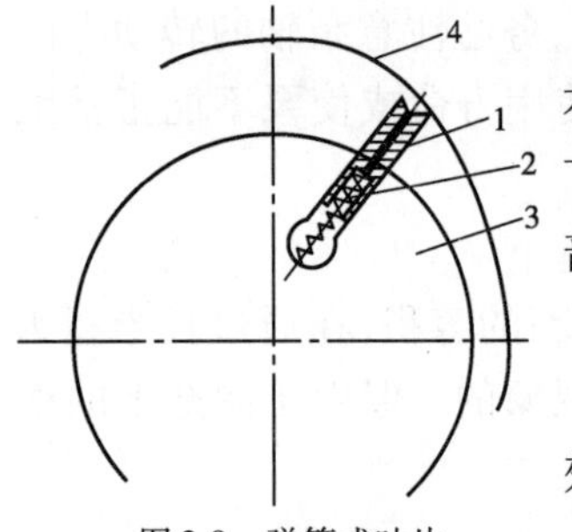

图2-9　弹簧式叶片
1-叶片；2-弹簧；3-转子；4-定子

图2-9所示的叶片根部装有弹簧，叶片做成厚片，顶部与根部有孔相通。叶片根部的油是从叶片顶部引入的。因此，叶片在上、下油压作用下基本平衡。为使叶片紧贴定子，保证密封，在叶片根部装设弹簧。这种油泵的压力可提高到13～17MPa。

4）叶片泵的特点

叶片泵的优点是流量均匀，运转平稳，噪声小，结构紧凑，容积效率较高。

双作用叶片泵，由于其转子所受到的径向液压力是平衡的，所以轴承的磨损较小。油泵的寿命与轴承无关，主要由叶片与定子之间的磨损来决定。

叶片泵的缺点是结构比较复杂，零件制造精度要求高，叶片、转子叶片槽、定子内曲面等加工时都要求使用专用工具夹以保证精度。油中混入污染物时，叶片易咬死，工作可靠性较差。

双作用式叶片泵主要用在工程机械液压动力转向装置中。

由于叶片泵的上述特点，在使用维修中要特别注意液压油的清洁。装配叶片时不能随意将叶片装到任何一个槽中，要注意使各叶片在槽中的松紧度基本一致。

二、叶片马达的工作原理和结构特点

1. 工作原理

双作用式叶片马达的工作原理见图2-10所示。当压力油从配油窗口进入相邻两叶片间的密封工作腔时，位于进油腔的叶片2、6因两面所受的压力相同，故不产生转矩。位于回油腔的叶片4、8也同样不产生转矩。而位于油封区的叶片3、7和1、5因一面受压力油作用，另一面受回油的低压作用，故产生转矩，且叶片1、5的转矩方向与叶片3、7的相反，但因叶片3、7的承压面积大，转矩大，因此转子沿着叶片3、7的转矩方向作顺时针方向旋转。叶片3、7和叶片1、5产生的转矩差就是电机的输出转矩。定子长短半径的差值越大、转子直径越大以及输入油压越高时，电机输出转矩也越大。改变输油方向时，就可以改变马达的旋转方向。

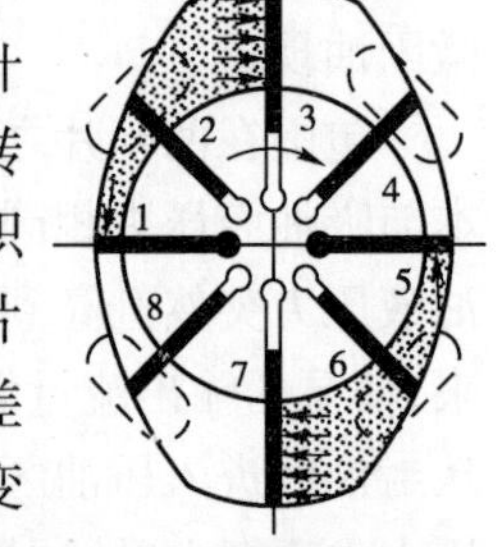

图2-10　叶片马达工作原理

2. 结构特点

叶片马达与相应的叶片泵相比较有以下几个特点。

叶片底部有弹簧，以保证在初始条件下叶片能紧贴在定子内表面上，形成密封工作腔。否则进油腔与回油腔将串通，就不能形成油压，也不能输出转矩。

叶片径向放置，其顶端两边对称倒角，以适应正、反转的要求。

叶片底部通有高压油,将叶片压向定子,以提高容积效率。为保证变换进、出油口(正、反转)时叶片底部都通压力油,在泵体中装有两个单向阀。

叶片马达体积小,转动惯量小,因此动作灵敏,允许高频换向,且输出角速度和输出转矩的脉动小。但泄漏较大,不能在低转速下工作。因此适用于高转速小转矩以及要求灵敏的场合。

三、叶片泵和叶片马达常见故障与排除方法

1. 叶片式液压泵液压故障诊断

叶片泵常见的故障有:噪声严重伴有振动,泵不吸油或输出油液无压力,排油量及压力不足,主轴油封被冲出,泵盖螺钉断裂,发热等。产生这些故障的原因与排除方法如表2-3所列。

叶片泵常见的故障　　表2-3

故障现象	产生原因	排除方法
噪声严重伴有振动	1. 滤油器和吸油管堵塞,使液压泵吸油困难; 2. 油液黏度过大,使液压泵吸油困难; 3. 泵盖螺钉松动或轴承损坏; 4. 压力冲击过大,配油盘上三角槽有堵塞或太短,导致困油器噪声; 5. 定子曲面有伤痕,叶片与之接触时,发生跳动撞击噪声; 6. 油箱油面过低,液压泵吸油侧和吸油管段及液压泵主轴油封不良,有空气进入; 7. 叶片倒角太小,运动时,其作用力有突然变化的现象; 8. 叶片高度尺寸误差较大; 9. 叶片侧面与顶面垂直度及配油盘端面跳动过大; 10. 液压泵的主轴密封过紧,温升较大(用手摸轴和轴盖有烫手现象); 11. 转速过高; 12. 联轴器的同心度较差或安装不牢靠,导致机械噪声	1. 检查清洗; 2. 检查油液黏度,及时换油; 3. 检查、紧固、更换已损零件; 4. 检查三角槽有否堵塞情况,若太短则用什锦锉刀将其适当修长; 5. 修整抛光定子曲面; 6. 检查有关密封部位是否有泄露,并加以封严,保证有足够油液和吸油道畅通; 7. 将叶片一侧的倒角适当加大,一般为1×45°; 8. 重新检查组件保证并修整叶片高度不超过0.01mm; 9. 检查并修整叶片的侧面及配油盘断面,使其垂直度在10μm以内; 10. 调整密封装置,使轴的温升不致过高,不得有烫手的感觉; 11. 降低转速; 12. 检查、调整同心度,并加强紧固
泵不吸油或无压力 (执行机构不动)	1. 转向有错; 2. 油箱液面较低吸油有困难; 3. 油液黏度过大,叶片滑动阻力较大,移动不灵活; 4. 泵体内部有砂眼,高低压腔串连; 5. 液压泵严重进气,根本吸不上油; 6. 组装泵盖螺钉松动,致使高低压腔互通; 7. 组装泵盖螺钉松动,致使高低压腔互通; 8. 叶片槽的配合过紧; 9. 配油盘刚度不够或盘刚度不够或盘与泵体接触不良	1. 更换、改变旋转方向; 2. 检查油箱中的油面的高度(观察油指标示); 3. 更换黏度较低的油液; 4. 更换泵体; 5. 检查液压泵吸油区段的有关密封部位,并严加密封; 6. 紧固; 7. 修磨叶片或槽,保证叶片移动灵活; 8. 更换或修整其接触面

续上表

故障现象	产生原因	排除方法
排油量及压力不足,表现为液压缸动作迟缓	1. 叶片与转子装反; 2. 有关连接部位密封不严,有空气进入泵内; 3. 配合零件之径向或轴向间隙过大; 4. 定子内曲面与叶片接触不良; 5. 配油盘磨损较大; 6. 叶片槽配合间隙过大; 7. 吸油有阻力; 8. 叶片不灵活; 9. 系统泄漏大; 10. 泵盖螺钉松动,液压泵轴向间隙增大而内泄	1. 纠正叶片与转子的安装方向; 2. 检查各连接处及吸油口是否有泄露,紧固或更换密封; 3. 检查并修整,使其达到设计要求,情况严重的可返修; 4. 进行修磨; 5. 修复或更换; 6. 单片进行选配,保证达到配合要求; 7. 拆洗滤油器,使吸油道畅通; 8. 不灵活的叶片应单槽配研; 9. 对系统进行顺序检查;
主轴密封冲出	油封与泵端盖配合太松或泵内泄油通道堵塞形成高压	检查配合和清洗回油孔道,或更换油封
泵盖螺钉断裂	液压泵内压同窗口口径过小(加工检验错误)	按液压泵设计要求扩孔铰孔
发热	1. 配油盘与转子间隙过小或变形; 2. 定子曲面伤痕大,叶片跳动厉害; 3. 转子密封过紧或轴承单边发热	1. 调整间隙,防止配油盘变形; 2. 整修抛光定子曲面; 3. 修整或更换

2. 叶片式液压马达液压故障诊断

叶片式液压马达常见的故障有:输出转速低,输出功率不足,泄漏,异常声响等。产生这些故障的原因与排除方法如表 2-4 所列。

叶片式液压马达常见故障与排除方法　　表 2-4

故障现象	产生原因	排除方法
转速低,输出功率不足	1. 液压泵供油不足; 2. 液压泵出口压力(输出液压马达)不足; 3. 液压马达合面没有拧紧或密封不好,有泄漏; 4. 液压马达内部泄漏; 5. 配油盘的支撑弹簧疲劳,失去作用	1. 调整供油; 2. 提高液压泵出口压力; 3. 拧紧结合面,检查密封情况或更换密封圈; 4. 排除内漏; 5. 检查、更换支撑弹簧
泄漏	1. 内部泄漏: (1)配油盘磨损严重; (2)轴向间隙过大 2. 外部泄漏: (1)轴端密封的磨损; (2)盖板处的密封圈损坏; (3)结合面有污物或螺栓未拧紧; (4)管接头密封不严	1. 排除内泄: (1)检查配油盘接触面,并加以修复; (2)检查并将轴向间隙调至规定范围 2. 排除外泄: (1)更换密封圈,并查明磨损原因; (2)更换密封圈; (3)检查、清除、并拧紧螺栓; (4)拧紧管接头

续上表

故障现象	产生原因	排除方法
异常声响	1. 密封不严,进入空气; 2. 进油口堵塞; 3. 油液污染严重或有气泡混入; 4. 联轴器安装不同心; 5. 油液黏度过高,液压泵吸油困难; 6. 叶片易磨损; 7. 叶片与定子接触不良,有冲撞现象; 8. 定子磨损	1. 拧紧有关的管接头; 2. 清洗、排除污物; 3. 更换清洁油液,拧紧接头; 4. 校正同心度,使其在规定范围,排除外来振动影响; 5. 更换黏度较低的油液; 6. 尽可能修复或更换; 7. 进行修复; 8. 进行修复或更换。如因弹簧过硬造成磨损加剧,则应更换刚度小的弹簧

第四节　柱塞泵和柱塞马达

柱塞泵是依靠柱塞在缸体内往复运动时密封工作容腔的变化来实现吸油和压油的。轴向柱塞泵是指柱塞中心线平行(或接近平行)于油缸体的轴线。径向柱塞泵是指柱塞沿转子半径方向布置。

轴向柱塞泵具有密封性好,工作压力高(额定工作压力一般可达32~40MPa,高压下容积效率一般在95%左右),容易实现变量和单位功率重量轻等优点。它的缺点是对油液的污染比较敏感,对使用、维修的要求也比较严格和价格较高,轴向柱塞泵在工程机械上应用非常广泛。

轴向柱塞泵根据配流方式分为阀式配流和配流盘配流两大类。配流盘配流的轴向柱塞泵,根据结构特点又可分为斜盘式和斜轴式两大类。

一、轴向柱塞泵的工作原理和流量计算

1. 柱塞泵的工作原理

1)斜盘式轴向柱塞泵的工作原理

传动轴轴线与缸体轴线一致与圆盘(斜盘)倾斜的轴向柱塞叫斜盘泵。

如图2-11所示的点接触式轴向柱塞是一种比较简单的轴向柱塞泵。柱塞4安放在缸体4上均匀分布柱塞孔中,由于柱塞底部弹簧力的作用,柱塞头部始终贴在斜盘2上。缸体在传动轴的带动下旋转时,处在A向剖面右半部位置的柱塞在弹簧力的作用下向外伸出,使柱塞和缸孔形成的密封工作容腔增大,产生真空,通过配流盘5的吸油窗口吸油。处在A向剖面左半部位置的柱塞在斜盘2的强制作用下,向缸孔内缩回,使密封工作容腔缩小,液体通过配流盘的排油窗口排出。由于任意瞬时均有柱塞和缸孔形成的密封工作容腔存在于配流盘的排油窗口的位置,所以泵的吸油和排油是连续进行的。

2)斜轴式轴向柱塞泵的工作原理

传动轴轴线与圆盘轴线一致而与缸体倾斜的轴向柱塞泵,叫斜轴式轴向柱塞泵。

图2-12所示为斜轴泵的工作原理。斜轴泵由法兰轴1、连杆2、柱塞3、缸体4和配流盘5等零件组成。

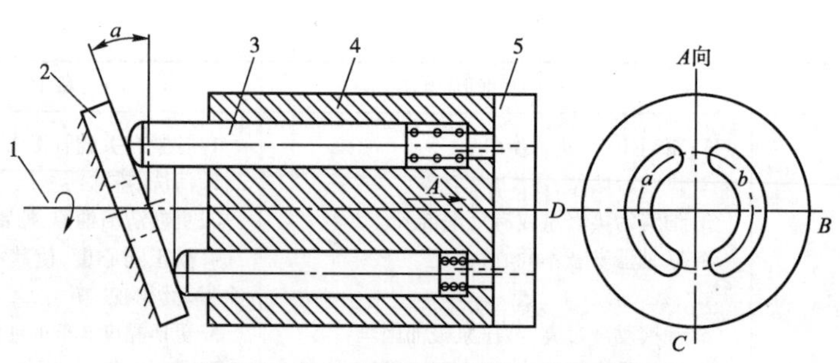

图 2-11　斜盘式轴向柱塞泵的工作原理图

1-传动轴;2-斜盘;3-柱塞;4-缸体;5-配油盘

法兰轴 1 为驱动轴,轴的端部做成法兰盘状,盘上有 Z 个球窝(Z 为柱塞数),均布在同一圆周上,用以支承连杆 2 的球头,并用压板与法兰盘连在一起形成球状,其中心点 G 分布在半径为 r 的圆周上。连杆的另一端球头铰接于柱塞 3 上,其中心 B 分布在半径为 R 的圆周上。

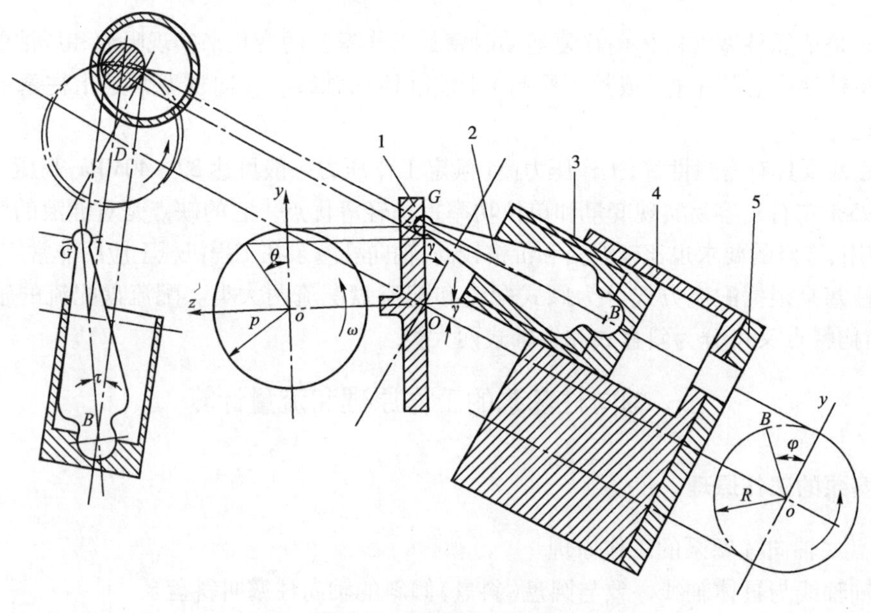

图 2-12　斜轴泵的工作原理

1-法兰轴;2-连杆;3-柱塞;4-缸体;5-配流盘

当法兰轴 1 以角速度 ω 转过时($\theta = wt$),使连杆轴线与柱塞轴线之间形成夹角 τ,连杆锥面与柱塞内壁接触,拨动缸体旋转,其转角为 φ,缸体旋转角速度为 ω',则 $\varphi = \omega' t$,由于斜轴泵为单数柱塞且连杆数与柱塞数相同,所以这些连杆将在不同的时间轮流与柱塞内壁接触拨动缸体旋转。法兰轴一方面驱动缸体旋转,另一方面通过连杆带动柱塞往复运动,并通过配流盘 5 的配流窗口完成吸油和排油过程。

2. 柱塞泵的流量计算

1)斜盘泵的流量计算

液压泵旋转一周,每个柱塞缸理论排出液体体积 q_1 为

$$q_1 = \frac{1}{4}\pi d^2 h$$

或

$$q_1 = \frac{1}{4}\pi d^2 D\tan\gamma$$

式中:d——柱塞直径;

h——柱塞最大行程;

D——柱塞中心的分布圆直径;

γ——斜盘倾斜角。

液压泵的排量 q 为

$$q = \frac{1}{4}\pi d^2 DZ\tan\alpha$$

式中:Z——柱塞数。

液压泵的流量为

$$Q = \frac{1}{4}\pi d^2 DZn\eta_v\tan\alpha$$

式中:n——液压泵的的转速。

2)斜轴泵的流量计算

从图 2-12 中可以看出,法兰轴转一周,柱塞的行程 L 为

$$L = 2r\sin\gamma$$

泵的排量为

$$q = \frac{1}{4}\pi d^2 LZ$$

$$q = \frac{1}{2}\pi d^2 rZ\sin\gamma$$

泵的流量为

$$Q = \frac{\pi}{2}d^2 rZn\eta_v\sin\gamma$$

式中:n——泵的转速。

二、轴向柱塞泵的结构分析

轴向柱塞泵的结构分为两大类斜盘式和斜轴式。

斜盘式轴向柱塞泵分为两小类:通轴式轴向柱塞泵和非通轴式轴向柱塞泵。

1. 斜盘式轴向柱塞泵

1)非通轴式轴向柱塞泵

如图 2-13 所示,非通轴式轴向柱塞泵是指其传动轴没有穿过斜盘。目前国内生产的主要有 ZB 型和 CY14-1 型两种,图 2-13 为 ZB 型轴向柱塞泵的结构图,该泵的斜盘倾角 γ 是固定不变的,所以泵的排量不能调节,为定量泵。

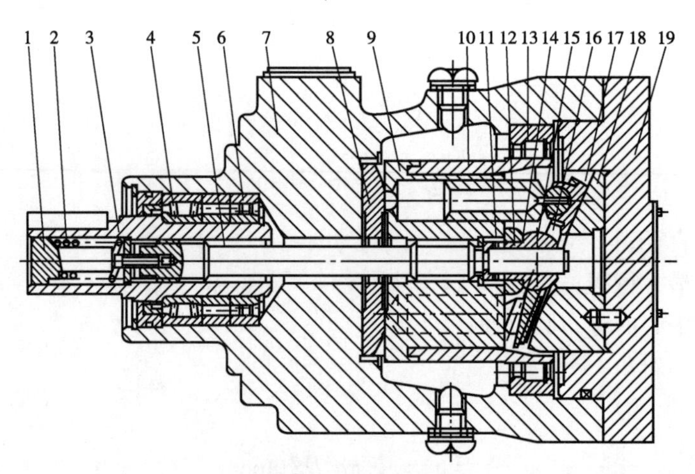

图 2-13　ZB 型柱塞泵结构

1-螺钉;2、11-弹簧;3-空心轴;4、6 轴承;5-传动轴;7-泵体;8-配油盘;9-缸体;10-柱塞;12-挡块;13-轴承;14-垫片;15-球铰;16-回程盘;17-滑靴;18-斜盘;19-泵盖

该泵的传动轴由轴套 3 和芯轴 5 两部分组成,轴套 3 用轴承 4、6 支撑在泵体 7 上,芯轴的一端通过花键与轴套相连接,另一端与缸体相连接,并通过花键驱动缸体旋转。采用轴套、芯轴的传动轴结构可以避免传动机构的径向力传递到缸体上。

缸体和配流盘之间由弹簧 2 和弹簧 11 产生预紧力,弹簧 2 经调整螺钉 1、芯轴与弹簧 11 一起使缸体 9 压向配流盘,以便保证泵的正常启动。

弹簧 11 通过弹簧座 12,球铰 15 使滑靴贴在斜盘上,液压泵吸油时,柱塞从缸孔内向外伸出是靠此弹簧完成的。

泵工作时,高压油将滑靴压向斜盘,斜盘将产生一垂直于斜盘表面的反作用力,作用在滑靴上,此力可产生垂直于柱塞轴线的径向力,径向力会传给缸体 9,为了使缸体发生偏摆,在其外圈加了大轴承 13,而且轴承的中线恰好通过全体柱塞径向力合力的中心,使轴承 13 承担了全部的径向力。芯轴由于不受弯曲力矩的作用,所以设计的较细,可以滤掉部分原动机的扭转振动。轴承 13 的外圈固定在泵体上,内圈则为缸体的一部分,为了保证缸体滑动(形成配流处的间隙自动补偿)和摆动(使缸体和配流盘能很好的密合)自由,芯轴与泵体的花键要有一定的间隙。由于轴承 13 所受径向力较大使泵的压力与转速的提高均受到一定的限制。

ZB 型轴向柱塞泵额定工作压力为 21MPa,最高压力 28MPa。排量为 9.5 ~ 227mL/r,共五种规格。额定转速 1500r/min,最高转速有些规格可达 3000r/min。

图 2-14 为 CY14-1 型轴向柱塞泵的结构图。CY14-1 型泵与 ZB 型泵的结构基本相似,两种结构的不同点是:

(1)CY14-1 型的壳体是分离式壳体,工艺性能好。而 ZB 泵则做成一个整体,结构比较紧凑。

(2)CY14-1 型泵传动轴直接带动缸体旋转,结构比较简单。ZB 型泵采用轴套、芯轴带动缸体旋转,避免了传动机构有径向力传递到缸体上。这种结构非常适合发动机驱动液压泵的行走机械。

(3)CY14-1 型泵用一个弹簧完成缸体对配流盘的预压紧和保证滑靴贴在斜盘上,结构简单。而 ZB 泵采用两个弹簧完成。

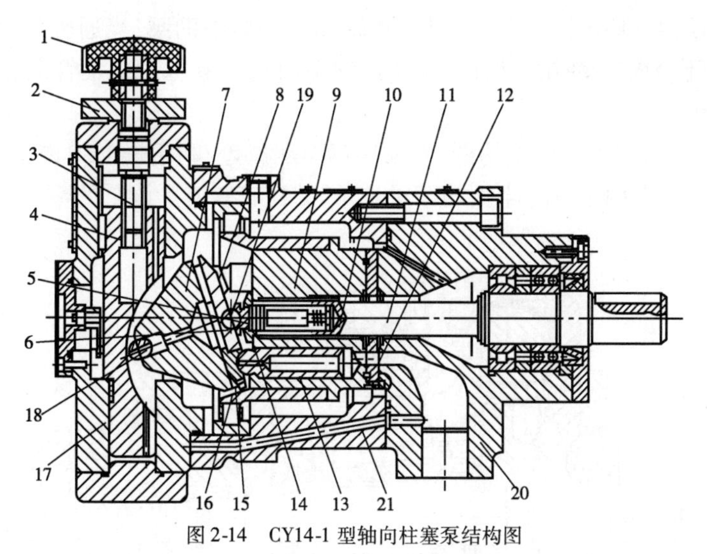

图 2-14　CY14-1 型轴向柱塞泵结构图

1-手轮;2-锁紧螺母;3-调节螺杆;4-变量活塞;5-预紧弹簧;6-内套;7-斜盘;8-回程盘;9-缸体;10-柱塞;11-传动轴;12-配油盘;13-钢套;14-外套; 15-滑靴;16-滚柱轴承;17-变量壳体;18-销轴;19-钢球;20-后盖;21-壳体

(4) CY14-1 泵不可逆转,不能作马达使用。而 ZB 泵结构对称能够逆转,可以作马达使用。

2)通轴式轴向柱塞泵

斜盘泵的传动轴通过斜盘并支承在两端轴承上称为通轴式轴向柱塞泵。

图 2-15 所示为通轴式轴向柱塞泵的结构图。它去掉了缸体外大轴承,传动轴两端有滚动轴承,与非通轴泵比较,由于柱塞径向引起的缸体径向力可以有传动轴承承受,因而取消了缸体外大轴承,为泵的转速和压力的提高创造了条件。传动轴和花键配合段的中点是缸体承受径向作用力的支承点。为了不使缸体承受过大的倾覆力矩,此支点应通过或接近缸体径向合力的作用线,由于支承传动轴的两轴承相距较远且受径向力的作用,为了减小传动轴的弯曲变形、减小缸体倾斜量,传动轴做得较粗。通轴泵的变量机构与传动机构平行,作用于斜盘外缘,因此既有利于缩小泵的径向尺寸,又可以减小变量机构所需要的操纵力。

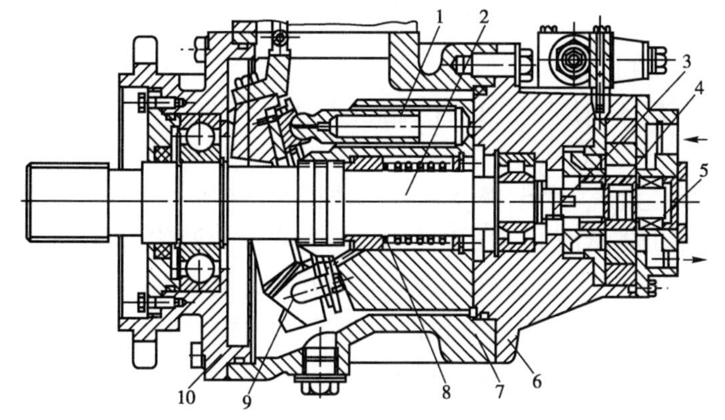

图 2-15　通轴泵的结构图

1-缸体; 2-传动轴;3-联轴节;4、5-辅助泵内外转子;6-后泵盖;7-泵体;8-弹簧;9-斜盘;10-前泵盖

通轴泵的传动轴可伸出柱塞泵的主体，在轴端可安装辅助泵，当通轴泵用于泵-马达闭式系统时，辅助泵可作为辅助使用。所以，采用通轴泵简化了液压系统及管道连接，广泛应用于行走机械液压系统。

图2-16为A4V型通轴泵的结构图，它采用球面配流盘、利用蝶形弹簧压紧缸体并使柱塞回程。变量斜盘支承在两个只有半圈的滚子轴承，结构较紧凑。该泵的额定压力为35MPa，最高压力为40MPa。

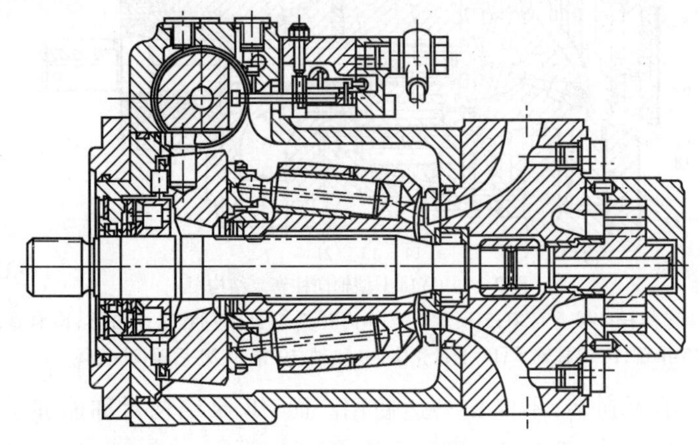

图2-16 A4V通轴式轴向柱塞泵

轴向柱塞泵的缸体与配流盘，以及滑靴与斜盘都是承受很大载荷，并且相对滑移速度又很高的摩擦副。为了减小摩擦与磨损，配流盘滑靴均采用了相应的措施。

(1)配流盘(如图2-17所示)。泵在工作时，平均有一半柱塞处于高压，柱塞工作腔液压力把缸体推向配流盘。配流盘对缸体的反作用力可分为两部分，一部分为从腰形排油窗口渗入两者缝隙中的油压推开力；另一部分为配流盘表面的剩余压紧力。推开力过大，则缸体被推开，泵的容积效率大大降低。推开力过小，则配流盘磨损加剧。通常按剩余压紧力法进行设计。

要求缸体对配流盘的压紧力 F_N 略大于配流盘对缸体的液压推开力 F_f。

$$\frac{F_N}{F_f} = 1.05 \sim 1.1$$

尽管 F_N 与 F_f 的比值非常接近，但由于轴向柱塞压力较高，剩余压紧力 $P = F_N - F_f$ 依然较大，为了减小配流盘与缸体的接触比压，配流盘上设置了辅助支承面。常见的辅助支承式有热楔支承和动压支承。

图2-17所示的配流盘采用以热楔支承。泄油槽5使辅助支承内、外圆于泄漏油压力下。当缸体高速旋转时，辅助支承面上一层极薄的油膜受到很大的剪切力。在黏性内摩擦力作用下，油发热并膨胀，以致产生压力流动。这就意味着在支承面上的压力大于壳体内的泄油压力，因而产生推开力，故称热楔支承。如油液厚度变大，则油膜中速度梯度减小，剪切力随之变小，因而发热少，推开力小，缸体的压紧力使油膜厚度减小，所以热楔支承在一定程度上能使油膜厚度维持在一定范围内。

图2-18所示为动压支承结构的配流盘。它的辅助支承做成略带倾斜的小平面(如图中*A-A*断面所示)。当缸体转动时，形成楔形油膜，产生轴向推力。这种支承有较大的承载能力，

缺点是辅助支承的加工较困难。

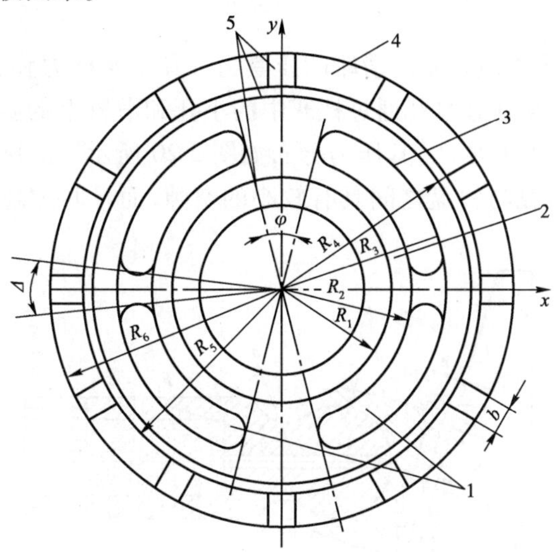

图 2-17　热楔支承配流盘

1-配流窗孔;2-内密封带;3-外密封带;4-辅助支承;5-泄油槽

泵的加工、装配误差可能造成缸体端面与配流盘不平行,通轴式斜盘泵主轴的挠曲变形也有可能造成缸体倾斜。为了使缸体和配流盘能很好的贴紧,从结构上采用自位措施,使配流盘表面能自动适应缸体端面的微量倾斜。

图 2-19 所示的球面配流盘具有良好的自位性能,即使缸体相对转动轴线有些倾斜,仍能保证底球面和配流盘的密合。

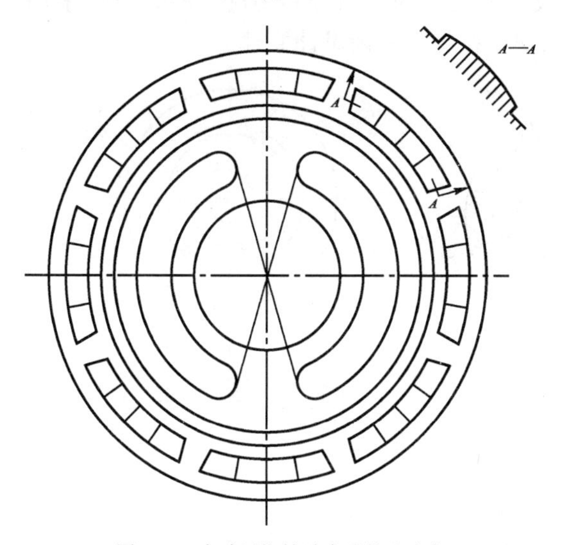

图 2-18　有动压楔辅助支承的配流盘

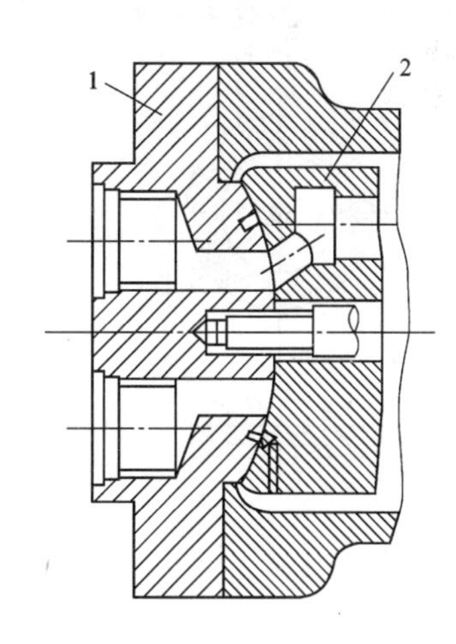

图 2-19　球面配流盘结构

1-配流盘; 2-缸体

(2)滑靴。当柱塞处于排油区位置时,它的底部将承受高压油的作用力,这个力通过柱塞的头部作用到斜盘上。设排油区压力为 p,柱塞直径为 d,如图 2-20 所示,柱塞底部的作用力为

$$P = \frac{\pi}{4}d^2 p$$

此力与摩擦力、惯性力组成柱塞对滑靴的压紧力。其中摩擦力和惯性力是很小的。压紧力的方向垂直斜盘表面。从柱塞缸孔通过柱塞中的小孔和滑靴上的阻尼小孔，高压油进入滑靴底部，对滑靴产生液压推开力 P_c，其压力分布如图 2-20 所示。液压推开力 P_c 等于压紧力 F_N 的 95%，如此保证了滑靴与斜盘之间具有较小的空隙，而且间隙随压力的变化而变化，同时也减小了滑靴的磨损。

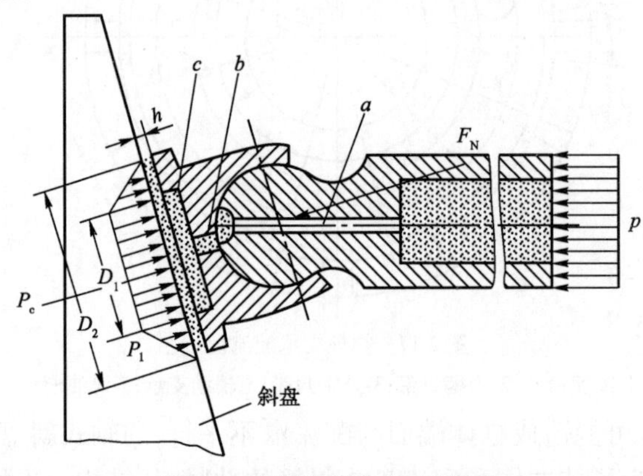

图 2-20　滑靴的结构和工作原理

图 2-21 为几种滑靴的结构图。图 2-21a）是一般滑靴结构，为了减小剩余压紧力 $N-P_c$ 产生的接触比压，增设了内外辅助支撑。图 2-21b）所示的内辅助支撑的好处是增加了承压面积，不增大滑靴的尺寸，增设辅助支撑不会改变滑靴底部压力分布情况。图 2-21c）采用了滑靴、斜盘缝隙阻尼与螺旋槽阻尼并联的型式，属于按静压平衡设计原理。

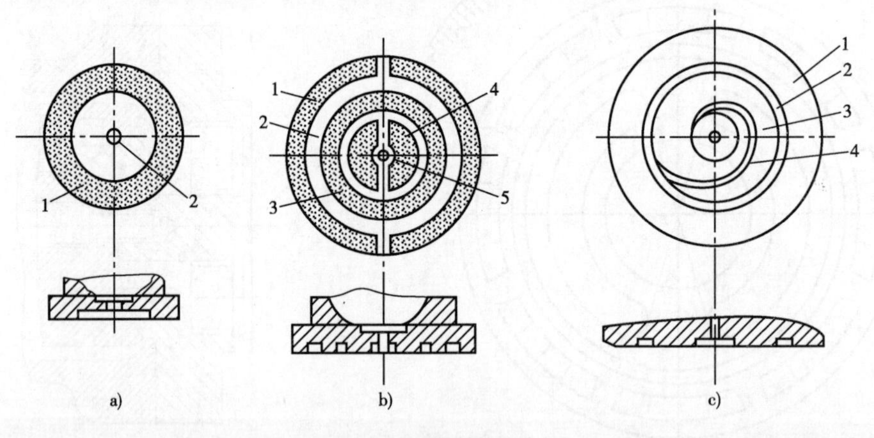

图 2-21　滑靴结构形式

a）1-密封带；2-通油孔；b）1-外辅助支承；2-泄油槽；3-密封带；4-内辅助支承；5-通油孔；c）1-外密封带；2-环形油槽；3-内密封带；4-阻尼槽

2. 斜轴泵的结构和特点

图 2-22 为斜轴泵的结构图。缸体 8 装在后泵体 7 内的滚动轴承上，靠弹簧力的作用压紧

在配流盘10上，保证缸底与配流盘的初始密封。后泵体7后端带有两个耳轴，支撑在安装于外壳3上的滚动轴承上，并可绕轴承的轴线相对前泵2左右摆动，调整缸体的倾斜角度，改变泵的排量。传动轴1装在前泵体2内，右端带有球窝圆盘。在缸体中沿轴向装有7个柱塞5，通过连杆4与传动轴相连。连杆左端球头借压盘垫圈和螺钉等铰接在传动轴右端圆盘的球窝内。连杆右端的球头通过卡瓦和销子铰接在柱塞内孔的球窝中。

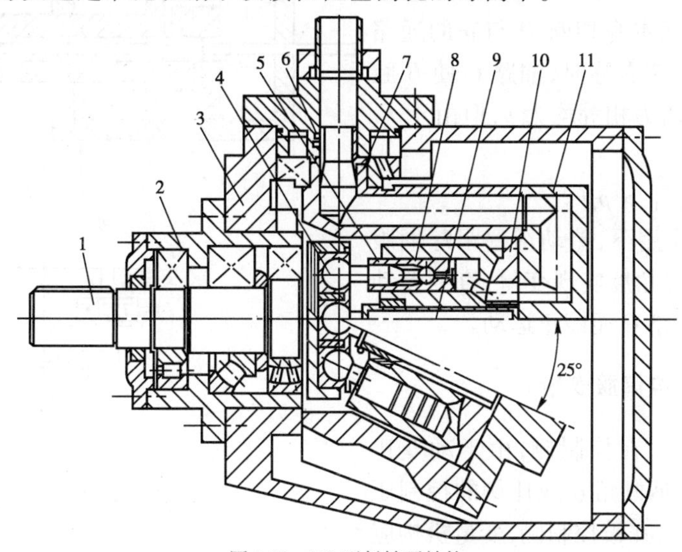

图2-22　ZB型斜轴泵结构

1-传动轴;2-前泵体;3-壳体;4-连杆;5-柱塞;6-接头;7-后泵体;8-缸体;9-芯轴;10-配油盘;11-后泵盖

当传动轴1旋转时，各组连杆的侧面顺序依次分别与柱塞内壁接触，迫使缸体一起回转。当缸体中心线与传动轴中心重合，即缸体倾角为0°时，柱塞在缸孔中不发生相对的往复运动，泵处于空转状态。当缸体具有一定的倾角时，随着传动轴的旋转，柱塞被迫在缸孔中往复运动，使密封工作容腔发生变化，通过配油盘实现吸油和排油。随着缸体倾斜角度的增大而增大。

与斜盘泵比较，斜轴泵有如下特点：

由于柱塞受到侧向力很小，泵能承受较高的压力与冲击。

由于不存在斜盘泵的阻尼小孔，对油液的污染不如斜盘泵敏感。

斜轴泵靠缸体摆动实现变量，缸体摆动将占有较大的空间，所以变量泵的外形尺寸和重量较大。

三、轴向柱塞泵的变量机构

随着液压技术向高压、大功率、低噪声、集成化、自动化的方向发展，泵的各种变量机构的研究引起国内外广泛注意。轴向柱塞泵的变量机构的作用是：操纵斜盘倾角（斜轴泵为缸体倾角）的大小和方向，从而改变泵的排量。泵的变量控制可使驱动系统的效率提高和实现无级调速等，因而在工程机械上得到广泛应用。

1. 液压伺服变量机构

如图2-23所示为伺服变量机构的原理图，由一个双边控制阀和一个差动液压缸组成一个

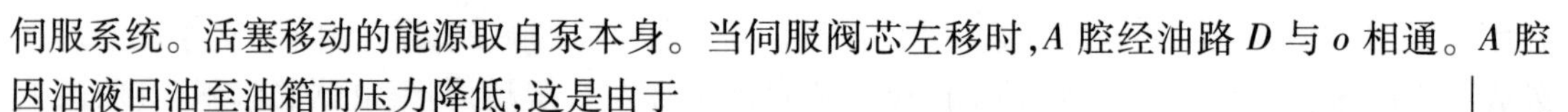

伺服系统。活塞移动的能源取自泵本身。当伺服阀芯左移时，A 腔经油路 D 与 o 相通。A 腔因油液回油至油箱而压力降低，这是由于

$$p_sF_2 > pF_1$$

因此差动活塞左移，改变斜盘倾角实现变量，直至差动活塞移动的距离等于伺服阀芯左移的距离时，差动活塞本身切断 D 与 o 的通路而停止左移。当阀芯右移时，油路 C 使 B 腔与 A 腔沟通，两腔压力相等均为 p，但由于 F_1 大于 F_2 使

$$p_sF_1 > p_sF_2$$

在 $p_s(F_1 - F_2)$ 的作用下，差动活塞跟踪伺服阀芯右移，改变斜盘角度实现变量，直到差动活塞本身切断了油路 C 而停止运动。

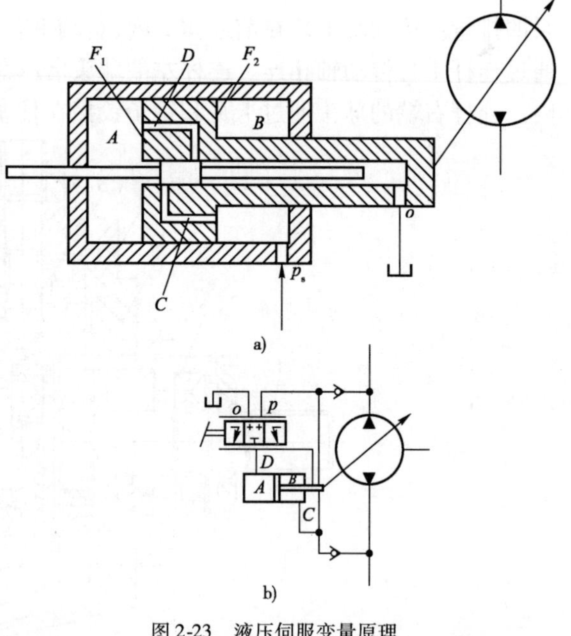

图 2-23　液压伺服变量原理

2. 手动比例遥控伺服变量

如图 2-24 所示，在控制侧，由于动变比例减压阀产生与手柄倾角 α 成比例的控制压力 p_2（减压后压力），在被控制侧，变量机构应是弹簧对中型等积小油缸，依手柄倾角 α 而设定的每一个压力 p_2 值，通过与弹簧力的平衡关系，得到变量活塞一个确定的倾角，从而达到连续比例遥控方案，虽然控制精度不一定很高，但对于常见的工程机械能满足要求。

下面说明手动设定压力的原理：

手柄中位时（指 $\alpha = 0 \sim 3°$），阀芯 6’被复位弹簧 7’推至最上端，如图 2-24a）所示，工作油口 b 与回油口 o 相通，输出压力为零。

当手柄倾角 α 增大时，蝶形盘 2 压下触头 3 并经滑动套 4、弹簧 5 推阀芯下移，走过封油长度 Δl，打开减压口 Δh，切断 a 至 o 的通路。p_1 经减压口 Δh 降压为 p_2，则 $p_2 < p_1$，二次油压 p_2 作用在阀芯下端向上，与调压弹簧作用力相平衡，力的平衡关系为

$$p_2A + S_7 + (\Delta l + \Delta h)K_7 = S_5 + (R\tan\alpha - \Delta l - \Delta h)K_5$$

K_7 为复位弹簧刚度数值较小，且 $(\Delta h + \Delta l)$ 也很小，故两者乘积可忽略。减压口 Δh 很小，为简化计算，认为 $\Delta h = 0$，则有

$$p_2A + S_7 = (R\tan\alpha - \Delta l)K_5 + S_5$$

$$p_2 = \frac{S_5 + S_5}{A} + \frac{(R\tan\alpha - \Delta l)K_5}{A}$$

式中：A——阀芯面积；

p_2——输出压力；

S_5——调压弹簧预紧力；

S_7——复位弹簧预紧力；

R——手柄摆动中心至阀芯中线间的距离；

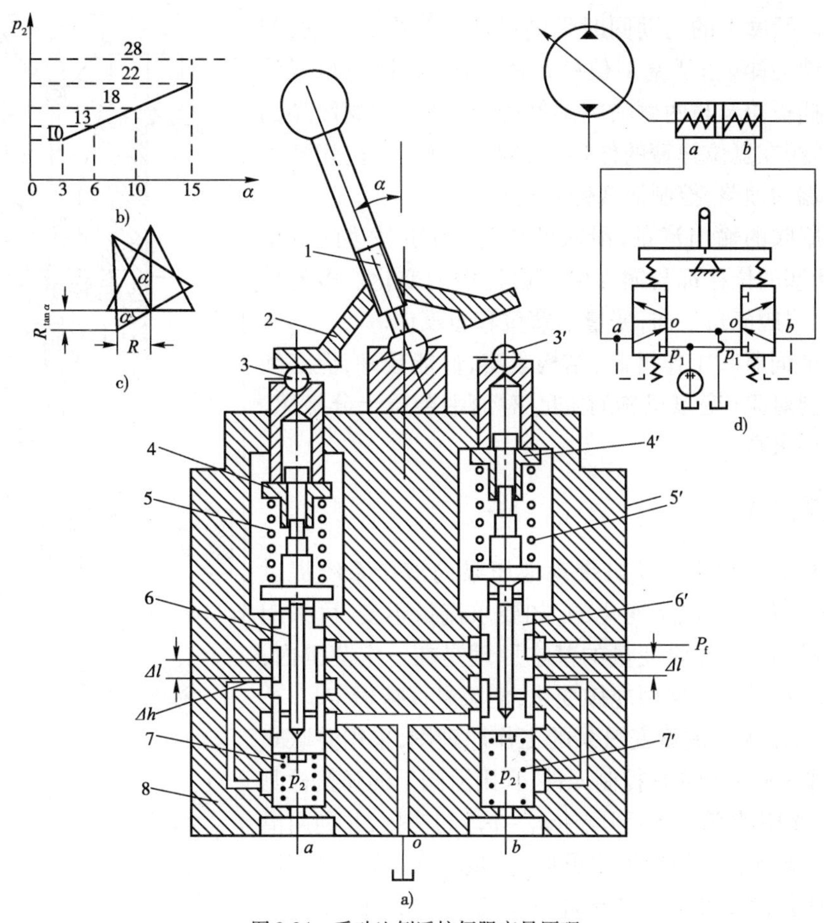

图 2-24 手动比例遥控伺服变量原理

1-手柄;2-蝶形盘;3-触头;4-弹簧座;5-调压弹簧;6-阀芯;7-复位弹簧;8-阀体

α——手柄角度;

Δl——封油长度;

K_5——调压弹簧的刚度;

Δh——减压口开度;

K_7——复位弹簧的刚度。

上式反映了 p_2 与手柄摆角 α 成正比例的关系,由此可画出比例减压阀输出压力特性曲线(图 2-24b)。由图可知,当 α 在 3°~15°范围变化时,p_2 线性上升,其斜率由 RK_5/A 决定。

3. 电液伺服阀控制变量

图 2-25 所示为电液伺服阀控制主泵变量的工作原理。它是以双喷嘴挡板阀为前置级、四边滑阀为功率级,具有机械反馈的双级电液伺服阀。

当力矩马达的线圈 6 接受偏差信号控制时,在衔铁 7 上产生了一个与控制信号相应的控制力矩并使之绕支点偏转,改变了喷嘴挡板的左、右间隙值,在功率级滑阀 9 的两端产生一个控制压力差 Δp 来驱动滑阀位移,于是压力油进入泵变量机构,推动活塞 1 移动并带动斜盘改变倾斜角度。活塞1的运动同时带动反馈杆绕中心转动，产生相应的反馈力矩，当活塞1位移足够大时，反馈力矩抵消控制力矩将挡板拉至与两侧喷嘴的间隙相等时，滑阀两端的压差消失，滑阀在复位弹簧的作用下，回到原始位置，切断了控制活塞两端的油路，控制活塞停止运动。

电液伺服阀的输出流量，滑阀的位移，力矩马达的输出力矩，变量活塞的位移都与输入电流成比例的变化。电流反向时，电液伺服阀流量反向，变量活塞位移也反向。

机械反馈伺服阀工作可靠，结构紧凑，性能较好，但必须安装在被控制对象（变量机构）附近，对油中杂质十分敏感，对过滤精度要求高。

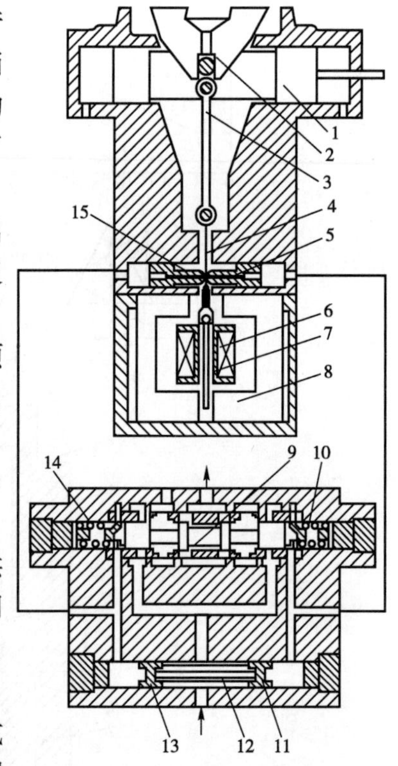

图2-25　电液伺服阀控制主泵变量原理图
1-变异活塞；2-斜盘；3-反馈控制杆；4-弹簧片（挡板）；5、15-喷嘴；6-线圈；7-衔铁；8-永久磁铁；9-滑阀；10、14-对中弹簧；11、13-节流孔；12-滤器

4. 恒流量变量

工程机械通常利用发动机带动液压泵向液压系统提供动力，这时泵的转速是经常变化的，如要求流量不变，可采用恒流量变量机构。恒流量变量的基本原理是在一定范围内，使泵的转速和排量按反比例规律变化，使流量保持恒定。

图2-26所示为恒流量变量泵的工作原理图，采用并联式流量控制阀作为测量和先导控制元件，利用滑阀上的弹簧检测串联在油路上锐边节流口前后压差（p_1-p_2）的变化，并利用滑阀控制变量活塞动作。当转速上升时，流量增大，节流口前后压差增大，滑阀右移，右端阀口开启，差动缸大腔卸压，变量活塞右移，斜盘倾角变小，泵的流量减小，直至节流口两侧的压差与检测弹簧的调定力向平衡于中立（即阀口关闭）位置，使流量恢复到调定值为止。

a)　b)

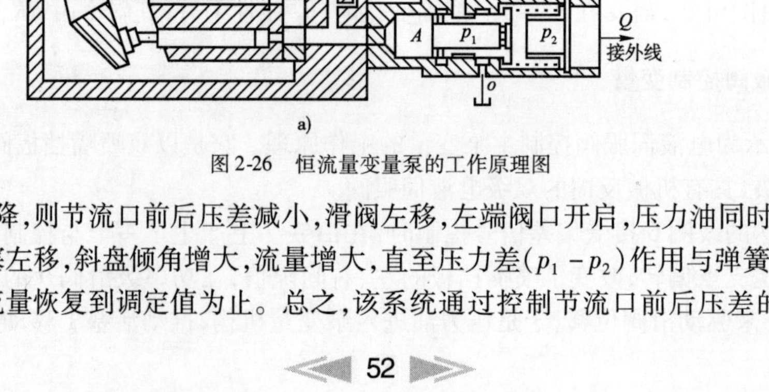

图2-26　恒流量变量泵的工作原理图

如转速下降，则节流口前后压差减小，滑阀左移，左端阀口开启，压力油同时进入差动缸大小腔，差动活塞左移，斜盘倾角增大，流量增大，直至压力差（p_1-p_2）作用与弹簧调定值又平衡于中立位置，流量恢复到调定值为止。总之，该系统通过控制节流口前后压差的恒定，进而保

证了泵的流量恒定。

四、轴向柱塞式液压马达

工作原理：

如前所述多数轴向柱塞马达都属于高转速小扭矩马达。按其构造型式不同，也可分为斜盘式和斜轴式两种。其工作原理恰好是相应类型泵的反向作用。

现以斜盘式柱塞马达为例，介绍其工作原理和构造。

图 2-27 为斜盘式轴向柱塞马达工作原理图。当压力油进入马达时，柱塞在压力油的作用下，球头端部顶紧斜盘，斜盘给柱塞一个反作用力 h，分解为互相垂直的两个力 P 与 T，P 力与柱塞所受液压力平衡，另一分力 T 与柱塞轴线垂直向上，此力对转子（缸体）轴线产生扭矩驱动转子旋转，并通过转子轴输出扭矩。T 力的大小为

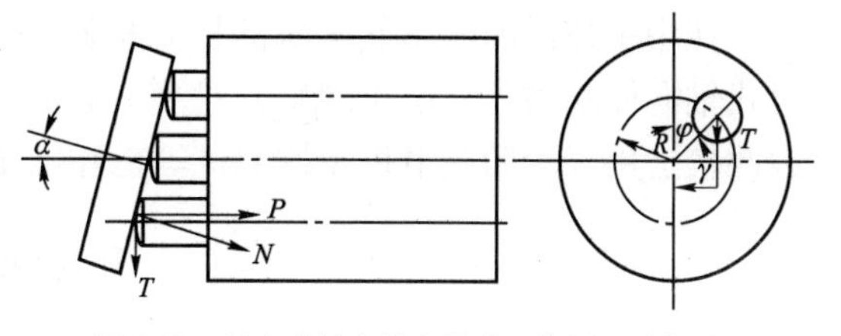

图 2-27　斜盘式轴向柱塞马达工作原理示意图

$$T = P\tan\alpha$$

式中：α——斜盘角度；

$P = ps$，p 为液压力，s 为柱塞面积。

这个 T 力使缸体产生的扭矩大小，由柱塞在压油区所处的位置而定。其瞬时扭矩为

$$M_{\mu} = TR = Tr\sin\varphi = ps\tan\alpha r\sin\varphi$$

对于整个液压马达而言，其瞬时扭矩应为所有处于高压腔的柱塞产生的瞬时扭矩之和为

$$M = \sum M_{\mu} = Ps\tan\alpha r\sum\sin\varphi$$

式中：r——T 力与缸体中心的距离；

φ——柱塞与缸体的垂直中心线所成角度。

液压马达的实际输出的总扭矩可按公式计算。

$$M = 1.59\Delta pq\eta_{m} \times 10^{-8}$$

由于液压马达是用来拖动外负载做功的，只有当外负载转矩存在时，液压泵送入液压马达的压力油才能达到相应的数值，液压马达才能产生相当的转矩 M 去克服它。所以液压马达的转矩是随负载转矩而变化的。

由上可见，在缸体旋转过程中，随着各柱塞相位角的变化，转矩将是脉动的。实践表明，当柱塞的数目较多且为单数时，转矩脉动较小。

图 2-28 为斜盘式轴向柱塞马达的构造。它由缸体（转子）1、壳体 2、传动花键 3、柱塞 4、传动轴 5，斜盘 6、配油盘 7 等组成。马达工作前，靠弹簧的压力将缸体 1 压紧在配油盘 7 上，起动后，则靠压力油保证缸体与配油盘紧密地接触。因此，缸体和配油盘磨损后能自动补偿。斜盘上装有止推轴承，用来承受轴向力。斜盘还可以随缸体一起旋转，以减少柱塞头部的磨损。柱塞 4 对缸体 1 空间容积增大（进油腔）的那半边，即为输入压力油，而空间容积减小（排油腔）的那半边，即为排出低压油。在压力油的连续作用下，就产生了液压马达输出的旋转运动。

从液压马达的转矩和转速公式中可以看出，只要使液压马达的排量增大，马达的转矩就会增大，而马达的转数也会降低，因此轴向柱塞马达可以制成低速大转矩马达，据此设计制造了ZMDll—45 型斜盘轴向柱塞马达。

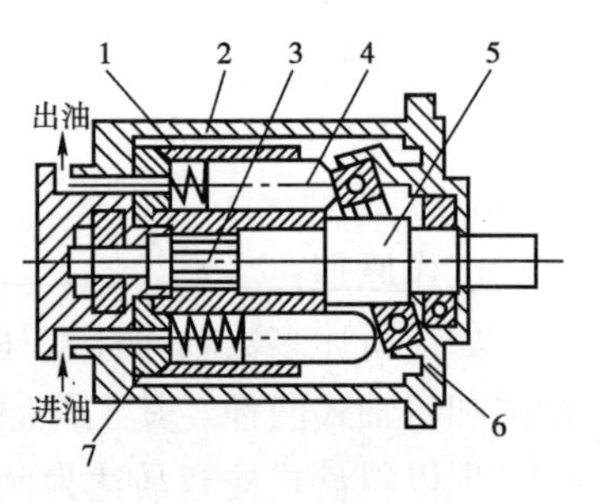

图 2-28　斜盘式柱塞马达结构示意图
1-缸体；2-马达壳体；3-传动花键；4-柱塞；5-传动轴；6-斜盘；7-配油盘

高速小转矩马达的优点是体积小、重量轻、转动惯量小，调速反应快，换向灵敏方便。缺点是需要一套减速机构配合使用，方能带动低速的工作机构。

在中小吨位的汽车起电机的提升机构和回转机构，多用斜盘式轴向柱塞马达。由于斜轴式柱塞马达具有耐冲击的特性，因此较适用于轮胎起电机及挖掘机等工程机械的行走机构。

五、径向柱塞泵

柱塞沿转子半径方向布置的液压泵称为径向柱塞泵。利用单向阀进行配流的径向柱塞泵较为常见，称为阀式径向柱塞泵。阀式径向柱塞泵的工作原理与轴向柱塞泵的基本原理完全相同。

图 2-29 所示为连杆型阀式径向柱塞泵的结构图。偏心轮(和主轴做成一体)1 通过一对滚动轴承支撑在壳体 5 上，柱塞 6 用销子 4 铰接在连杆 2 上，上下用两个半圆环 3 夹持在偏心轮上(连杆与偏心轮之间为滑动摩擦)，两个连杆环用螺钉连接。壳体 5 上固定有缸体 7 和阀体 8，阀体上相应每个柱塞缸各装有两个锥形吸油阀 9 和一个锥形压油阀 11。当偏心轮和主轴旋转时，油从吸油口 *A* 吸入，经吸油阀 9 进入柱塞缸，然后经压油阀 11 和压油道 *B* 从压油口 *C* 排出。

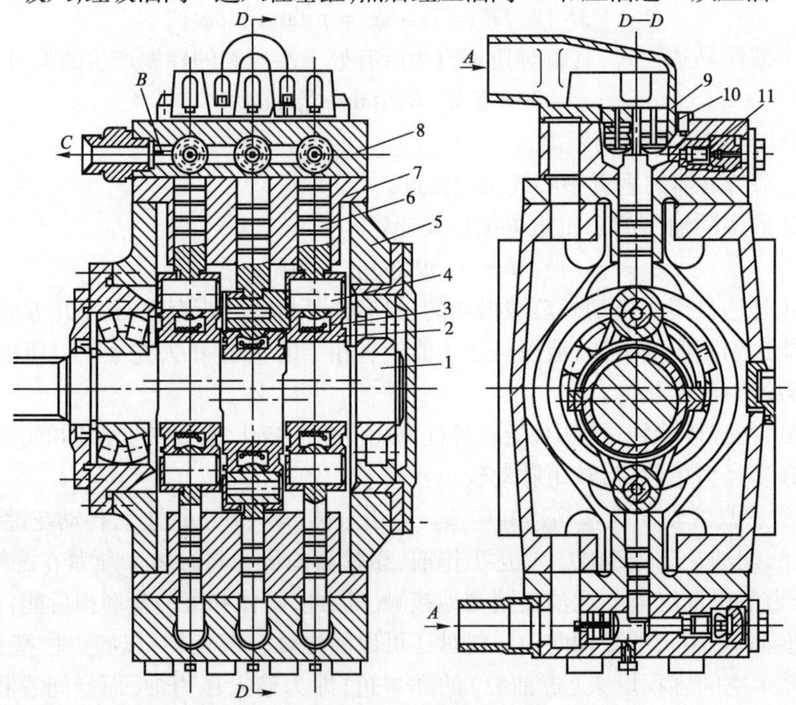

图 2-29　连杆型阀式径向柱塞泵
1-偏心轮和主轴；2-连杆；3-连接环；4-销子；5-壳体；6-柱塞；7-缸体；8-阀体；9-锥形吸油阀；10-排气螺塞；11-压油阀

由于该泵偏心轮的圆周方向只有 2 个柱塞所以流量均匀性很差，而且偏心轮和主轴的径向负荷很大。为了解决这个矛盾，就希望在主轴上多设置几个偏心轮，而且希望偏心轮数为奇数。但从轴的强度和刚度观点出发，希望偏心轮的数目不宜过多。因为轴除承受液压径向力作用外，还承受扭矩的作用，所以轴应有足够的强度和刚度，否则将影响轴两侧轴承的正常工作。因此一般都采用三个偏心轮，而且三个偏心轮的偏心方向互成 120°。

三个偏心轮上共分布有 6 个柱塞，分成两组，每组三个活塞。它的出油口可以合并起来作一个大泵使用，流量较大，也可以把两组分开作两个泵使用。

配流阀的作用是与柱塞运动相适应地轮流将吸油管道与压油管道和柱塞缸接通或切断。配流阀通常采用锥阀结构，由于锥阀密封性能好，柱塞与油缸体耦件精密配合，使这些类型的泵可在极高的压力下工作。图 2-29 所示的径向柱塞泵的额定压力为 32MPa。但由于阀门的惯性及死容积（当柱塞运动至油压行程终点时，在缸腔中尚存留的容积）的影响，阀的运动滞后于柱塞的运动。当柱塞开始压油时，吸油阀仍处于开启状态，排油阀仍然关闭，待柱塞移动一定距离后，排油阀才打开，吸油阀才完全关闭。当柱塞的排油过程结束，开始吸油时，排油阀仍处于开启状态，吸油阀仍然关闭，待柱塞移动一段距离后，排油阀才关闭，吸油阀才开始打开。

阀门运动滞后，会使泄漏增加，容积效率下降。阀门运动的滞后量将随转速的提高而增大，所以目前阀式配流柱塞泵转速一般都在 1000 ~ 1500r/min。

六、低速液压马达

低速液压马达的输出转矩通常都较大（可达数千至数万牛顿米），所以又称为低速大扭矩液压马达。低速大扭矩液压马达的主要特点是转矩大，低速稳定性好（一般可在 10r/min 以下平稳运动，有的可低到 0.5r/min 以下），因此可以直接与工作机构连接，不需要减速装置，使传动机构大为简化。低速大扭矩液压马达广泛用于工程、运输、建筑、矿山和船舶等机械上。低速大扭矩液压马达的基本结构是径向柱塞式，通常为曲轴连杆式（单作用曲轴式）。

1. 曲轴连杆式低速大扭矩马达

曲轴连杆式低速大扭矩马达是应用较早的一种液压马达。我国太原矿山机器厂已经系列生产 JMD 型和 JMF 型，JMD 型额定压力为 16MPa，最大压力为 22MPa，理论排量0.20 ~ 6.14L/r。

JMD 型马达的结构如图 2-30 所示。五个（或 7 个）油缸沿径向在圆周上均匀分布，形成行星壳体 1。油缸中装有柱塞 3，柱塞中心是球窝和连杆 2 的小端球头铰接，连杆的大端做成鞍形圆柱面，紧贴在偏心圆上，两边用挡圈 4 套住，使它不脱离偏心圆表面。曲轴支撑在滚动轴承 6 上，它的一端外伸，即为输出轴，另一端通过十字联轴节和配油轴 7 连接。

配油轴支撑在两个滚针轴 8 上，由曲轴带动旋转，结构如图 2-31 所示。它有两个环形槽 a 和 b，其中环形槽 a 经过轴向孔 c 和 d，环形槽 b 通过轴向 e 和 f，分别接通配油轴颈（C—C 剖面）的进油窗口和排油窗口。环形槽 a 和 b 通过轴套上的径向孔与马达的进油口和排油口连接，五个柱塞缸的顶部各有一条径向孔通向配油轴颈。

这种马达的工作原理可用图 2-32 简单说明。压力油经过配油轴的通道，由配油轴颈分配

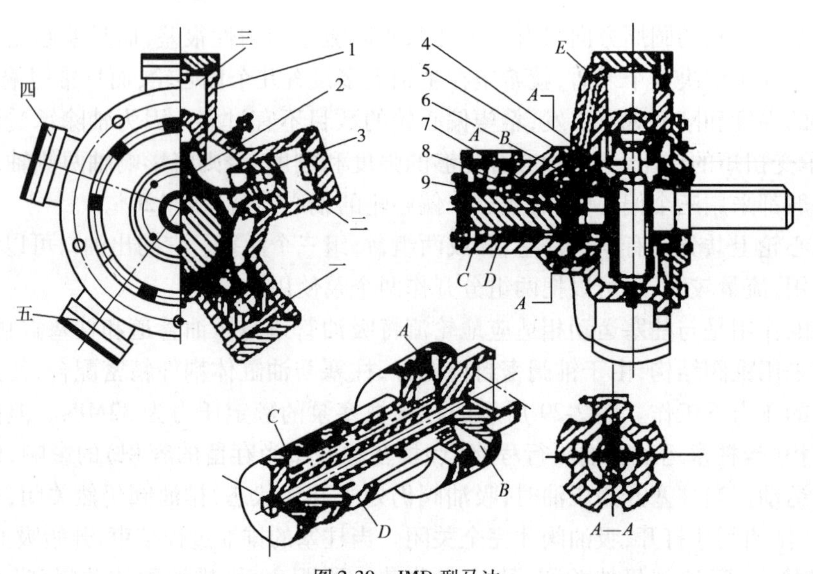

图 2-30 JMD 型马达

1-壳体;2-连杆;3-柱塞;4-挡圈;5-曲轴;6-滚动轴承;7-配油轴;8-滚针轴承;9-十字联轴节

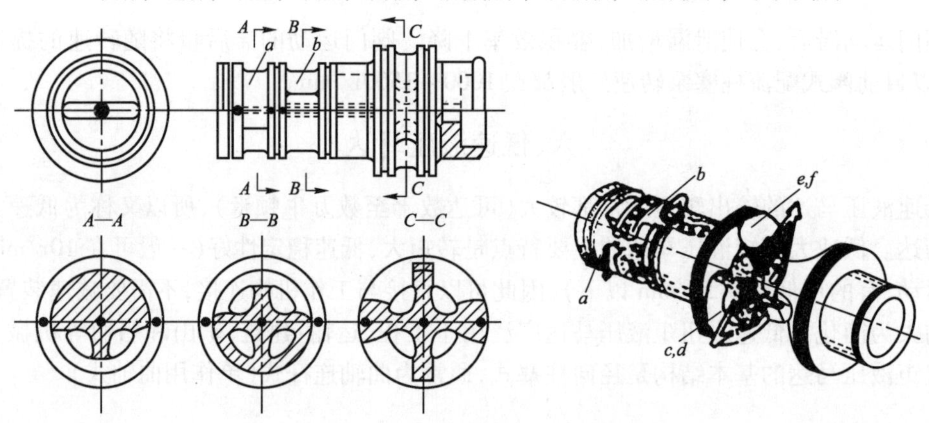

图 2-31 JMD 型马达的配油轴

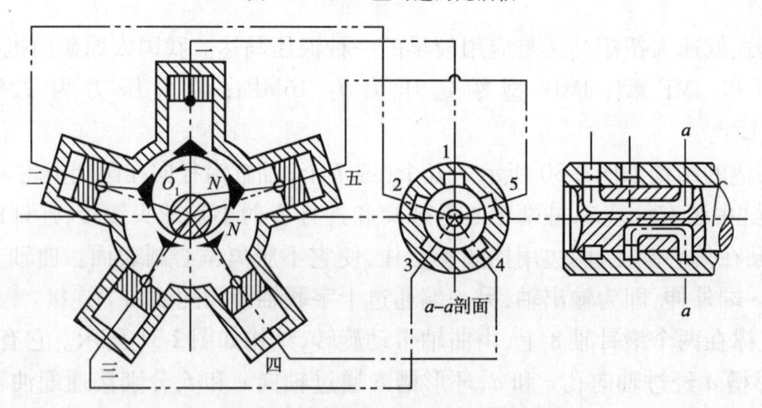

图 2-32 曲轴连杆式马达的工作原理

到对应的柱塞油缸(图中的油缸四、五)顶部,柱塞受到压力油的作用,其余的油缸有的处于过渡状态(图中油缸一),有的和排油窗口接通(图中油缸二、三),排油失压。根据曲柄连杆机构

的工作原理,受油压作用柱塞就通过连杆对偏心圆中心 O 作用一个力 N,此力对旋转中心 O 产生转矩,推动曲轴旋转。如果马达进、排油口对换,马达也就反向旋转。

随着曲轴旋转,配油轴也跟着转动,使配油状态发生变化。例如当曲轴转过 90°,压力油就进到油缸五、一、二;再转过 90°,压力油就换接到油缸二、三;又转 90°,就到油缸三、四,如此循环反复。总之,由于配油轴颈过渡密封间隔的方位和曲轴的偏心方向一致,并且同速旋转,所以配油轴颈的进油窗口始终对着偏心方向另一边(图中左边)的其余油缸。这样使不同柱塞对曲轴中心 O 所产生的驱动力矩同向相加,并使旋转不断进行下去。

曲轴连杆式液压马达的优点是结构简单,工作可靠,品种规格多,价格低,其缺点是体积和重量较大,转矩脉动较大,以往的产品低速稳定性较差。但近年来这种马达的主要摩擦副大多采用静压支撑或静压平衡结构,其性能有所提高,低速稳定性也有很大改善,其最低稳定转速可达 3r/min。

2. 低速液压马达的选用

1)低速马达的选择

使用压力是马达的主要参数之一。内曲线马达由于柱塞较多,缸体受力平衡,使用压力较高,额定压力可达 25 ~ 30MPa,曲轴连杆式马达则在 16 ~ 21MPa。压力进一步提高除受效率限制外,对内曲线马达来说还表现为滚子轴承寿命的缩短,对曲轴连杆式马达则为轴承和摩擦副寿命缩短。

马达转速决定于进口流量,排量及容积效率。内曲线马达的最高转速比曲轴连杆式马达低,一般不大于 150r/min,而曲轴连杆式马达的转速可达 300r/min。

最低稳定转速也是低速马达的重要指标之一。曲轴连杆式马达在 10r/min 左右,质量好的可达 2r/min,而内曲线马达可达 0.2 ~ 0.5r/min。

马达效率因设计制造质量和使用条件的不同而有较大变化。内曲线马达的泄漏线长,密封长度短,最易泄漏,尤其内漏,约为外漏的 8 ~ 10 倍,其容积效率比曲轴连杆式马达低(好的达 95% 左右),而机械效率比曲轴连杆式马达高。效率的高低除影响最低稳定转速外,还影响马达的起动扭矩效率。起动效率是指起动时输出的实际扭矩与理论扭矩之比。曲轴连杆式马达摩擦副较多,有扭矩脉动,起动扭矩效率为 80% ~ 90%,而内曲线马达可达 98%。

2)低速马达的使用

要使低速马达获得满意的使用效果,单靠元件本身的高质量,是不能完全保证的。使用中马达往往由于安装、使用、维护以及油路设计不当,在不到设计寿命期限时就先期损坏。这里仅就马达在使用中,直接有关的问题简述如下:

(1)安装马达的支架必须有足够的刚度,安装时应保持马达所联接的传动轴与马达的输出轴同轴线。

(2)使用时必须保证马达的主回油口有一定的背压,对内曲线马达应随着转速的提高而提高其背压。

(3)马达在首次启动前应向壳体内灌清洁的工作液,以保证摩擦副的润滑。

(4)泄油管应单独引回油箱,若与回油管相连时,需保证其压力不超过一个大气压。

(5)液压系统中的工作油液应严格保持清洁,过滤精度应不低于 25μm。

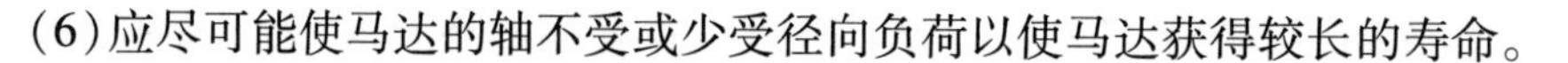

(6)应尽可能使马达的轴不受或少受径向负荷以使马达获得较长的寿命。

七、柱塞泵和柱塞马达常见故障与排除方法

1. 轴向柱塞泵液压系统故障诊断

轴向柱塞泵常见的故障有:排油量不足,执行机构动作迟缓。输出油液力不足或压力脉冲较大,噪声过大,泄漏,液压泵发热,变量机构失灵,泵轴不能转动等。产生这些故障的原因及排除方法如表2-5所列。

轴向柱塞泵常见故障与排除方法　　表2-5

故障现象	产生原因	排除方法
排油量不足,执行机构动作迟缓	1. 吸油管及滤油器堵塞或阻力太大; 2. 油箱油面过低; 3. 泵体内没有充满油,有残存空气; 4. 柱塞与缸孔或配油盘与缸体间隙磨损; 5. 柱塞回程不够或不能回程,引起缸体与配油盘间失去密封,系中心弹簧断裂所致; 6. 变量机构失灵,达不到工作要求; 7. 油温不当或液压泵吸气,造成内泄或吸油困难	1. 排除油管堵塞,清洗滤油器; 2. 检查油量,适当加油; 3. 排除泵内空气(向泵内灌油即排气); 4. 更换柱塞,修磨配油盘与缸体的接触面,保证接触良好; 5. 检查中心弹簧加以更换; 6. 检查变量机构:看变量活塞及变量油缸,并纠正其调整误差; 7. 根据温升实际情况,选择合适的油液,紧固可能漏气的连接处
压力不足或压力脉动较大	1. 吸油口堵塞或通道较小; 2. 油温较高,油液黏度下降,泄漏增加; 3. 缸体与配油盘之间磨损,柱塞与缸孔之间磨损,内泄过大; 4. 变量机构偏角太小,流量过小; 5. 中心弹簧疲劳,内泄增加; 6. 变量机构不协调(如伺服活塞与变量活塞失调,使脉动增大)	1. 清除堵塞现象,加大通油截面; 2. 控制油温,换黏度较大的油液; 3. 修整缸体与配油盘接触面,更换柱塞,严重者应送厂返修; 4. 调大变量机构的偏角; 5. 更换中心弹簧; 6. 若偶尔脉动,可更换新油,经常脉动严重的应送厂返修
噪声过大	1. 泵内有空气; 2. 轴承装配不当,单边磨损或损伤; 3. 滤油器堵塞,吸油困难; 4. 油液不干净; 5. 油液黏度过大,吸油阻力大; 6. 油液的油面过低,液压泵吸真空导致噪声; 7. 泵与电机安装不同心度使泵增加了径向载荷; 8. 管路振动; 9. 柱塞与滑靴球头连接严重松动或脱落	1. 排除空气,检查可能进入空气的部位; 2. 检查轴承损坏情况,及时更换; 3. 清洗滤油器; 4. 抽样检查,更换干净的油液; 6. 按油标高度加注,并检查密封; 7. 重新调整同心度,使在允差范围内; 8. 采取隔离消振措施; 9. 检查修理或更换组件
内部泄漏	1. 缸体与配油盘磨损; 2. 中心弹簧损坏,使缸体与配油盘间失去密封性; 3. 轴向间隙过大; 4. 柱塞与缸孔间磨损; 5. 油液黏度过低,导致内泄	1. 修整接触面; 2. 更换中心弹簧; 3. 重新调整轴向间隙使其符合规定; 4. 更换柱塞,重新配研; 5. 更换黏度适当的油液

续上表

故障现象	产生原因	排除方法
外部泄漏	1. 传动轴上的密封损坏； 2. 各接合面及管接头的螺栓及螺母未拧紧，密封损坏	1. 更换密封圈； 2. 并检查密封性
液压泵发热	1. 局部漏损较大； 2. 液压泵吸气严重； 3. 有关相对运动的接触面有磨损。例如：缸体与配油盘，滑靴与斜盘； 4. 油液黏度过高，油箱容量过小或转速过高	1. 检查和研修有关密封配合面； 2. 检查有关密封部位，严加密封； 3. 修整或更换磨损件，如配油盘，滑靴等； 4. 更换油液，增大油箱或增设冷却装置，或降低转速
变量机构失灵	1. 控制油路出现堵塞； 2. 变量头与变量壳体磨损； 3. 伺服活塞，变量活塞以及弹簧芯轴卡死； 4. 控制油道上的单向阀弹簧折断	1. 净化油路，必要时冲洗； 2. 修刮配研或更换； 3. 研磨各运动件，更换油液； 4. 更换弹簧
泵不能转动（卡死）	1. 柱塞与缸孔卡死，系油脏或油温变化或高温黏连所致； 2. 滑靴脱落，柱塞卡死； 3. 柱塞球头折断，柱塞卡死	1. 油脏换油，油温太低时更换黏度小的油； 2. 更换或重新配滑靴

2. 轴向柱塞式液压马达液压故障诊断

轴向柱塞式液压马达常见的故障有：输出转速低，输出扭矩也低，内外泄漏，异常声响等。产生这些故障的原因与排除方法如表2-6所列。

轴向柱塞式液压马达常见故障与排除方法　　表2-6

故障现象	产生原因	排除方法
转速低，扭矩小	1. 液压泵供油量不足： (1)转速不够； (2)吸油滤油器滤网堵塞； (3)油箱中油量不足或管径过小造成吸油困难； (4)密封不严，有泄漏，空气进入内部； (5)油的黏度过大； (6)液压泵的轴向间隙过大，泄漏量大，容积效率低 2. 液压泵输入油压不足： (1)液压泵效率太低； (2)溢流阀调整压力不足或发生故障； (3)管道细长，阻力太大； (4)油温较高，黏度下降，内部泄漏增加 3. 液压马达各结合面有严重泄漏 4. 液压马达内部零件磨损，泄漏严重	1. 设法改善供油： (1)进行调整； (2)清洗或更换滤芯； (3)加足油量，适当加大管径，使吸油通畅； (4)选择黏度小的油液； (5)适当修复液压泵 2. 设法提高油压： (1)检查液压泵故障，并加以排除； (2)检查溢流阀故障，并加以排除，重新调高压力； (3)适当加大管径，并调整其布置； (4)检查油温升高原因，降温、更换黏度较高的油 3. 拧紧其损伤部位并修磨或更换零件 4. 检查其损伤部位并修磨或更换零件

续上表

故障现象	产生原因	排除方法
泄漏	1. 内部泄漏： (1)配油盘与缸体端面磨损，轴向间隙过大； (2)弹簧疲劳； (3)柱塞与缸孔磨损严重 2. 外部泄漏： (1)轴端密封不良或密封圈损坏； (2)结合面及管接头的螺栓松动或没有拧紧	1. 排除内泄： (1)修磨缸体及配油端面； (2)更换弹簧； (3)研磨缸体孔，重配柱塞 2. 排除外泄： (1)更换密封圈； (2)将有关联接部位的螺栓及管接头拧紧
异常声响	1. 轴承装配不良或磨损； 2. 密封不严，有空气进入内部； 3. 油被污染，有气泡混入； 4. 联轴器不同心； 5. 油的黏度过大； 6. 液压马达的径向尺寸严重磨损； 7. 界外振动的影响	1. 重装或更换； 2. 检查有关进气部位的密封，并将各联接处加以紧固； 3. 更换清洁油液； 4. 修磨缸孔，重配柱塞； 5. 换油； 6. 修磨或更换； 7. 采取隔离外界振源的措施(加隔离罩)

3. 径向柱塞式大转矩液压马达液压系统故障诊断

径向柱塞式液压马达常见的故障有：输出轴的转动不均匀，发出激烈的撞击声，转速达不到设定值，输出扭矩达不到要求，输出轴不旋转外泄漏等。产生这些故障的原因与排除方法如表 2-7 所列。

径向柱塞式大扭矩液压马达常见故障与排除方法 表 2-7

故障现象	产生原因	排除方法
输出轴的转动不均匀	1. 压力表显示值较低，应诊断为： (1)液压系统内存有空气； (2)液压泵连续吸入空气； (3)液压泵供油不均匀 2. 压力表显示波值很大，应诊断为： (1)配流器(轴)的安装不正确； (2)柱塞卡紧	1. 提高供油压力： (1)排除系统及液压马达内的气体； (2)排除液压泵进气故障； (3)排除液压泵供油不均匀故障 2. 消除压力波动： (1)重装配流器(轴)，至消除转动不均匀为止； (2)检修，配研
发出激烈的撞击声	1. 若每转的冲击次数等于液压马达的柱塞作用数，应诊断为柱塞卡紧； 2. 若为有时发出撞击声，可诊断为： (1)配流器(轴)错位； (2)凸轮环工作表面损坏； (3)滚轮轴承损坏	1. 检修、配研； 2. 正确安装配流器(轴)
转速达不到设定值	1. 集流器漏油； 2. 配流器(轴)间隙太大； 3. 柱塞与柱缸孔间隙太大	检修或更换已损件

续上表

故障现象	产生原因	排除方法
扭矩达不到设定值	1. 同转速达不到设定值; 2. 柱塞被卡紧	1. 检修或更换已损件; 2. 研修配研
输出轴不旋转	1. 配流器(轴)被卡紧; 2. 滚轮的轴承损坏; 3. 主轴其他零件损坏	检修或更换已损零件
外泄漏	1. 紧固螺栓松动; 2. 轴密封及其他密封件损坏	1. 拧紧、紧固; 2. 更换

第三章

液　压　缸

液压缸是液压传动系统中的执行元件，它是将液压能转换成机械能的能量转换装置，液压缸输出的是力和位移。液压缸的机构简单，工作可靠，在工程机械的各种液压传动装置中应用特别广泛。

第一节　液压缸的类型及其特点

液压缸按其作用方式，分为单作用式和双作用式两大类。单作用式液压缸，液压力推动活塞向一个方向运动，而反向运动则依靠重力或弹簧力等实现；双作用式液压缸，其正、反两个方向的运动都依靠液压力来实现。

液压缸按结构不同，可分为活塞式、柱塞式、伸缩式等多种不同形式，其中以活塞式液压缸应用最为广泛。

一、活塞式液压缸

活塞式液压缸有单杆活塞缸和双杆活塞缸两种。

1. 单杠活塞缸

单杠活塞缸只有一端有活塞杆伸出。按其安装方式的不同，有固定缸式（油缸固定，图3-1a）和固定杆式（活塞杆固定，图3-1b）两种。单杆活塞缸在工程机械中应用最为普遍，如转向加力油缸及车厢举升油缸均为单杆活塞缸。

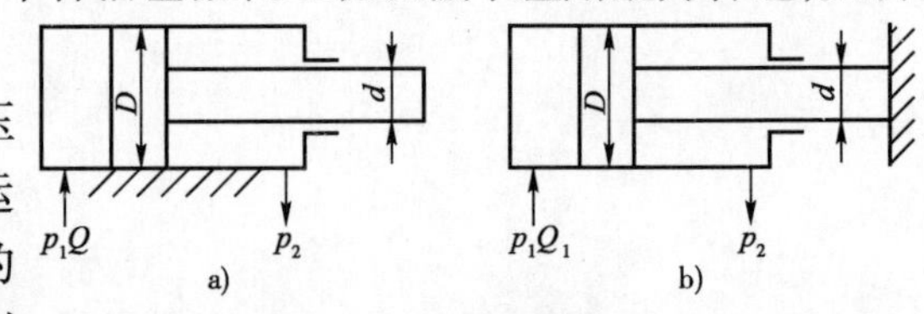

图3-1　单杆活塞缸

在图示情况下，压力为 p_1、流量为 Q 的液压油从油缸的一端进入无杆腔，活塞从左向右运动。而油缸右腔的压力为 p_2 的油液从有杆腔的孔口流出。若改变液压油流进、流出的方向，则活塞的运动方向相反。

单杆活塞缸左右两腔的有效工作面积不相等，因此，左右腔所产生的推力和左右方向的速度也不相等。

当液压油进入无杆腔时，则活塞的推力 F_1 为

$$F_1 = p_1A_1 - p_2A_2 = \frac{\pi}{4}[D^2p_1 - (D^2 - d^2)p_2]$$

若不计回油压力,则推力 F_1 为

$$F_1 = \frac{\pi}{4}D^2 p_1$$

式中:A_1、A_2——无杆腔、有杆腔的有效工作面积;

D、d——活塞、活塞杆的直径。

若输入的流量为 Q,则速度 v_1 为

$$v_1 = \frac{Q}{\pi D^2/4} = \frac{4Q}{\pi D^2}$$

若压力油进入有杆腔,当进入有杆腔的油压为 p_1,流量为 Q 时,则液压缸的推力 F_2 为

$$F_2 = p_1 A_2 - p_2 A_1 = \frac{\pi}{4}[(D^2 - d^2)p_1 - p_2 D^2]$$

若不计回油压力,则推力 F_2 为

$$F_2 = \frac{\pi}{4}(D^2 - d^2)p_1$$

液压缸活塞的速度 v_2 为

$$v_2 = \frac{Q}{\pi(D^2 - d^2)/4} = \frac{4Q}{\pi(D^2 - d^2)}$$

如果把两个方向上的速度 v_2 和 v_1 的比值,称为速度比 φ,则

$$\varphi = \frac{v_2}{v_1} = \frac{D^2}{D^2 - d^2}$$

上式说明,活塞杆直径 d 越小,速度比越接近于1,则两个方向的速度差值也就越来越小;反之,活塞杆直径越大,速度比则越大,两个方向的速度差值也就越大。

2. 双杆活塞缸

图3-2为双杆活塞缸简图,油缸两端都有活塞杆伸出。双杆活塞缸两端活塞杆直径常是相等的,因此它左右两腔的有效面积也是相等的。若进油腔(高压腔)的压力为 p_1,回油腔(低压器)的压力为 p_2,则不论压力油是进入左腔,还是进入右腔,液压缸所产生的推力及活塞杆的速度都是相等的。

双杆活塞缸由于其结构尺寸大,在工程机械上很少应用。

二、柱塞式液压缸

图3-3为柱塞式液压缸,这是一种单作用油缸,即在液压油作用下单方向运动,它的回程需要有外力的作用,例如弹簧力等。

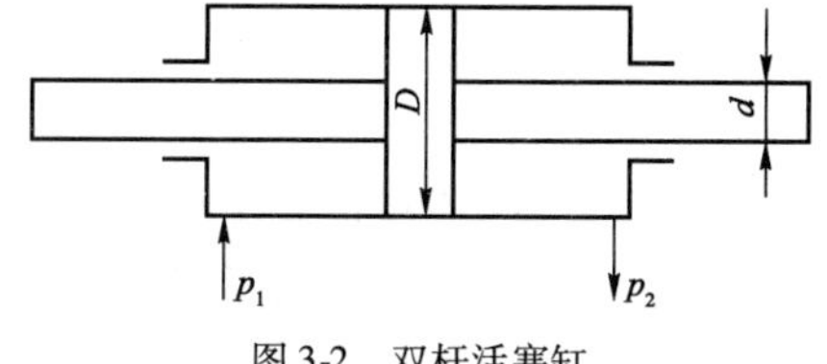

图3-2 双杆活塞缸

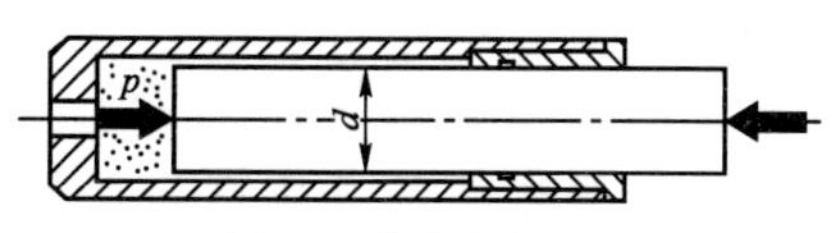

图3-3 柱塞式液压缸

柱塞缸的柱塞与缸筒不接触，运动时由导向套来导向，因此，缸筒内壁只需粗加工，故工艺性较好，维修方便，有的工程机械离合器助力机构采用这种油缸。

三、伸缩式液压缸

伸缩式液压缸又称为多级液压缸，它由多个套筒缸套装而成，见图 3-4。它的前一级套缸筒是后一级套缸筒的缸筒。伸出时，按套筒 1、2 的有效工作面积由大到小依次伸出；缩回时，按套筒有效工作面积由小到大依次缩回。

由于各级套筒的有效工作面积不同，在输入油压和流量不变的情况下，液压缸的推力和速度是变化的：先动作的套筒速度低、推力大；后动作的推力小、速度高。这一特点与自卸汽车车厢举升时负载阻力的变化正相适应。

图 3-4a）、b）分别为单、双动作式伸缩油缸。单作用式伸缩油缸回程时靠重力使套筒缸缩回；双作用式伸缩油缸回程时先借助液压力，然后再靠重力使套筒缸缩回。

伸缩式液压缸的特点是工作时行程可以很长，而不工作时整个液压缸可以缩得很短。这种液压缸在自卸汽车车厢举倾机构中应用非常普遍。

四、齿条液压缸

图 3-5 为齿条液压缸结构示意图，它是由两个活塞和一套齿条齿轮传动装置组成。图 3-5 为齿条与活塞杆制成一体。当液压油从一端进入缸内时，推动活塞向另一端移动，活塞杆上的齿条便推动齿轮传动，另一端的回油从油口排出。也有的齿条油缸缸体与齿条制成一体，活塞杆两端固定。当液压油从一端进入缸内时，推动缸体向一端移动，缸体上的齿条便推动齿轮转动，另一端的回油从油口排出。

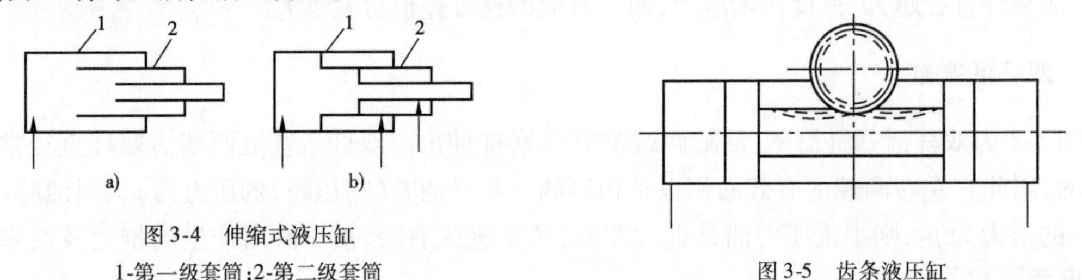

图 3-4　伸缩式液压缸
1-第一级套筒；2-第二级套筒

图 3-5　齿条液压缸

齿条油缸用于汽车动力转向器实验台上，实验时驱动转向器运转，并作为动力转向器的加载装置。

第二节　液压缸的结构与组成

一、液压缸的结构

图 3-6 为一种用于贝利埃 GBC 型汽车的转向油缸，它是双作用单杆活塞缸结构。它主要由缸筒、缸盖、活塞、活塞杆、密封圈等组成。

缸筒 5 用四根双头螺栓与前、后盖 7、1 组装在一起，之间装有密封圈 4、16。这种结构在拆卸、组装时都比较方便，成本也较低。活塞 17 以圆锥孔与活塞杆 6 静配合，并用自锁螺母 19 紧固锁止。

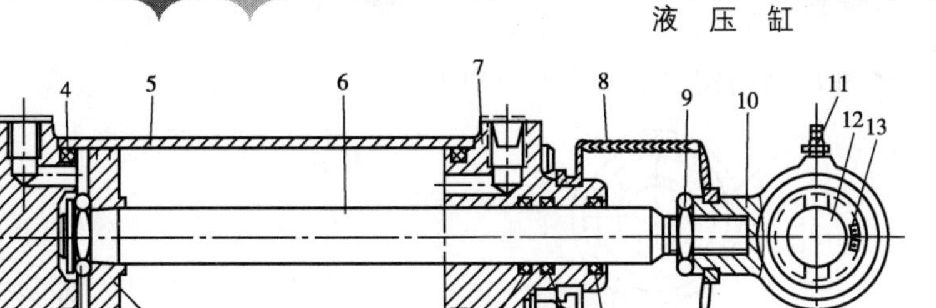

图 3-6 汽车用单杆活塞缸结构

1、7-前后盖；2、11-润滑脂嘴；3-球面座圈；4、15、16-密封圈；5-缸筒；6-活塞杆；8-防尘套；9-螺母；10-前接头；12-球面衬套；13、20-弹性挡圈；14-油封；17-活塞；18-活塞环；19-自锁螺母

活塞 17 上装有两道金属活塞环 18。这种密封形式是通过在活塞的环形槽中放置切了口的金属环来防止泄漏的。金属以靠其弹性变形所产生的涨力紧贴在缸筒的内壁上，从而实现了密封。这种密封装置的密封效果较好，能适应较大的压力变化，耐高温，使用寿命长，易于维护保养。缺点是制造工艺复杂。

活塞杆 6 自前端伸出缸筒，其端部用螺纹与前接头 10 的螺纹孔连接，并用螺母 9 紧固锁止。活塞杆杆身支承于前盖 7 的内孔，并用密封圈 15 和油封 14 密封。安装在右端的油封用来清洁活塞杆，刮去附于活塞杆上的尘土及水等赃物。后接头与后盖制成一体，装入接头孔内的球面支承用来防止油缸工作过程中的运动干涉。球面支承包括球面座圈 3 和球面衬套 12，球面座圈位于接头孔内，用弹性挡圈 13、20 限位，球面衬套与球面座圈只靠球面滑配合。

接头上部都装有润滑脂嘴。前接头与前盖之间还装有防尘套。

活塞两腔可以交替成为高压腔和低压腔，借助活塞及活塞杆提供的推力，驱动转向车轮向左或向右转向。

图 3-7、图 3-8 为自卸汽车用的两种车厢举升油缸。

图 3-7 为单作用伸缩套筒缸，它由多级套筒、缸盖及上、下安装耳环组成。在各级套筒缸之间装有 O 形密封圈。缸盖 3 与第一级套筒 5 为螺纹连接，缸盖 3 与耳环 1 为一体。耳环 1 和 15 分别与车厢和车架相连接。

当压力油从底端油口 A 进入缸内时，各级套筒缸依次伸出；回程时，在车厢重力作用下各级套筒缸依次缩回，缸内油液从孔口 A 返回到油箱。

图 3-8 为双作用伸缩式套筒缸，它由一级套筒缸和一级活塞缸组成。举升时，压力油从油口 A 进入，油口 B 为回油口；回程时，压力油从油口 B 进入，油口 A 为回油口。这是考虑到有些车厢举升时到接近竖直位置，回程时车厢对油缸轴向分力越小，不足以使套筒缸缩回。这种油缸同样可以获得较大的起动力。

二、液压缸的组成

由上述油缸的结构可以看出，油缸由缸筒组件、活塞组件、耳环与铰轴和排气装置等基本部分组成。下面分别予以讨论。

1. 缸筒组件

缸筒组件包括和前、后缸盖。这部分的结构问题主要是缸筒和缸盖的连接形式，缸筒和缸

盖连接的各种典型结构示于图 3-9。图中：

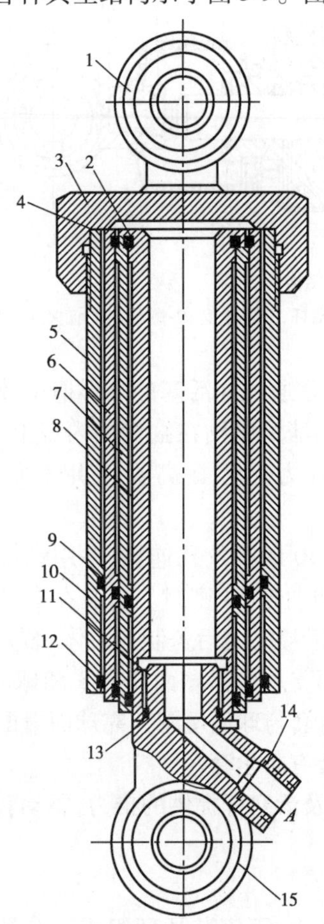

图 3-7　单作用伸缩式套筒油缸

1、15-耳环；2-钢丝挡圈；3-缸盖；4、9、13-O 形密封圈；5、6、7、8-各级套筒；10-导向套；11-套筒头部；12-防尘圈；14-油口

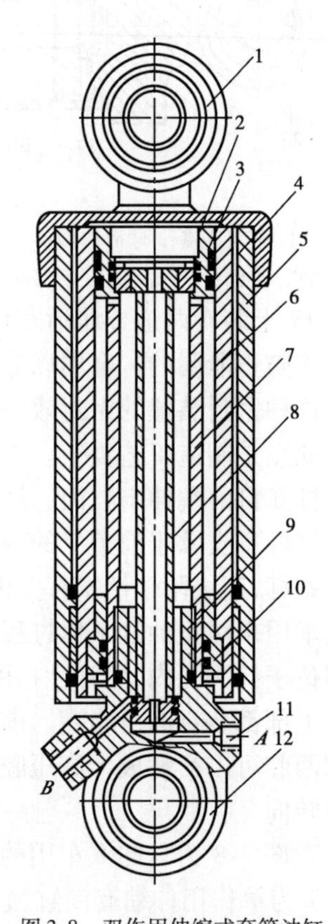

图 3-8　双作用伸缩式套筒油缸

1、12-耳环；2-活塞；3-支承环；4-O 形密封圈；5-缸筒；6-套筒；7-活塞杆；8-内油管；9-活塞杆头部；10-导向套；11-油口

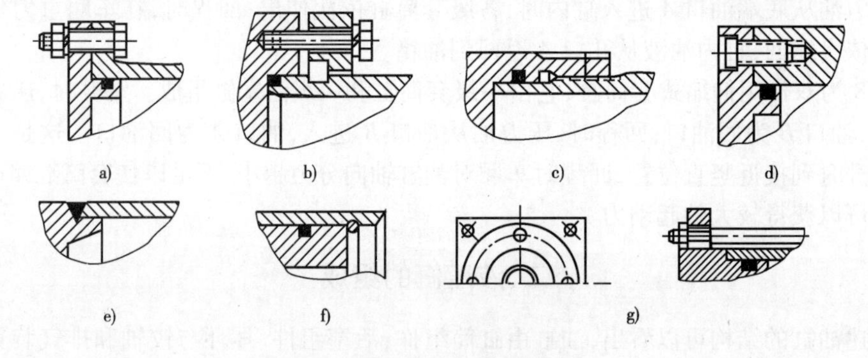

图 3-9　缸筒与缸盖的连接结构

图 3-9a）为螺栓连接，图 3-9d）为螺钉连接。这两种连接的共同优点是结构较简单，容易加工和装卸；缺点是外径尺寸较大，重量也较低螺纹连接的大。

图 3-9b）为半环连接，把卡环切成两块（半环）装于缸筒槽内。这种连接方式加工和装拆

都很方便，但缸体必须开环槽，削弱了缸体强度。

图3-9c）为螺纹连接。它具有重量轻、外径小的优点，但端部结构复杂，拆装也较困难，拆装时要用专用工具。

图3-9e）为焊接方式。优点是结构简单，尺寸小；但缸筒可能变形，焊接后缸底内径不易加工。

图3-9f）为钢丝卡圈连接。其构造简单，拆装方便，外径小，但承载能力小，适用于低工作压力的场合。

图3-9g）为拉杆连接。前、后缸盖装在缸筒两边，用4根拉杆（螺栓）将其紧固。其优点为缸筒最易加工，最易拆装；但重量较重，外形尺寸较大。

缸盖密封，除了焊接连接可不考虑外，其他连接形式均需设密封装置，因属固定密封，一般只需采用小截面的O形密封圈即可。

2. 活塞组件

活塞组件包括活塞和活塞杆。它在结构上需考虑的问题主要是活塞和活塞杆之间的连接和密封。

活塞和活塞杆之间亦有多种连接方式，如图3-10所示。

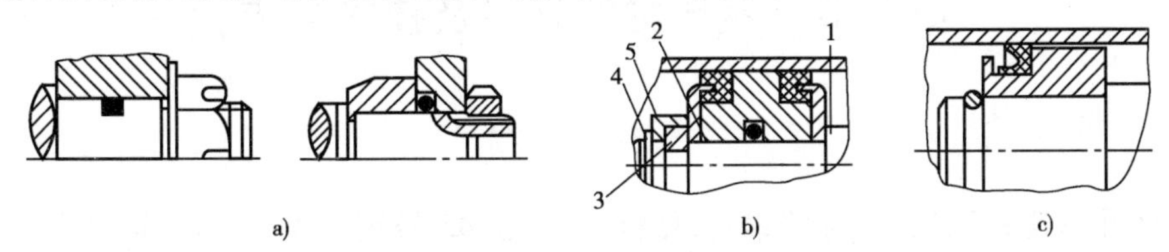

图3-10　活塞与活塞杆连接结构
1-活塞杆；2-活塞；3-卡键；4-弹性挡圈；5-套环

图3-10a）为螺纹连接，活塞可用锁紧螺母紧固在活塞杆的连接部位，其优点是连接牢固，活塞与活塞杆之间无轴向公差要求，缺点是螺纹加工和装配较麻烦。

图3-10b）为卡键连接，活塞轴向用卡键3（两个半环）定位，然后用套环5防止卡键松开，再以弹性挡圈4挡住套环。构造和拆装均简单，活塞借径向间隙可有少量浮动不易卡滞，但是活塞和活塞杆的装配有轴向公差，产生的轴向间隙会造成不必要串动。

图3-10c）为弹性挡圈连接，这种连接具有卡键连接的特点。它主要用于单作用油缸，如活塞式举升油缸采用这种结构。

活塞与活塞杆配合面之间的密封为固定密封，采用O形圈密封。密封槽常开在轴上，这样加工比较方便，但也有的密封槽开在活塞上。

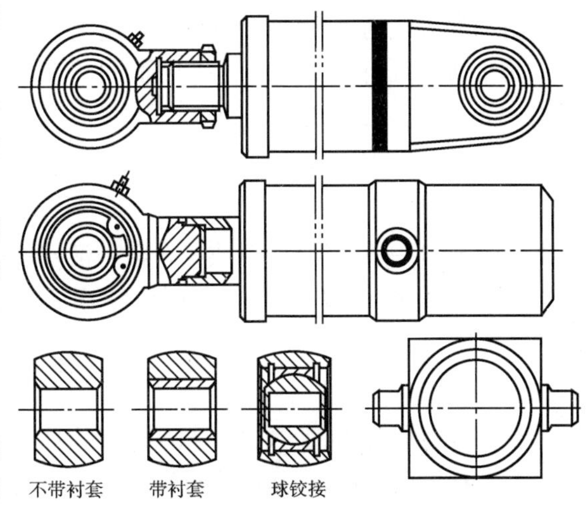

图3-11　油缸的耳环与铰轴

3. 耳环与铰轴

工程机械液压传动装置油缸的安装一般是通过两端的耳环或中间的绞轴与工作机构连接，如图3-11所示。耳环的形式有不带衬套、带衬套和球铰接等几种,球铰接能更好地保证油缸为轴心受力。活塞杆与耳环常采用螺纹连接,也有的采用焊接。铰轴可按要求焊接在缸体的任意中间位置,工程机械自卸举升油缸有的采用这种机构。

4. 排气装置

液压油缸内常常会聚积空气,这是由于液压油中混有空气,或空气从密封不严处侵入所致。空气存在会使液压缸运动不平稳,产生振动或爬行。在一般情况下,使机械空负荷动作几个循环后,空气会慢慢排出,但为了保证空气及时排出,在液压缸上可设置排气装置。排气装置一般设在液压缸工作腔的最佳位置。最常用的排气装置是排气塞,见图3-12。排气时将排气塞拧松,使活塞空行程往复数次,液压缸内空气通过排气塞锥部缝隙和小孔排出。空气排出后,需把空气塞关死。

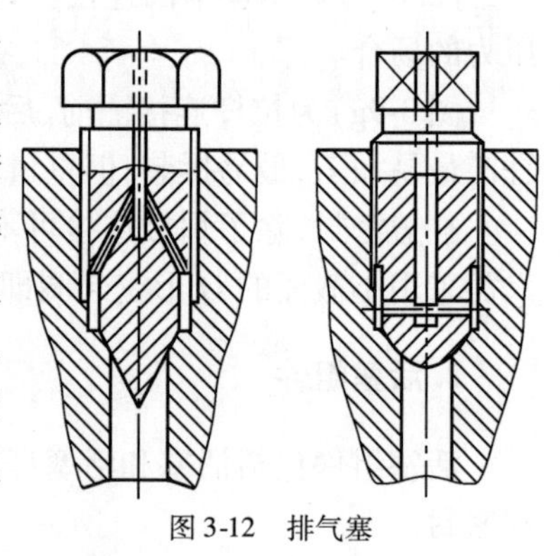

图 3-12　排气塞

第三节　液压缸的材料及技术要求

一、缸　　筒

缸筒材料一般多采用热轧无缝钢管,材料为 35 号、45 号钢。需与缸盖、管接头、耳轴等零件焊接的缸筒用 35 号钢,并在粗加工后调质。不与其他零件焊接的缸筒,常用 45 号钢调质,调质处理的目的是保证强度高,加工性好,一般调质到 HB241 ~ 285。

缸筒内径采用 H9 配合。内孔表面的粗糙度:当活塞采用橡胶密封圈密封时,取 *Ra*0.4 ~ 0.1;当活塞用活塞环密封时,取 *Ra*0.4 ~ 0.2,且均需要研磨或珩磨。缸筒内表面若采用滚压工艺,可降低表面粗糙度,又可提高表面硬度,表面硬度可达 *HRC*35 ~ 40。

内孔表面的圆柱度公差为内径公差之半。

缸筒柱心线的直线度在 500mm 长度上为 0.03mm。

为了防止缸筒腐蚀和提高其寿命,可以在缸筒内表面镀 0.03 ~ 0.05mm 的硬铬后,再进行研磨抛光。

二、活　　塞

活塞材料一般用铸铁、钢或铝合金。活塞外径采用 H8 配合,外表面的粗糙度为 *Ra*0.4 ~ 0.8,活塞内孔采用 H9 配合。活塞外径的圆柱度为公差之半。

三、活　塞　杆

活塞杆材料常用 35 号、45 号、40Cr 等钢材,粗加工后要调质处理,硬度 *HB*230 ~ 285;为了提高活塞杆的耐磨性,表面应进行高频淬火,硬度 *RC*45 ~ 55。必要时表面镀铬,并抛光,镀铬厚度 0.03 ~ 0.05mm。

活塞杆直径(与活塞内孔配合的直径)采用 h8 配合,表面粗糙度为 $Ra0.4\sim0.2$。

活塞杆直径圆柱度公差为直径公差之半,活塞杆工作表面母线的直线度在 500mm,长度为 0.03mm。

四、缸　　盖

缸盖常用材料为 35 号或 45 号钢,缸盖内孔可压入钢套作为活塞杆的导向装置。

缸盖上活塞杆的导向孔按 H9 加工。与缸体对中的外圆表面按 H8 加工。活塞杆的导向孔的表面粗糙度不高于 $Ra1.6$。

第四节　液压缸故障诊断

液压缸的故障多种多样,在实际使用中经常出现的故障主要是推力不足或动作失灵,爬行,泄漏,液压冲击及振动等,这些故障有时单处出现,也有同时出现。液压缸常见故障与排除方法如表 3-1 所列。

液压缸常见故障与排除方法　　表 3-1

故障现象	产 生 原 因	排 除 方 法
爬行	1. 压力表显示值正常或偏低,液压缸两端爬行,并伴有噪声,系缸内及管道存在空气所致;	1. 设置排气装置,若无排气装置,可开动液压系统以最大行程往复数次,强迫排除空气。并对系统及管道进行密封,不得漏油进气;
	2. 压力显示值偏低,油箱无气泡或少许气泡,爬行逐渐加重,或轻微爬行,系液压缸某处形成负压吸气所致;	2. 找出液压缸泵及吸油管段吸气故障后,排气即可;
	3. 压力表显示值较低,液压缸无力,油箱起泡,排气无效,为液压泵吸气所致;	3. 诊断液压泵及吸油管段吸气故障后,并排气即可;
	4. 压力表显示值偏高,活塞杆表面发白有吱吱声,为密封圈压得太紧所致;	4. 调整密封圈使其不松不紧,保证活塞杆能来回用手拉动,但不得有泄露;
	5. 压力表显示值偏高,液压缸两端爬行现象逐渐加重,系活塞与活塞杆不同心所致;	5. 两者装在一起,放在 V 形铁块上,校正同心度误差在 0.04mm 以内,否则换新活塞杆;
	6. 压力表显示值偏高,爬行部位规律性很强,活塞杆局部发白,为活塞杆不直(有弯曲);	6. 单个或连同活塞放在 V 形铁块上,用压力机校直或用千分表校正调直;
	7. 压力表显示值偏高,爬行部位规律性很强运动部件伴有抖动,导向装置表面发白,系导轨或滑块夹得太紧或与液压缸不平行所致;	7. 调整导轨或滑块以及压紧块(条)的松紧度,既保证运动部件精度,又要滑动阻力要小。若调整无效,应检查缸与导轨的平行度,并修刮接触面加以校正;
	8. 两活塞杆两端螺母旋得太紧,致使液压缸与运动部件别劲;	8. 调整松紧度,保持活塞杆处于自然状态;
	9. 压力表显示值正常,运动部件(工作台)有轻微摆动或振动,或导轨表面发白,系润滑不良所致;	9. 检查润滑油的压力和流量,重新调整。否则应检查油孔是否堵塞及油液黏度是否太大或无润滑性能,否则应及时换油;
	10. 压力表显示值时高时低,爬行规律性很强,系液缸内壁或活塞表面拉伤,局部磨损严重或腐蚀等;	10. 镗缸内孔,重配活塞;
	11. 压力表显示值很低,升压很慢或难以达到,系液压缸内泄所致	11. 应更换活塞上的密封圈(已老化损坏)

续上表

故障现象	产生原因	排除方法
冲击	1. 液压缸上未设缓冲装置，使运动速度过快，造成冲击； 2. 缓冲装置中的柱塞和孔的间隙过大而严重泄露，节流阀不起作用； 3. 端头缓冲的单向阀反向严重泄漏，缓冲不起作用	1. 调整换向时间，降低液压缸运动速度，否则增设缓冲装置； 2. 更换缓冲柱塞在孔中的镶套，使间隙达到规定要求，并检查节流阀； 3. 修理、研配单向阀与阀座或更换
推力不足，速度下降，工作不稳定	1. 缸与活塞因磨损其配合间隙过大，或活塞上的密封圈因装配和磨损致伤或老化，失去密封而严重内泄； 2. 液压缸工作段磨损不均匀，造成局部几何形状误差致使局部段高低腔密封性不良而内泄； 3. 缸端活塞杆密封圈压得太紧或活塞杆弯曲，使摩擦力或阻力增加而别劲； 4. 油液污染严重，污物进入滑动部位而使阻力增大，致使速度下降、工作不稳； 5. 油温太高，黏度降低，泄漏增加致使液压缸速度减慢； 6. 为提高液压缸速度所采用的蓄能器的压力或容量不足； 7. 溢流阀调低了或溢流阀控压区泄漏，造成系统压力低，致使推力不足； 8. 液压缸内有空气，致使液压缸工作不稳定； 9. 液压泵供油不足，造成液压缸速度下降，工作不稳定	1. 密封圈老化而内泄严重，液压缸几乎不走，应及时更换密封圈。若间隙过大，应在活塞上车一道槽装上密封圈或更换活塞； 2. 镗磨修复缸孔径，新配活塞； 3. 调整活塞杆密封圈压紧度（以不漏油为准），校活塞杆； 4. 更换油液； 5. 检查油温高的原因，采用散热和冷却措施； 6. 蓄能器容量不足时更换，压力不足可充气压； 7. 按推力要求调整溢流阀压力值，检查溢流阀压力值，检查溢流阀内泄，进行修理或更换； 8. 按缸内有空气造成爬行故障的处理； 9. 检查液压泵，或流量调节阀，并诊断和排除故障
外泄漏	1. 活塞杆密封圈密封不严，系活塞杆表面损伤或密封圈损伤或老化所致； 2. 管接头密封不严而泄漏； 3. 缸盖处密封不严，系加工精度不高或密封圈老化所致； 4. 由于排气不良，使气体压缩造成局部高温而损坏密封圈导致泄漏； 5. 缓冲装置处因加工精度不高或密封圈老化导致泄漏	1. 检查活塞杆有无损伤，并加以修复。密封圈磨损老化应更换； 2. 检查密封圈及接触面有无伤痕，并加以更换或修复； 3. 检查接触面加工精度及密封圈老化情况，及时更换或修整； 4. 增设排气装置，及时排气； 5. 检查密封圈老化情况和接触面加工精度，及时更换或修整
内泄露	1. 缸孔和活塞因磨损致配合间隙增大超差，造成高低腔互通内泄； 2. 活塞上的密封圈磨伤或老化致使密封破坏造成高低腔互通严重内泄； 3. 活塞与缸筒安装不同心或承受偏心负荷，使活塞倾斜或偏磨造成内泄； 4. 缸孔径加工直线性差或局部磨损造成局部腰鼓形导致局部内泄	1. 检查活塞杆有无损伤，并加以修复，密封圈磨损或老化应更换； 2. 检查密封圈及接触面有无伤痕，并加以更换或修复； 3. 检查接触面加工精度及密封圈老化情况，及时更换或修整； 4. 检查密封圈老化情况和接触面加工精度，及时更换或修整
声响与噪声	1. 滑动面的油膜破坏或压力过高，造成润滑不良，导致滑动金属表面的摩擦声响； 2. 滑动面的油膜破坏或密封圈的刮削过大，导致密封圈处出现异常响动； 3. 活塞运动到液压缸端头时，特别是立式液压缸，活塞下行到端头终点时，发生抖动和很大噪声，系活塞下部空气绝热压缩所致	1. 活塞磨损严重，应镗缸孔，将活塞车细并车几道槽装上密封圈或新配活塞； 2. 密封圈磨伤或老化，应及时更换； 3. 将活塞慢慢运动，往复数次，每次均走到顶端，以排除缸中气体，即可消除此噪声，还可防止密封圈烧伤

第五节　液压缸型号说明

1. DG 型车辆用液压缸

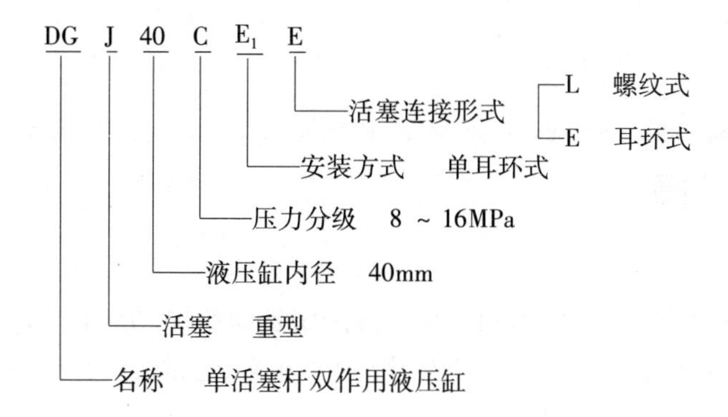

2. HSG 型工程用液压缸

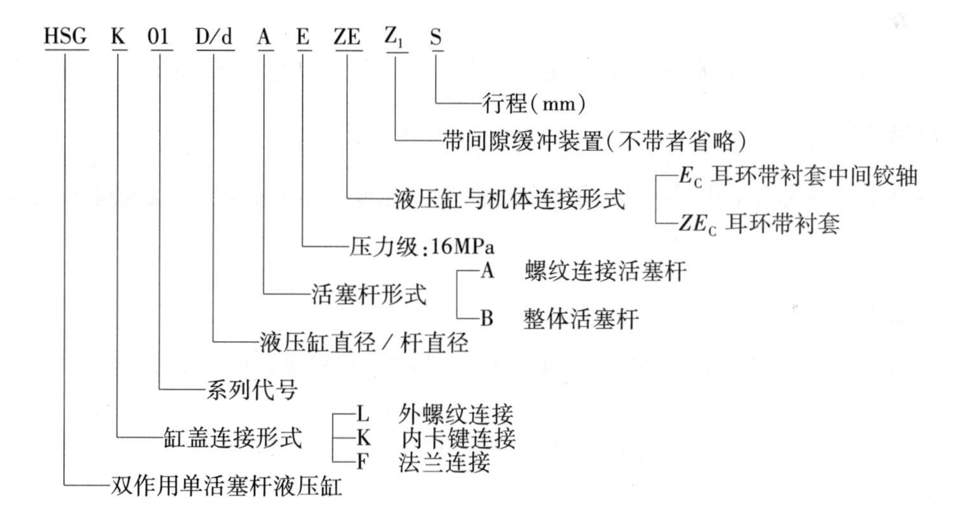

第四章

液　压　阀

液压阀用以控制或调节液压系统中的方向、压力和流量。液压阀性能的优、劣,工作是否可靠,对整个液压系统能否正常工作将产生直接影响。液压阀的种类很多,通常按照它在系统中的功用分为方向控制阀、压力控制阀和流量控制阀3大类。

1. 方向控制阀

用来控制液压系统中的液流方向,以满足执行元件所运动方向的要求,如单向阀、换向阀。

2. 压力控制阀

可用来控制液压系统中的压力,以满足执行元件所需力或力矩的要求,如溢流阀、减压阀、顺序阀等。

3. 流量控制阀

用来控制液压系统中油液的流量,以满足执行元件调速的要求,如节流阀、调速阀、分流阀等。

此外,按液压控制阀操纵方法分,有手动式、机动式、电动式、液动式和电液动式等多种。

对液压控制阀的要求主要有以下几点:

(1)动作灵敏,使用可靠,工作时冲击小;

(2)油液通过阀时的压力损失小;

(3)密封性好,内泄漏要小,无外泄漏;

(4)结构简单、紧凑、体积小,安装、调整、维护保养方便。

第一节　方向控制阀

方向控制阀是液压系统中占比例较大的控制元件,按用途分为单向阀和换向阀两大类。

一、单　向　阀

1. 普通单向阀

普通单向阀(简称单向阀)亦称止回阀、逆止阀,其作用是液流只能从一个方向通过,反向

则不通。图 4-1 为常用的单向阀,按其结构的不同,有钢球密封式单向阀(图 4-1a)、锥阀芯密封式单向阀(图 4-1b)等形式,不管哪种形式,其工作原理都相同。

当压力油从进油口流入时,克服弹簧的作用力,顶开阀芯从出油口流出。当油液从反方向流入时,在弹簧和压力油共同作用下,阀芯压在阀座上,使油液不能流过单向阀。

单向阀弹簧主要用来克服阀芯摩擦阻力和惯性力,所以弹簧刚度很小,以免油液流过单向阀时产生较大的压力损失。一般单向阀的开启压力为 35 ~ 50kPa。

钢球密封式单向阀一般用在流量较小的场合;对于高压大流量场合则应采用密封性较好的锥阀密封式单向阀。

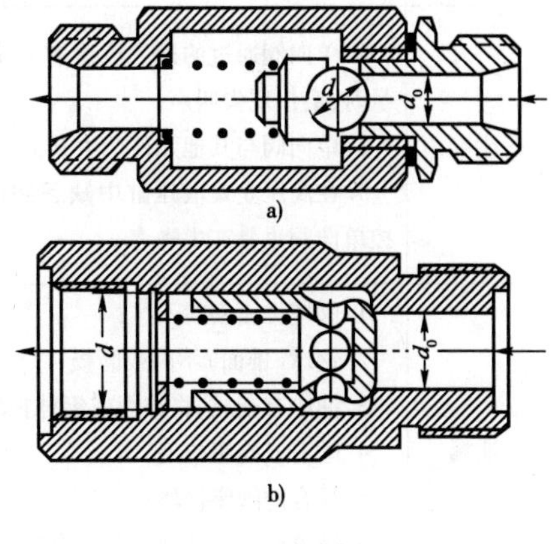

图 4-1　单向阀

在我国高压阀系列中的单向阀有两种弹簧,弱弹簧用于一般单向阀,换上强弹簧用作背压阀。背压阀在液压系统中装在回油路上,使回油保持一定的压力,一般为 200 ~ 600kPa。

2. 液控单向阀

液控单向阀由一个普通单向阀和一个微型控制液压缸组成,其结构如图 4-2 所示。液控单向阀左边有一个控制油口 K,当控制油口不通压力油时,该阀的作用与普通单向阀相同,即油液只能从 $P_1 \rightarrow P_2$ 正向通过,反向 $P_2 \rightarrow P_1$ 不通;当控制油口 K 通入控制压力油时,将活塞 1 顶起,并将锥阀强行顶开,使油口 P_1、P_2 相互接通,进入 P_2 的压力油可从 P_1 流出。这时就不是单向阀,而是可逆的。

职能符号图 4-3a)为单向阀的职能符号;图 4-3b)为液控单向阀的职能符号。

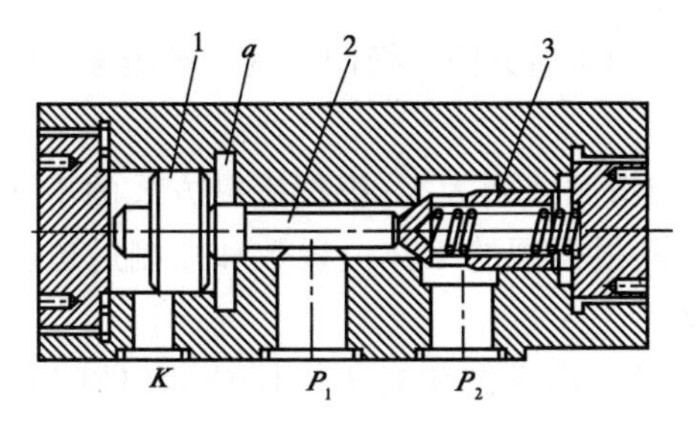

图 4-2　液控单向阀

1-活塞;2-活塞顶杆;3-弹簧套

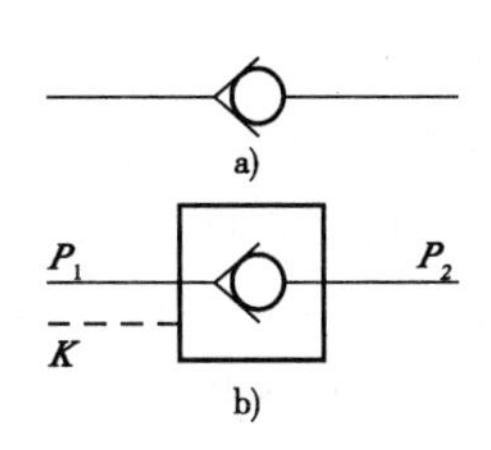

图 4-3　单向阀与液控单向阀的职能符号

单向阀作背压阀用时无专用符号,因它实际上起着溢流阀的作用,所以应使用溢流阀的职能符号。

3. 单向阀及液控单向阀液压故障诊断

单向阀及液控单向阀常见的故障有:单向阀控制失灵;液控单向阀的液不灵;泄漏和噪声等。产生这些故障的原因与排除方法如表 4-1 所列。

单向阀及液控单向阀常见故障与排除方法　　表4-1

故障现象	产生原因	排除方法
产生噪声	1.单向阀通过的最大流量有一定限度,当超过额定流量时,会出现尖叫声; 2.单向阀与其他元件产生共振时,也会产生尖叫声; 3.在高压立式液压缸中缺乏卸荷装置(卸荷阀)的液控单向阀也易产生噪声	1.根据实际需要,更换流量较大的单向阀,或减少实际流量,使其最大值不超过标牌上的规定值; 2.适当改变阀的压力,必要时改变弹簧刚度; 3.更换带有卸荷装置的液控单向阀
泄漏	1.阀座锥面密封不严; 2.钢球(锥面)不圆或磨损; 3.油中有杂质,将锥面或钢球损坏; 4.阀芯或阀座拉毛; 5.配合的阀座损坏; 6.螺纹连接的结合部分没有拧紧或密封不严	1.拆下后重新配研,保证接触线密封严密; 2拆下检查,更换钢球或锥阀; 3.检查油液,加以更换; 4.检查并重新配研阀芯或阀座; 5更换或修复; 6.检查有关螺纹连接处,并加以拧紧,必要时更换螺栓
单向阀失灵	1.单向阀阀芯卡死:(1)阀体变形;(2)阀芯有毛刺;(3)阀芯变形弹簧折断或漏装; 2.封锥阀(或钢球)与阀座完全失去密封作用; 3.如锥阀与阀座不同心度超差,密封表面锈成麻点,形成接触不良及严重磨损等; 4.把背压阀当作单向阀使用,因背压阀弹簧刚度大,而单向阀较软	1.检修阀芯:(1)研修阀体内孔,消除误差;(2)去掉阀芯毛刺,并磨光;(3)研修阀芯外径; 2.拆检、更换或补装弹簧; 3.检测密封面,配研锥阀与阀座,保证密封可靠,当锥阀与阀座同心度超差或严重磨损时,应更换; 4.把背压阀的弹簧换成单向阀的软弹簧或换成单向阀
液控不灵	1.液控换向阀故障; 2.液控压力过低	1.排除液控的换向阀故障; 2.按规定压力进行调整

二、换　向　阀

换向阀用于接通、切断或改变液压系统中油液的流通方向。换向阀的种类很多,在工程机械液压系统中应用很广。

根据阀芯的运动方式,换向阀可分为转阀式与滑阀式两大类;根据操纵方式的不同,可分为手动、机动(亦称行程)、液动、电磁动、电液动等;根据阀的工作位置数和控制通道数,可分为二位二通、二位三通……三位四通、三位五通等。

尽管换向阀的种类繁多,但基本工作原理都是利用阀芯相对于阀体转动(转阀)或移动(滑阀)来使油路接通、切断或改变油液流动方向。

1.转阀式换向阀(又称转阀)

图4-4为转阀的工作原理简图,它由阀芯1、阀体2等主要元件组成。阀体上有四个通油口;P、O、A、B。其中P为进油口;A、B交替为进、出油口,称为工作油口。阀体不动,阀芯可相对于阀体转动。阀芯相对于阀体处于图4-4a)的位置,P口和A口相通,B口和O口相通。当转动阀芯,使阀芯位置如图4-4b)所示,P、B口相通,A、O口相通。当转动阀芯,使阀芯位置如图4-4c)所示,油口P、O、A、B各自不相通。

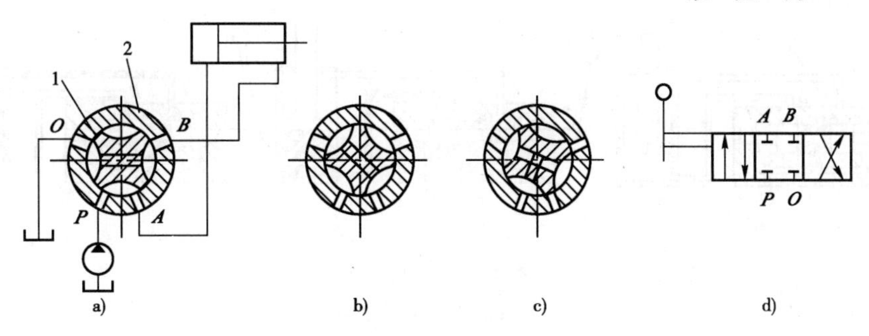

图 4-4 转阀工作原理图

1-阀芯;2-阀体

图 4-5 为三位四通转阀的结构。转阀因密封性比较差,阀芯上的径向力不平衡,但结构简单紧凑。一般在中低压系统中作先导阀或小流量换向阀,例如克拉斯 256 型自卸汽车车厢举升机构操纵阀就是采用转阀。

转阀的职能符号示于图 4-4d)。

换向阀职能符号的规定和含义如下:

(1)用方框表示换向阀的位,有几个方框就是几位阀;

(2)方框内的箭头表示处在这一位上的油口接通情况,表示油流的实际流向;

(3)方框内符号表示此油口被阀芯封闭;

(4)方框上与外部连接的接口即表示通油口,接口数即通油口数,亦即阀的通数。

(5)通常,阀与泵的供油路相连的进油口用字母 P 表示;阀与系统的回油路(油箱)相连的回油口用字母 O 表示;阀与执行元件相连的油口,称为工作油口,用字母 A、B 表示。

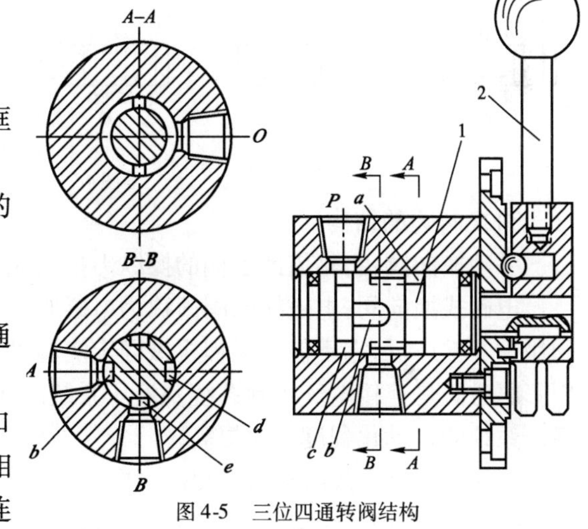

图 4-5 三位四通转阀结构

1-阀芯;2-手柄

2. 滑阀式换向阀

滑阀式换向阀(简称换向阀)是靠阀芯在阀体内轴向移动改变液流方向的。与转阀相比较,它主要的优点是易于实现径向力平衡,因而换向时所需的操纵力小,易于实现多通路控制,工作可靠,制造简单。

1)换向阀的工作原理

图 4-6 为换向阀的工作原理,换向阀由阀芯和阀体两个基本零件组成。阀芯有两个台肩,与其相对应的阀体开有几个沉割槽。当阀芯在阀体内的位置不同时,油的流动通路也就变化了。

对于换向阀,其油道在阀体中的布置方式,通常是压力油口 P 在中间,回油口 O 在两侧,而与油缸相连的工作油口 A、B 在 P 两边,由于回油口 O 在两侧,所以可减少油的外泄漏。

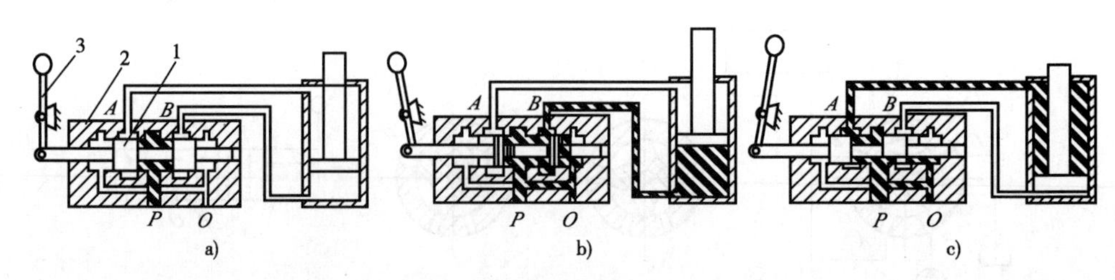

图 4-6 换向阀原理

1-阀芯;2-阀体;3-手柄

在各种换向阀中以三位四通换向阀应用最广。

2)滑阀机能

所谓机能,是指阀芯处于中立位置时,阀内通路的形式。对于同一阀体可借改变阀芯各台肩的尺寸来获得各种机能,常用的机能形式有 O 型、H 型、Y 型、P 型、M 型、U 型等数种,其职能符号见图 4-7。

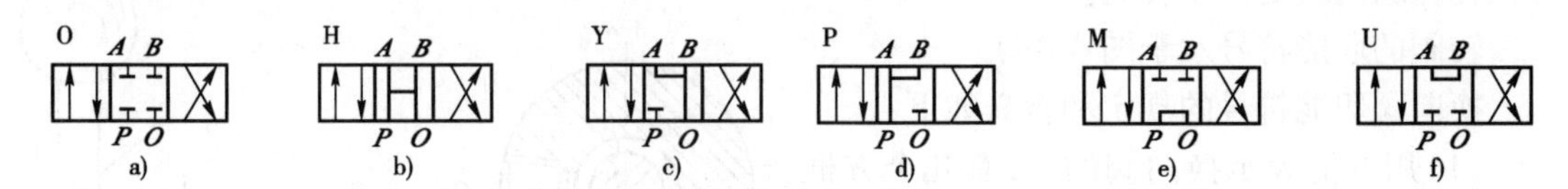

图 4-7 滑阀机能形式

3)换向阀的结构

手动换向阀:它是借助手柄的操纵力推动阀芯动作的。图 4-6 为手动换向阀原理图

电磁式换向阀:电磁换向阀简称为电磁阀,它是借助电磁铁的吸力推动阀芯动作的。电磁阀用途非常广泛,它不但在工程机械固定实验设备上被应用,而且在工程机械上也获得广泛应用。电磁阀是连接电气控制系统及液压系统的元件,它使液流能够受电气信号的控制,从而使液压系统的自动化程度大大提高。

图 4-8 为电磁换向阀原理图。当电磁阀的两个线圈 6 不通电时,阀芯 1 在定位弹簧 5 的作用下,保持在中立位置。弹簧力是通过定位套 4 作用于阀芯上的,由于定位套又要靠在阀体上,这样阀芯 1 相对于阀体的位置就能比较正确的定位。若没有定位套,弹簧直接作用在阀芯上,当左右两个弹簧的刚度有差别时,阀芯就不能正确地处于中间位置。

当阀芯处于中立位置时,油口 P、A、B、O 被阀芯切断,互不连通。

当左边电磁铁通电时,衔铁 7 被吸入,它推动推杆 3,使阀芯 1 向右移动,从而使 P、A 油口及 B、O 油口接通;同样,当右边电磁铁通电时,右边的衔铁 7 被吸入,推动推杆 3 使阀芯 1 左移,从而使 P、B 及 A、O 油口接通。

图 4-9 为二位三通电磁阀结构。当电磁铁不通电时,弹簧 3 将阀芯推向左端,这时油口 P 与 A 接通,而与 B 断开。当电磁阀通电时,推杆 1 将阀芯推向右端,这时油口 P 与 A 关闭,而与 B 接通。

图 4-10 为三位四通电磁阀的结构。当左、右电磁阀均断电时,阀芯在定位弹簧 1、3 作用下处于中立位置,油口 P、A、B、O 均不相通。当右边电磁铁通电时,阀芯在推杆 4 推动下处于左端位置。这时油口 P、B 相通。当左边电磁铁通电时,阀芯被推向右端。这时油口 P、A 相通,油口 B 通过环形槽 b,纵向孔 e 和回油口 O 相通。

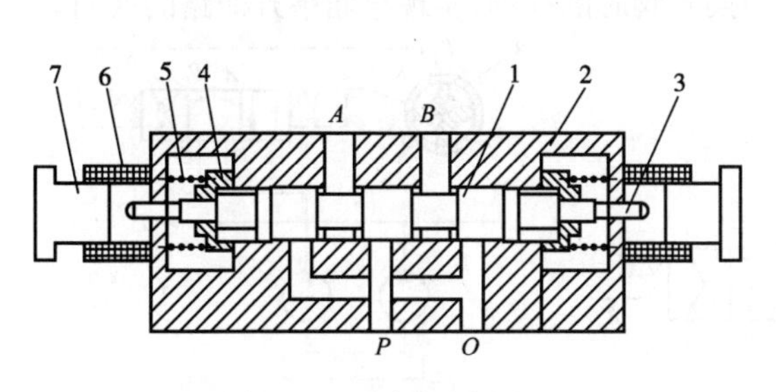

图 4-8 电磁式换向阀原理
1-阀芯;2-阀体;3-推杆;4-定位套;5-定位弹簧;6-线圈;7-衔铁

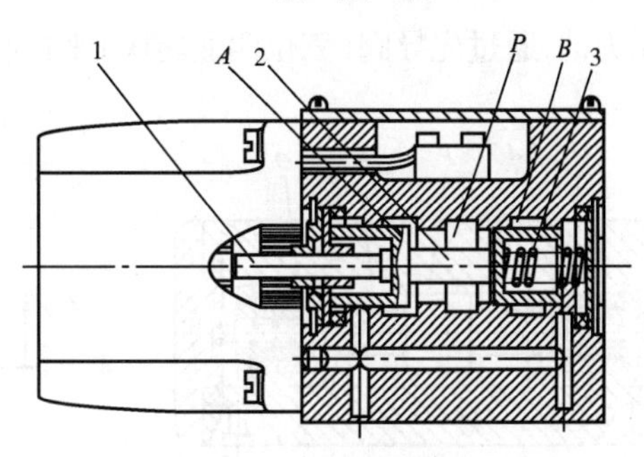

图 4-9 二位三通电磁阀
1-推杆;2-阀芯;3-弹簧

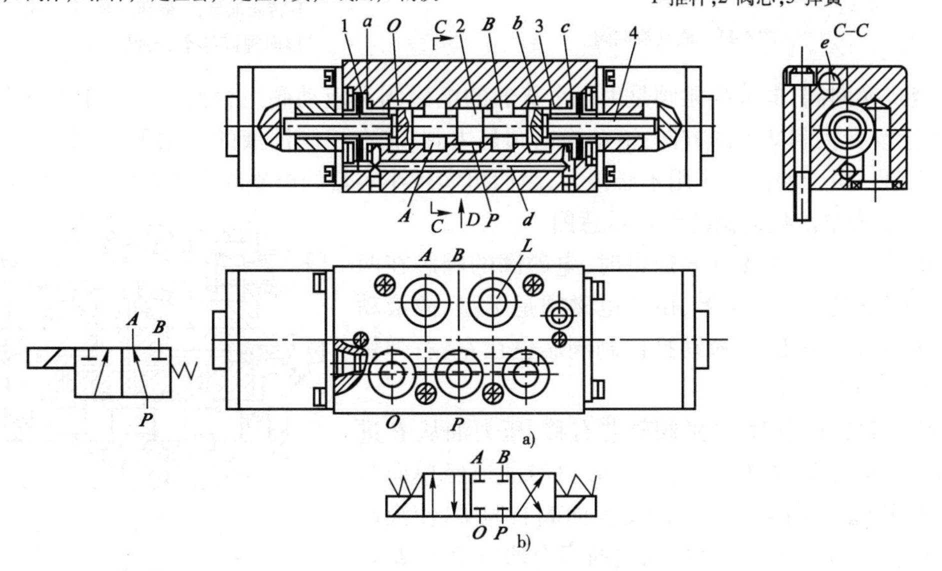

图 4-10 三位四通电磁阀
1-定位弹簧;2-阀芯;3-定位弹簧;4-推杆

电磁阀上的电磁铁有交流和直流两种。交流电磁铁电源简单,起动力大,反应速度较快,换向时间短。但其起动电流大,在阀芯被卡住时会使电磁铁线圈烧毁,换向冲击大,工作可靠性较差。直流电磁铁在工作或过载情况下,其电流基本不变,因此不会因阀芯被卡住而烧毁电磁线圈,工作可靠,换向冲击小。但需要直流电源,并且起动力小,反应速度较慢,换向时间长。

液动式换向阀:液动式换向阀是利用压力油来改变阀芯位置的。当流量较大时,作用在阀芯上的摩擦力及液动力将很大。若采用电磁阀势必要采用规格大的电磁铁,同时由于电磁阀换向过快,换向冲击也较大。在这种场合,一般采用液动或电液换向阀。

图 4-11a)为一种三位四通液动换向阀的结构原理图。当控制油口 K_1 通压力油、K_2 回油时,阀芯右移,P 与 A 接通,O 与 B 接通;当 K_2 通压力油、K_1 回油时,阀芯左移,P 与 B 通,O 与 A 通;当 K_1、K_2 都不通压力油时,阀芯在两端定位弹簧的作用下处于中立位置。

图 4-11b)为这种液动换向阀的职能符号。

液动换向阀不能单独使用,还需要有控制它的元件,称先导阀,例如上面介绍过的手动换向阀、电磁阀等都可做先导阀。

图 4-12 所示,是用于别拉斯 540 型汽车车厢举升机构的换向油路。由转向油泵 1 提供

的压力油，通过先导阀（三位四通转阀）来控制液动换向阀芯的移动，实现车厢举升油路的换向。

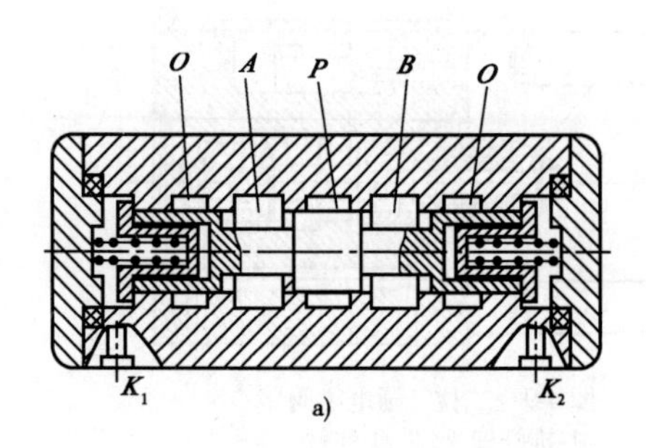

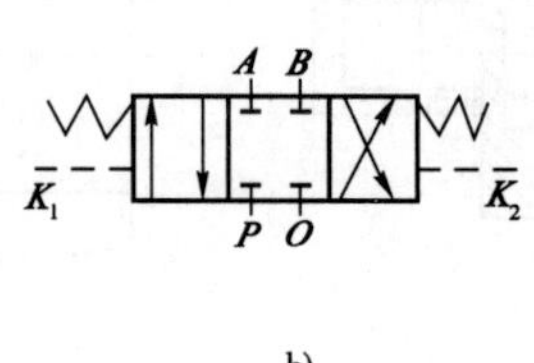

图 4-11　液动换向阀

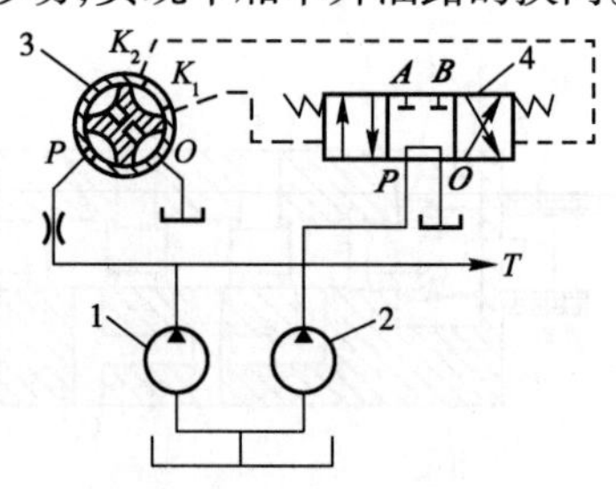

图 4-12　先导阀控制液动换向阀换向回路
1-转向油泵；2-举升油泵；3-转阀；4-液控换向阀；T-至转向油路

电液式换向阀：电液换向阀是由一个普通的电磁阀和液动阀组合而成。其中电磁阀是先导阀，用于改变控制油液的方向；液动换向阀是主阀，它在控制油液的作用下，改变阀芯位置，使油路换向。由于油液的作用不必很大，因而可实现小容量的电磁阀来控制大流量的换向阀。

图 4-13 为电液换向阀的结构示意图。

当电磁阀左、右电磁铁未通电时，电磁阀的阀芯在两端弹簧作用下处于中立位置，由于电磁阀是 Y 型，故液动换向阀两端与油箱相通，液动换向阀阀芯也在左、右弹簧作用下参与中立位置。

当作电磁铁通电时，电磁阀阀芯右移，压力油从 P 进入液动换向阀，经电磁阀 P′进入 A′腔再经油道经单向节流阀 3，打开单向阀钢球，进入液动换向阀右腔 D，使液动换向阀阀芯左移。这时液动换向阀的压力油口 P 与 B 相通，而 A 与回油口 O 相通。

当右端电磁铁通电时，情况与上述相反。

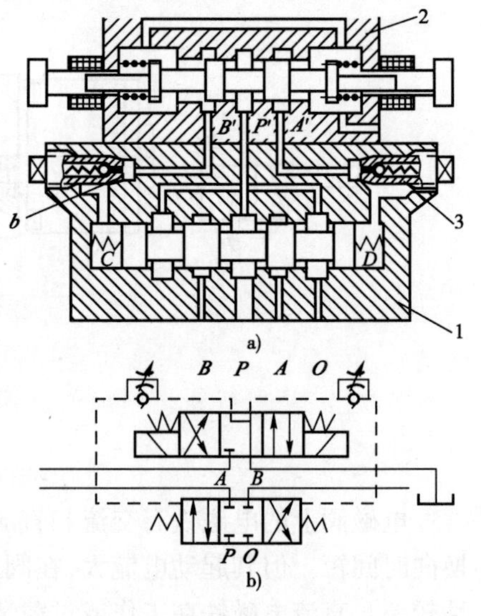

图 4-13　电液换向阀原理
1-液动换向阀；2-电磁阀；3-单向节流阀

单向节流阀的作用是用来减小换向时冲击和噪声，使换向平稳，换向时可调节阀芯的移动速度。如图 4-13 所示，若右边控制油路的压力打开单向阀右腔 D，使阀芯克服弹簧力向左移动，此时液动换向阀左腔 c 的油液只能经节流阀的节流小缝隙 b 流出。调节节流小缝隙 b 的大小（拧动节流阀螺钉）就可以改变控制油路回油阻力，从而改变了阀芯向左移动的速度和时间，使油路换向平稳而无冲击。

图 4-13b）为电液换向阀的职能符号。

3. 换向阀液压故障诊断

换向阀常见的故障有：不换向；控制执行机构换向运动时，执行机构运动速度比要求的速度更慢；干式电磁换向阀的推杆处漏油；湿式电磁铁吸合释放过于迟缓；板式换向阀结合面渗漏油；电磁铁过热或烧坏；换向不灵；换向有冲击和噪声等。产生这些故障的原因与排除方法如表 4-2 所列。

换向阀常见故障与排除方法 表4-2

故障现象	产生原因	排除方法
不换向	1. 滑阀卡住:(1)滑阀(阀芯)与阀体配合间隙过小,阀芯在孔中容易被卡住不能动作或动作不灵;(2)阀芯(或阀体)碰伤,油液被污染,颗粒污物卡住产生轴向液压卡紧现象;(3)阀芯几何形状超差,阀芯与阀孔装配不同心,产生轴向变形及阀芯弯曲变形,使阀芯卡住不动 2. 电磁铁故障:(1)电源电压太低造成电磁铁推力不足,推不动阀芯;(2)交流电磁铁,因滑阀卡住,铁心吸不到底而烧毁;(3)漏磁、吸力不足,推不动阀芯 3. 液动换向阀控制油路有故障:(1)液动控制油压力太小,推不动阀芯;(2)液动换向阀上的节流阀关闭或堵塞;(3)液动滑阀两端泄油口没有接回油箱或泄油管堵塞;(4)弹簧折断、漏装、太软都不能使滑阀换向复位;(5)电磁换向阀专用油口没有回油箱或泄油管路背压太高造成阀芯"闷死"不能正常工作;(6)电磁换向阀因垂直安装受阀芯衔铁等零件重量影响造成换向不正常	1. 检修滑阀:(1)检查间隙情况,研修或更换阀芯;(2)检查修磨或重配阀芯。必要使,更换新油;(3)检查、修正几何偏差及同心度;(4)重新安装紧固,检修阀体及阀芯 2. 检查并修复:(1)检测电源电压,使之符合要求(应在规定电压的10% ~15%的范围内);(2)排除滑阀卡住故障后,并更换电磁铁;(3)检查漏磁原因,更换电磁铁 3. 排除液动换向阀控制油路的故障:(1)提高控制压力,检查弹簧是否过硬,更换;(2)检查调节、清洗节流口;(3)检查,并接通回油箱,清洗使回油箱畅通;(4)检查、更换或补装;(5)检查,并接通回油箱,清洗回油管;(6)电磁换向阀的轴线必须按水平方向安装
执行机构运动速度比要求的慢	换向阀推杆长期撞击而磨损变短,或衔铁接触点磨损,阀芯行程不足,开口及流量偏小	更换推杆或电磁铁
干式电磁换向阀推杆处渗油、漏油	1. 推杆处密封圈磨损过大而泄漏; 2. 电磁滑阀两端泄漏油,背压过大使推杆处渗油	1. 更换密封圈; 2. 检查背压,过高则设单独回路回油箱
板式连接的换向阀结合面渗油	1. 安装螺钉拧的太松; 2. 安装底板表面加工精度差; 3. 底面密封圈老化或不起密封作用; 4. 螺钉材料不符,拉伸变形	1. 更换密封圈; 2. 安装底表面应磨削加工,保证其精度; 3. 更换密封圈; 4. 按要求更换紧固螺钉
电磁铁过热或烧毁	1. 电源电压比规定电压高使线圈发热; 2. 电磁线圈绝缘不良; 3. 换向频繁造成线圈过热; 4. 电线焊接不好,接触不良; 5. 电磁铁芯与滑阀轴线不同心; 6. 推杆过长与电磁铁行程配合不当,电磁铁铁芯不能吸合,使电流过大而线圈过热、烧毁; 7. 干式电磁铁进油液而烧毁线圈	1. 检查电源电压使之符合要求(应在规定电压的10% ~15%的范围内); 2. 更换电磁铁; 3. 改用湿式直流电磁铁; 4. 检查并重新焊接; 5. 拆卸并重新焊接; 6. 修整推杆; 7. 检查、排除推杆处渗油故障或更换密封圈

续上表

故障现象	产生原因	排除方法
换向不灵	1. 油液混入污物,卡住滑阀; 2. 弹簧力太小或太大; 3. 电磁铁心接触部位有污物; 4. 滑阀与阀体间隙过小或过大; 5. 电磁铁换向阀的推杆磨损后长度不够或行程不对,使阀芯移动过小或过大,都会引起换向不灵或不到位	1. 清洗滑阀、换油; 2. 更换合适的弹簧; 3. 清除污物; 4. 配研滑阀或更换滑阀; 5. 检查并修复,必要时可换推杆
换向有冲击和噪声	1. 液动换向阀滑移动速度太快,产生冲击; 2. 液动换向阀上的单向节流阀阀芯与孔配合间隙过大,单向阀弹簧漏装,阻力失效,产生冲击声; 3. 电磁铁的铁心接触面不平或接触不良; 4. 液压冲击声(由于压差很大的两个回路瞬间时接通)使配管及其他元件振动而形成的噪声; 5. 滑阀时卡时动或局部摩擦力过大; 6. 固定电磁铁的螺栓松动而产生振动; 7. 电磁换向阀推杆过长或过短; 8. 电磁吸力过大或不能吸合	1. 调小液动阀上的单向节流阀节流口,减慢阀移动速度即可; 2. 检查、修整(恢复)到合理间隙,补装弹簧; 3. 清除异物,并修整电磁铁铁心; 4. 控制两回路的压力差,严重时可用湿式交流或 带缓冲的换向阀; 5. 研修或更换滑阀; 6. 紧固螺栓,并加防松垫圈; 7. 修整或更换推杆

多路换向阀液压故障诊断:多路换向阀是一种以换向阀为主体,包括有溢流阀、单向阀、补油阀、过载阀等组合在一起的组合阀。它的常见故障与排除如表4-3所列。

多路换向阀常见故障与排除方法 表4-3

故障现象	产生原因	排除方法
压力波动及噪声	1. 溢流阀弹簧弯曲或太软; 2. 溢流阀阻尼孔堵塞; 3. 单向阀关闭不严; 4. 锥阀与阀座处接触不良	1. 更换弹簧; 2. 清洗,使通道畅通; 3. 修正或更换
阀杆动作不灵活	1. 复位弹簧和弹跳簧损坏; 2. 轴用弹性挡圈损坏; 3. 防尘密封圈过紧	1. 更换弹簧; 2. 更换弹性挡圈; 3. 更换防尘密封圈
手动操作费力	1. 通过多路换向阀的流量过大,压力较高; 2. 阀体紧固变形	1. 调小流量和压力; 2. 修正或更换
阀杆脱离中立位置	复位弹簧损坏或卡住	修正或更换弹簧

第二节 压力控制阀

液压传动中,压力是最基本的参数之一,压力控制阀的功用是用来控制系统的压力。

从工作原理来看,各种压力控制阀都是利用作用于阀芯上的液压力与弹簧力相平衡的原理进行工作的。

一、溢　流　阀

1. 溢流阀的用途

(1)限制系统中的最高压力。当压力超过调定值时阀开启,部分压力油通过溢流阀返回油箱,如图4-14所示。防止系统压力进一步升高,保护各液压元件和附件,免受超负荷,这时溢流阀起安全保护作用,在这种使用情况下的溢流阀通常叫安全阀。

(2)在节流调速系统中起溢流定压作用。此时,它与定量泵和节流阀一起配合使用,以实现节流调速,如图4-15所示。由于定量泵的流量为一定值,液压缸的速度改变,由可调节流阀3来控制,可调节流阀像一个自来水龙头,开得大,流量大,油缸速度快;反之,开小,则油缸速度慢。多余的油从溢流阀2溢回油箱。

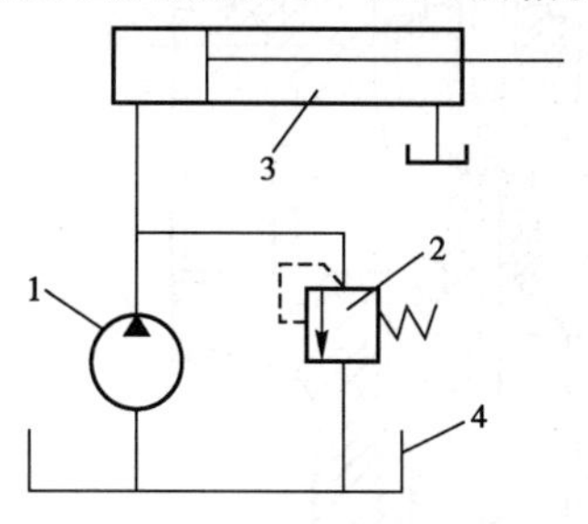

图4-14　安全阀的作用

1-油泵;2-溢流阀;3-液压缸;4-油箱

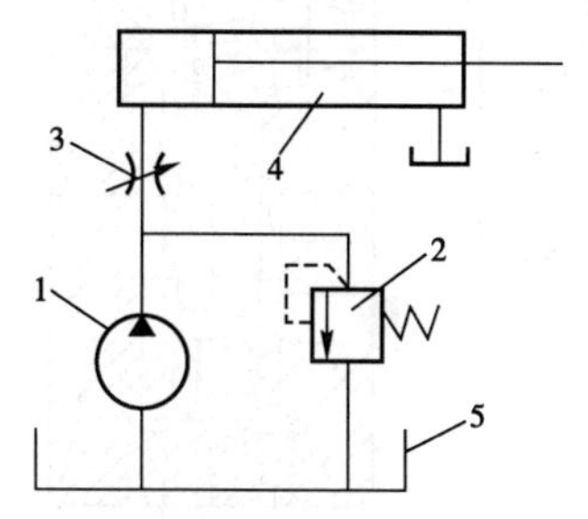

图4-15　节流调速系统

1-油泵;2-溢流阀;3-节流阀;4-液压缸;5-油箱

溢流时泵1出口的压力由溢流阀2所限定,外负载的变化,只会引起溢流量的增减,出口压力几乎不变。

对比上述两种情况:在第一种情况下,溢流阀常闭,只有当系统压力超过一定值时才开启;在节流调速系统中,溢流阀使泵出口压力保持为一定值,阀常开,连续溢流。

2. 溢流阀的结构形式

溢流阀分为直动式和先导式两类。

1)直动式溢流阀

直动式溢流阀如图4-16所示,由阀体1、阀芯2、弹簧3和调压螺钉4等组成,见图4-16。阀芯在弹簧力的作用下压在阀座上,阀呈关闭状态。压力油通过直径为d的孔作用于阀芯上,当油压对阀芯的作用力大于弹簧的预紧力时,阀开启,高压油便通过回油口溢回油箱。拧动调压螺钉,可以改变弹簧的预紧力,从而改变溢流阀的开启压力。常用直动式溢流阀阀芯有球形(如图4-16a)、锥形及滑阀(如图4-16b)等几种。

球阀与锥阀结构简单,制造容易。但球阀钢珠磨损后一旦转动便会影响阀口密封;阀锥轴线易歪斜,影响密封性能,当通过流量过大时,阀芯易脱离阀座而不能复位。

阀芯是滑阀式(图4-16b)的,液流是由滑阀中心的阻尼小孔a进入滑阀下腔后使阀开启的,因a孔的阻尼作用,可以消除脉动现象,稳定性好。当系统压力突然下降时,由于a孔的阻尼作用,滑阀下腔压力不致突然下降,从而避免了阀的冲击。但圆柱面密封性能较差。

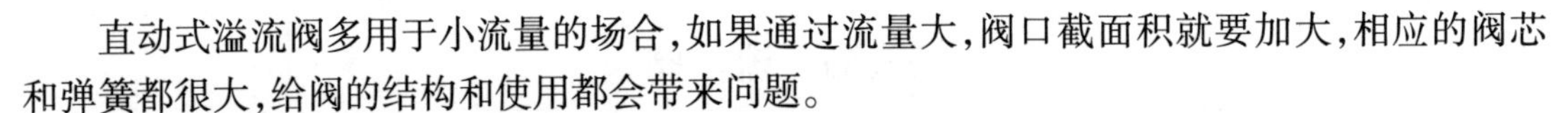

直动式溢流阀多用于小流量的场合，如果通过流量大，阀口截面积就要加大，相应的阀芯和弹簧都很大，给阀的结构和使用都会带来问题。

2）先导式溢流阀

先导式溢流阀的结构如图4-17所示，它由先导阀Ⅰ和主阀Ⅱ两部分组成。

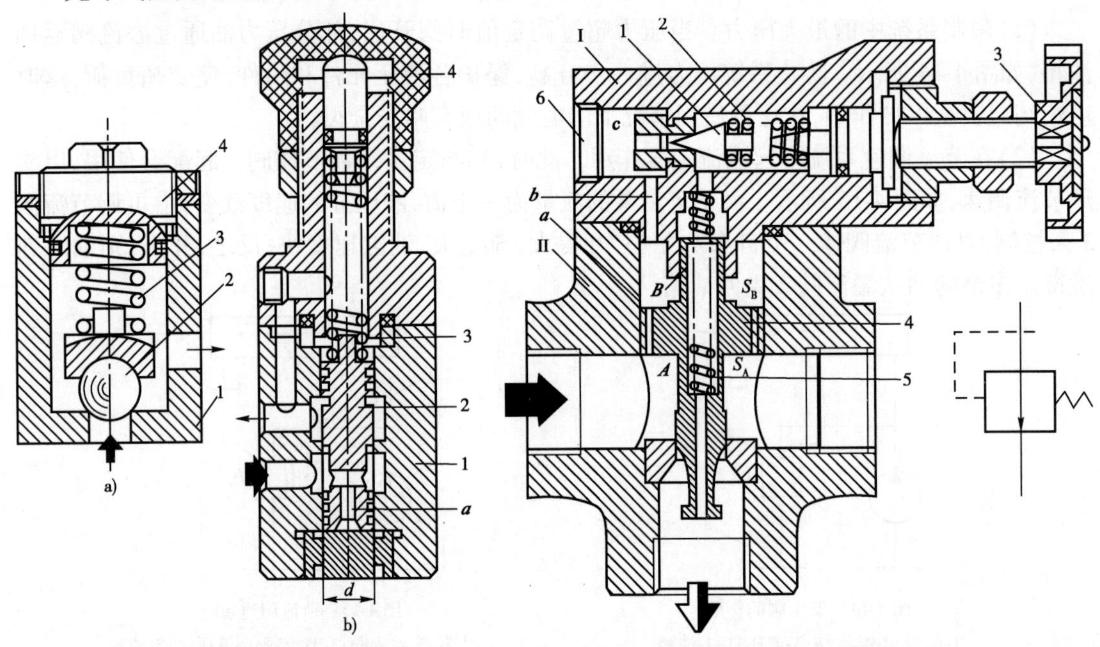

图4-16　直动式溢流阀

1-阀体；2-阀芯；3-弹簧；4-调式螺钉

图4-17　先导式溢流阀

1-锥阀；2-调式弹簧；3-调压螺钉；4-主阀芯；5-主阀弹簧；6-螺塞

先导阀本身是一个直动式溢流阀，它由阀体，锥阀1，调压弹簧2以及调压螺钉3等组成；主阀由阀体，主阀芯4及主阀弹簧5等组成，主阀芯4下端锥体部分在主阀弹簧5作用下压紧在阀座上。

当系统工作压力达到规定值，主阀芯是如何打开溢流回油的呢？

工作时压力油从进油口进入A腔后，经阻尼a至B腔，再经小孔b进入c腔。当系统压力p小于弹簧2所调定的压力时，先导阀锥阀2压紧在阀座上。此时，油腔A中的压力p_A和油腔B中的压力p_B相等，即$p_A = p_B$。若主阀芯上压力p_A的作用面积为S_A，压力p_B的作用面积S_B，R为主阀弹簧5的预紧力，则$p_B p_S + R > p_S S_A$（S_A比S_B略小），主阀处于关闭状态。

当系统压力大于弹簧2的调定压力时，先导阀被打开，压力油便从主阀4中心孔溢回油箱。此时，压力油经过阻尼小孔a流至油腔B时产生压力降，即$p_B < p_A$，从而$p_B p_S + R < p_S S_A$。结果主阀芯4上升，主阀回油口打开，大量的油经此溢回油箱，防止系统压力进一步升高。

由于这种阀的主阀弹簧5并不需要平衡油压作用力，仅起使主阀回位作用，故刚度很小。因此，通过主阀的流量改变时，主阀的开启度虽也变化，但主阀弹簧力的变化却不大。因此，主阀刚打开和全开时的压力差别也较小。

此阀缺点是结构比较复杂，主阀芯三个密封面（即主阀芯上段与先导阀体，中段与主阀体，下段锥阀与阀座）要求同心（简称三级同心），加工和装配要求均较高。

图4-18为可变阻尼先导式溢流阀。先导阀由锥阀7、调压弹簧6、调压螺钉8组成；主阀由阀

体1、主阀芯2、滑阀3及主阀弹簧4组成。主阀芯2在很弱的弹簧4及油压作用下压紧在阀座。

当A腔油压超过先导阀的调定压力时,先导阀开启,油流经过滑阀3的中心孔,由于其不大的阻尼作用,使B腔油压略高A腔油压,滑阀即在此压差作用下克服弹簧4的作用而上移,直到与锥阀7靠紧,这时A腔油压对滑阀的作用力直接传给了先导阀,而使先导阀进一步开大。另一方面,由于这种锥阀将滑阀3的中心孔堵死,油只能经滑阀与主阀芯间的间隙流动,此间隙的阻尼作用远比滑阀中心孔的阻尼作用大,因而此时B腔油压迅速降低,主阀芯2便在A与B腔压差作用下迅速开启。

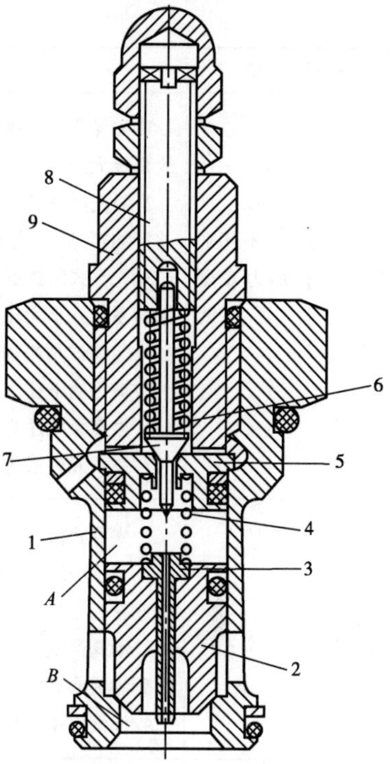

此阀的主要特点是:

(1)阻尼孔可变。先导阀刚刚开启时,阻尼孔为滑阀中心孔,其阻尼作用较小,主阀芯不动作。当滑阀与先导阀靠紧时,阻尼孔为滑阀与主阀芯之间的间隙,其阻尼作用突然加大,使主阀芯突然开启,动作迅速,开度小,因而这种阀静特性好。

(2)阻尼孔不易堵塞。因环形间隙本来比小孔难于堵塞,而滑阀的间隙更易消除堵塞的可能性。

(3)结构紧凑,体积小。

(4)由于主阀芯质量较小,因而动态特征也较好。

(5)工艺性好,没有所谓三级同心问题,对加工精度要求低。

图4-18 可变阻尼先导式溢流阀
1-阀体;2-主阀芯;3-滑阀;4-弹簧;5-先导阀座;6-调压弹簧;7-锥阀;8-调压螺钉;9-先导阀体

由于上述这些优点,这种结构在大型矿用自卸汽车动力转向及车厢举升机构液压系统中应用非常普遍。

3. 溢流阀液压故障诊断

溢流阀常见的故障有:振动与噪声;调节压力升不起来或无压力,调节无效;调节压力降不下来,调整无效;压力波动和泄漏等。产生这些故障的原因与排除方法如表4-4所列。

溢流阀常见故障与排除方法 表4-4

故障现象	产生原因	排除方法
振动与噪声(产生尖叫声)	1. 流体噪声:(1)流过溢流阀后的产生气穴的噪声和流体涡流噪声;(2)溢流阀卸荷时的压力冲击声;(3)先导阀和主滑阀因受压不均匀引起的高频噪声;(4)回油管路中有空气;(5)回油管路中背压过大(6)溢流阀内高压区进入了空气;(7)流量超过了允许值	1. 检查、处理:(1)是设计上的问题,应更换溢流阀;(2)增加卸荷时间,将控制卸荷换向阀慢慢打开或关闭;(3)修复先导阀及主阀以提高其几何精度,增大回油管径,选用合适较软的主阀弹簧和适当黏度的油液;(4)检查、密封并排气;(5)增加回油管径,单独设置回油管;(6)检查、密封并排气;(7)选用与流量相匹配的溢流阀
	2. 机械噪声:(1)滑阀和阀孔配合过紧或过松引起的噪声;(2)调压弹簧太软或弯曲变形产生噪声;(3)调压螺母松动;(4)锥阀磨损;(5)与其他元件产生共振发出噪声	2. 检查、处理:(1)滑阀和阀孔研磨或更换;(2)修复;(3)拧紧;(4)研磨或配研;(5)诊断处理系统振动和噪声

续上表

故障现象	产生原因	排除方法
系统压力升不起来或无压力(压力表显示值几乎为零),调整失效	1. 先导式溢流阀卸荷口未堵上,控制油无压力,故系统无压力; 2. 溢流阀遥控口接通的遥控油路被打开,控制油接油箱,故系统无压; 3. 先导式溢流阀的阻尼孔被污物堵塞,溢流阀卸荷系统几乎无压; 4. 漏装锥阀或钢球或调压弹簧; 5. 被污物卡住在全开位置上; 6. 液压泵无压力; 7. 系统元件或管道破裂大量泄油	1. 将卸荷口堵塞上,并严加密封; 2. 检查遥控油路,将控制油回油箱的油路关闭; 3. 清洗阻尼孔,更换油液; 4. 补装; 5. 清洗; 6. 诊断处理液压泵故障; 7. 检查、修复或更换
系统压力提不高,调整失效	1. 先导式溢流阀遥控口渗油或密封不良; 2. 先导式溢流阀遥控油路的控制阀及管道渗油或密封不良; 3. 滑阀严重内泄,溢流阀内泄溢流,当压力尚未达到溢流阀调定值,而回油口有回油; 4. 油液污染,滑阀被卡在关闭位置上	1. 检查控制油路,使之接通; 2. 清洗先导阀的内泄油口; 3. 可将不锈钢薄片压入阻尼孔内或细软金属丝插入孔内将阻尼孔堵一部分; 4. 清洗滑阀及阀孔,更换油液
压力波动(压力表显示值波动或跳动)	1. 调压的控制阀芯弹簧太软或弯曲不能维持稳定的工作压力; 2. 锥阀或钢球与阀座配合不良,系统污物卡住或磨损造成内泄时大时小,致使压力时高时低; 3. 油液污染,致使主阀上的阻尼孔也时堵时半通,造成压力时高时低; 4. 滑阀动作不灵活,系滑阀拉伤或弯曲变形或被污物卡住或有椭圆或阀体孔碰伤及有椭圆等; 5. 溢流阀遥控接通的换向阀控制失控或遥控口及换向阀泄露时多时少	1. 按控制压范围选择合适压力级的弹簧; 2. 配研锥阀和阀座,更换钢球或锥阀,清洗阀,还可将锥阀或钢球放在阀座内,隔着木板轻轻敲打两下使之密合; 3. 清洗主阀阻尼孔,必要时更换油液; 4. 检修或更换滑阀,修整阀体孔或滑阀使其椭圆度小于5μm; 5. 诊断检修换向阀故障,对溢流阀遥控口及换向阀和管路段均应严加密封
泄漏	1. 内泄漏,表现为压力波动和噪声增大:(1)锥阀或钢球与阀座接触不良,一般系磨损或被污物卡住;(2)滑阀与阀体配合间隙过大; 2. 外泄漏:(1)管接头松脱或密封不良;(2)有关结合面上的密封不良	1. 检查处理:(1)清洗,研磨锥阀,配研锥阀或更换钢球;(2)更换阀芯; 2. 检查密封;(1)拧紧管接头或更换密封圈;(2)修整结合面,更换密封件

二、减 压 阀

在油路如图4-19所示的液压系统中,只用一台油泵同时向几条油路供油(*A* 供油压力为343~441kPa),同时又向机械变速器润滑系统供油(*B* 供油压力为88~108 kPa),这时就采用减压阀,通过减压阀使供给润滑系统的油压降低。

减压阀按工作特性不同分为定压减压阀和定差减压阀两类。

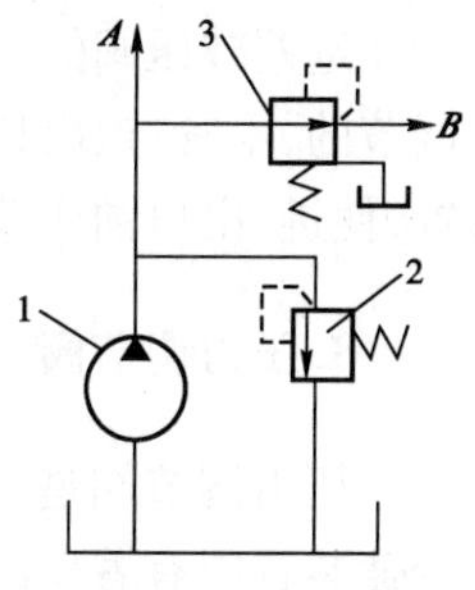

图 4-19 减压阀的应用
1-油泵；2-溢流阀；3-减压阀；A-变矩器油路；B-润滑油路

1. 定压减压阀

图 4-20 为定压减压阀的工作原理。工作时压力油（一次压力）从 A 口进入，通滑阀 1 和阀体 2 之间的缝隙 B 产生节流损失，使出口 C 处压力 p_C（二次压力）比一次压力为低，即所谓减压。出口压力 p_C 为什么能保持定值呢？下面分析滑阀的平衡过程即可理解。

C 口的压力油经孔道进入滑阀下腔，对滑阀产生一个向上的力 p_CS（S 为滑阀面积）。若弹簧的预压缩量为 x_0（阀的开口量为零时），刚度为 K，阀的开口量为 x，则滑阀平衡式为

$$p_CS = K(x_0 - x)$$

$$p_C = \frac{K(x_0 - x)}{S}$$

上式中 K、x_0、S 都是常数，与 x_0 相比，x 的变化很小，因而 p_C 基本保持为一个常数，即出口压力为定值。这也可从滑阀的平衡过程看出：

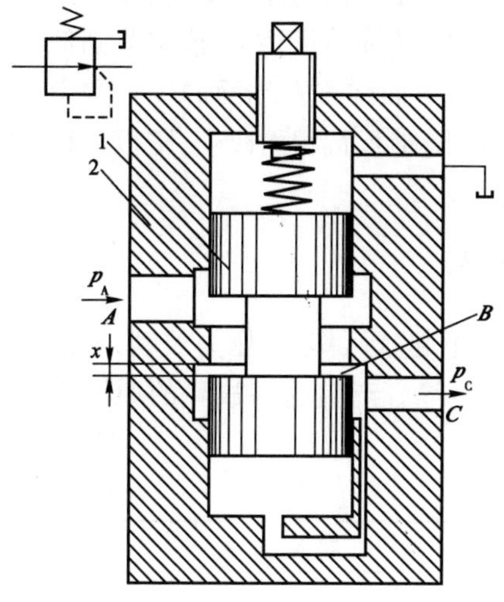

图 4-20 定压减压阀工作原理
1-滑阀；2-阀体

当阀进口压力 p_A 因某种原因升高，则出口压力也会随之升高，滑阀下腔油压也随之升高使滑阀上移，关小开口，使节流效果增加，压差增大，从而使出口压力又降到原来压力为止；反之，若阀的进口压力降低，则会出现相反的过程。

由此可知，减压阀因其开口量能随进口压力的升降而自动地关小或开大，从而保持出口压力为恒定。

定压减压阀的出口压力随弹簧的预紧力的变化而变化。当拧进调压螺钉时，弹簧的预紧力增加，出口油压随之升高；反之，拧出调压螺钉，出口油压则降低。

2. 定差减压阀

定差减压阀的作用是使出口压力低于进口压力，而且不管进口压力或出口压力如何变化，总是保持进口、出口压力之差为一常数。

定差减压阀的工作原理如图 4-21 所示。压力为 p_A 的高压油从 A 口进入，经缝隙 B 减压后从 C 口排出，出口压力为 p_C。阀芯的上、下腔通过油道与出口、进口相通。若弹簧刚度为 K，预压缩量为 x_0（阀开口度为零时），阀开口度为 x，阀芯面积为 S，则阀芯平衡方程式为

$$p_AS = p_CS + K(x_0 + x)$$

$$p_A - p_C = \frac{K(x_0 + x)}{S}$$

由上式可知，若采用较软的弹簧（K 较小），则 x_0 就较大，x 的变化相对也就较小，所以 $p_A - p_C$ 变化就小，即近似保持一个常数。

定差减压阀的工作原理也是依靠阀开口度 x 的变化而自动调节的，不管进、出口压力如何变化，总能使阀处于某一平衡位置，使进、出口油压差保持为定值。

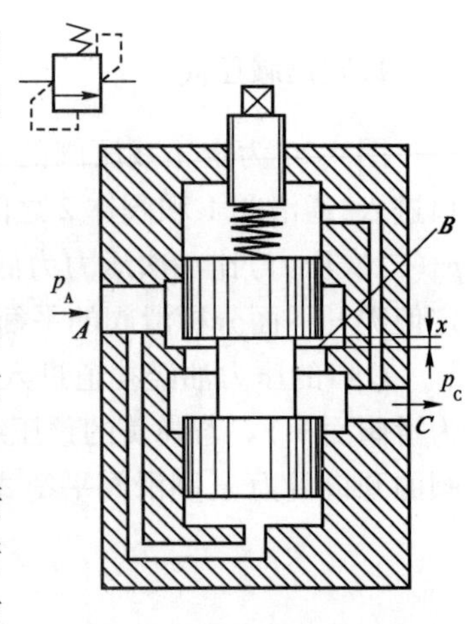

图 4-21　定差减压阀工作原理

3. 压力调节阀

压力调节阀是一种类似于减压阀的阀类，在工程机械自动变速装置中有着广泛的用途。这种阀可以把油门踏板的移动而发出的操作信号转变为相应的压力信号。

图 4-22 是这类阀的一种基本结构，它由阀体 1、滑阀 2、弹簧 3 组成。驾驶员踩下加速踏板，经杠杆联动机构，使凸轮 4 按箭头方向转动。凸轮推动弹簧座，压缩弹簧 3 推动滑阀 2 向右移动。

进油道 p_1 与主油路相连，主油路压力油经阀体上的小孔 a，作用于滑阀的右端面，它压缩弹簧使滑阀向左移动，直至作用于滑阀上的液压作用力与弹簧力相平衡为止。此时，主油路压力 p_1 经阀节流后，输出压力为 p_2，且有部分油液经阀泄油。这时阀输出压力 p_2 被调节到低于主油路压力的某一数值上，p_2 的大小由弹簧左端面的位置决定。而弹簧左端面的位置则由加速踏板的行程决定，因此，p_2 随踏板行程而改变，踏板行程增加，输出压力 p_2 相应也升高。

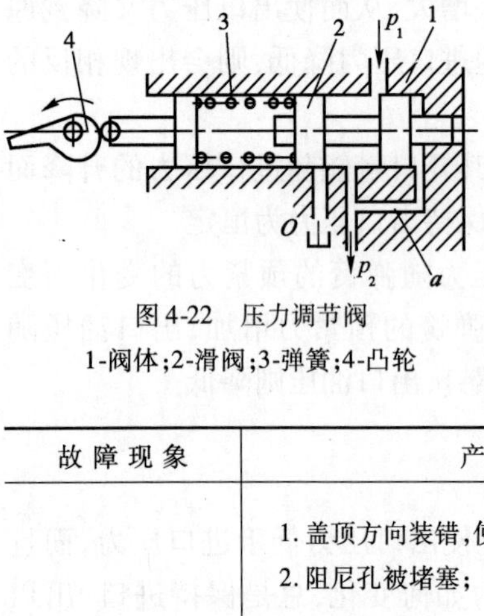

图 4-22　压力调节阀
1-阀体；2-滑阀；3-弹簧；4-凸轮

4. 减压阀液压故障诊断

减压阀常见的故障有：不起减压作用，压力波动，减出压力较低，升不高；振动与噪声等。产生这些故障的原因与排除方法如表 4-5 所列。

减压阀常见故障与排除方法　　表 4-5

故障现象	产生原因	排除方法
不起减压作用	1. 盖顶方向装错，使输出油孔已沟通； 2. 阻尼孔被堵塞； 3. 回油孔的螺塞未拧开，油液不通； 4. 滑阀移动不灵或被卡住	1. 检查盖顶上孔的位置，并加以纠正； 2. 用直径较小的钢丝或针（直径约 1mm）疏通小孔； 3. 拧开螺塞，接通回油管，研配滑阀，保证滑动自如
压力波动	1. 油液中侵入空气； 2. 滑阀移动不灵或卡住； 3. 阻尼孔堵塞； 4. 弹簧刚度不够，有弯曲，卡住或太软； 5 锥阀安装不正确，钢球与球座配合不良	1. 设法排气，并诊断系统进气故障； 2. 检查滑阀与几何形状误差是否超出规定或有拉伤情况，并加以修复； 3. 清洗阻尼孔，换油； 4. 检查并更换弹簧； 5. 重装或更换锥阀或钢球

续上表

故障现象	产生原因	排除方法
输出油压较低，升不高	1. 锥阀与阀座配合不良； 2. 阀顶盖密封不严，有泄漏； 3. 主阀弹簧太软、变形或在阀孔中卡住，使阀移动困难	1. 拆检锥阀，配研或更换； 2. 拧紧螺栓或拆检后更换纸垫； 3. 更换弹簧，检修或更换已损零件
振动与噪声	1. 先导阀（推阀）在高压下，压力分布不均匀引起高频振动产生噪声（与溢流阀同）； 2. 减压阀超过流量时，出油口不断升压—卸压—升压—卸压，使主阀芯振荡产生噪声	1. 按溢流阀振动与噪声故障诊断处理； 2. 使用时，不宜超过其公称流量，将其工作流量控制在公称流量以内

三、顺　序　阀

1. 顺序阀的功用和结构原理

顺序阀的功用是利用油路的压力来控制几个油缸的动作顺序，或利用油路的压力来控制向几条油路的供油顺序，例如工程机械自动变速器的液压换挡控制系统，要求优先向控制油路供油，并保证主油压升高到一定值时才能进入换挡油路，这就需要采用顺序阀。

图 4-23 为顺序阀的结构原理图。它由阀体 1、阀芯 2、弹簧 3、上盖 4 以及调压螺钉 5 等组成。

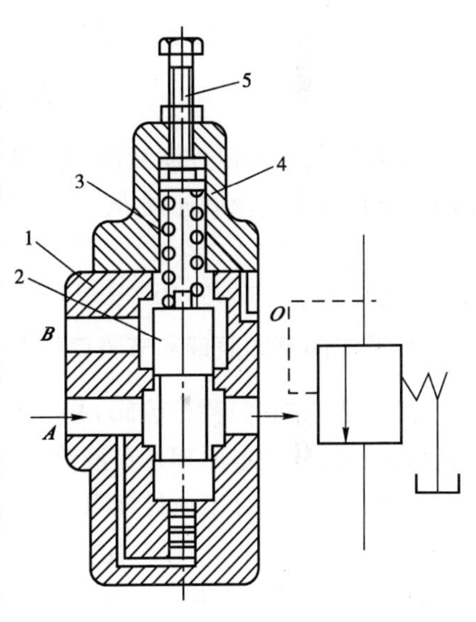

图 4-23　顺序阀结构原理图和符号
1-阀体；2-阀芯；3-弹簧；4-上盖；5-调压螺钉

A 口为一次油入口，并通过阀体的孔道作用于阀芯的下端，*B* 为阀的二次油出口，通往第二液压缸或二次油路，泄油口 *O* 直接通油箱。

当 *A* 口的压力小于弹簧 3 所设定的阀芯动作压力时，阀关闭。当一次油压大于弹簧 3 的设定压力时，与 *A* 口相通的控制油压作用在阀芯的下端，使阀芯上升，油从 *A* 口进入，由 *B* 口排出。

从顺序阀的工作原理可知，顺序阀与溢流阀有其共性及各自的特点。其共性是阀的开启都靠油压作用，因而都是压力阀，此外，这二种阀的开启都是靠阀的进油压力直接控制。不同点是，溢流阀的回油通油箱，阀开口压力降很大，因而功率消耗很大；顺序阀的出口通二次油路，这些油是去做功的，阀口处的压力降通常很小。

2. 顺序阀液压故障诊断

顺序阀常见的故障有：根本建立不起压力来，压力波动大，达不到要求或调定压力不符，振动与噪声等。产生这些故障的原因与排除方法如表 4-6 所列。

顺序阀常见故障与排除方法　　表4-6

故障现象	产生原因	排除方法
建立不起压力来	1. 阀芯卡住； 2. 弹簧折断或漏装； 3. 阻尼孔堵塞	1. 研磨修理； 2. 更换或补装； 3. 清洗
压力波动	1. 弹簧太软、变形； 2. 油中有气体； 3. 液控油压力不稳	1. 更换弹簧； 2. 研磨修理； 3. 调整液控油压力
达不到要求或与调定压力不符	1. 弹簧太软、变形； 2. 阀芯有阻滞； 3. 阀芯装反； 4. 外泄漏油腔存在背压； 5. 调压弹簧调整不当	1. 更换弹簧； 2. 修理； 3. 装正； 4. 清理外泄回油管道； 5. 反复调整
振动与噪声	1. 油管不适合，回油阻力过高； 2. 油温过高	1. 降低回油阻力； 2. 降低油温

第三节　流量控制阀

流量控制阀用以控制液体的流量，流量控制阀的种类很多，本节主要介绍简单节流阀、溢流节流阀、分流阀及调速阀等。

一、简单节流阀

1. 节流阀基本原理和节流口的形式

简单节流阀（简称节流阀）是一种流量控制装置，用以控制工作机构的运动速度。节流阀的形式很多，其基本原理是在液流通道上设置一个小孔或缝隙以形成“阻尼”。当其前、后压力差为已知时，可算出通过该阻尼的流量。阻尼一定则相应的流量为定值，这种阻尼固定的节流阀叫固定节流阀。对于一定的压力差，阻尼变化，通过的流量也随之改变，这种阻尼可变的节流阀叫做可调节流阀。

图4-24所示为常见节流阀的几种节流口的形式。

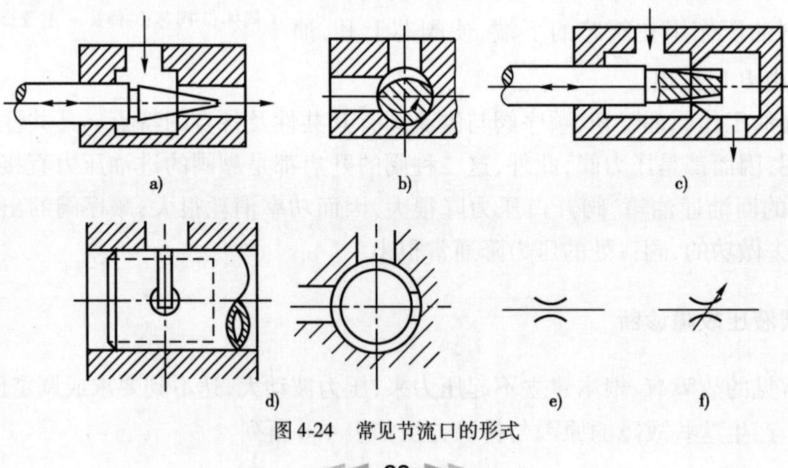

图4-24　常见节流口的形式

图 4-24a)是针状式节流口，阀口长容易堵塞，但加工方便，仅用于要求不太高的地方。图 4-24b)是偏心缝隙式，它的优点是容易制造，但小流量时容易堵塞，适用于流量较大的场合。图 4-24c)是轴向缝隙式，它是在圆柱形阀芯上，开若干个斜槽，槽的截面形状可以是矩形或三角形。图 4-24d)是周向缝隙式，在空心阀芯上开周向槽。图 4-24c)、图 4-24d)这两种形式的流量特性和避免堵塞现象都比较好，所以应用广泛。

图 4-24e)、4-24f)分别为不可调节流阀与可调节流阀的职能符号。

图 4-25 为可调节流阀的结构。该阀采用轴向三角槽式的节流口。油液从进油口 p_1 流入，经节流阀阀口，从出油口 p_2 流出。调节把手借助顶杆可使阀芯做轴向移动，改变节流口过流断面积的大小，达到调节流量的目的。阀芯在弹簧的推力作用下，始终紧靠在顶杆上。

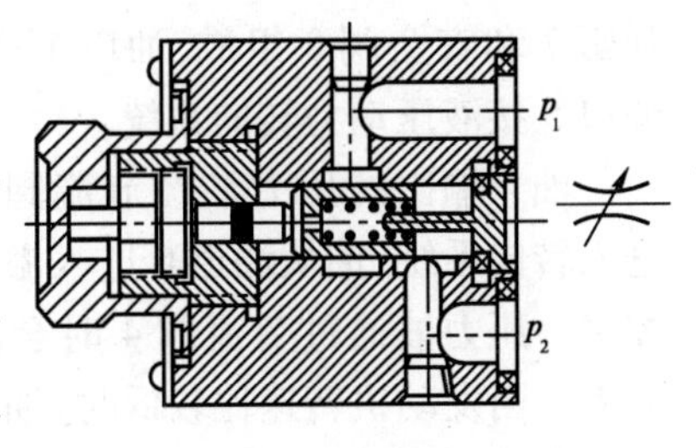

图 4-25 轴向三角槽式节流阀

2. 节流阀液压故障诊断

节流阀常见故障与排除方法如表 4-7 所列。

节流阀常见故障与排除方法　　表 4-7

故障现象	产生原因	排除方法
节流失调或调节范围不大	1. 节流口堵塞，阀芯卡住； 2. 阀芯与阀孔配合间隙过大，泄漏较大	1. 拆检清洗，修复、更换油液，提高过滤精度； 2. 检查磨损、密封情况，并进行修复或更换
执行机构速度不稳定	1. 油中杂质黏附在节流口边缘上，速度减慢；当杂质被冲洗后，通流截面增大，速度又上升； 2. 系统温升，油液黏度下降，流量增大，速度上升； 3. 节流阀内、外漏较大，流量损失大，不能保证运动速度所需的流量； 4. 低速运动时，振动使调节位置变化； 5. 节流阀负载刚度差，负载变化时，速度也突变，负载增大，速度下降. 造成速度不稳定	1. 拆洗节流器，清洗污垢，更换精密滤油器. 若油液污染严重，应更换油液； 2. 采取散热、降温措施，若温度范围大、稳定性要求高时，可换成带温度补偿的调速阀； 3. 检查阀芯与阀体间的配合间隙及加工精度，对于超差零件进行修复或更换. 检查有关连接部位的密封情况或更换密封圈； 4. 锁紧调节杆； 5. 系统负载变化大时，应更换带压力补偿的调速阀即可

二、溢流节流阀

溢流节流阀具有这样的性能，即阀的输入流量不管如何变化，输出流量始终保持某一不变的数值。溢流节流阀被广泛地应用于工程机械液压动力转向系统中。

工程机械的转向油泵是由发动机驱动的，发动机在工作过程中转速变化的范围很大，从而油泵的流量变化范围也很大。当工程机械转向时，为了减速，油门开度减小，特别是急转弯，但这时都要求有较大的转向速度，以保安全。可是发动机油门小时，转速低，油泵油流小，造成转向困难。如果油泵的流量按发动机最低稳定转速来选择，当发动机高速运转时，油量就会过大。解决这个矛盾可采用溢流节流阀。当发动机高速运转时，多余的油从溢流节流阀溢走。

有了溢流节流阀，就可以始终对动力转向系统输出一个近似恒定的流量。

溢流节流阀由溢流阀和节流阀并联而成。图4-26为一工程机械转向用齿轮泵，溢流节流阀与油泵为一体。它由节流阀4、溢流阀阀芯3、弹簧7和安全阀8组成，油口1与油箱连通，出油口5接液压动力转向系统。

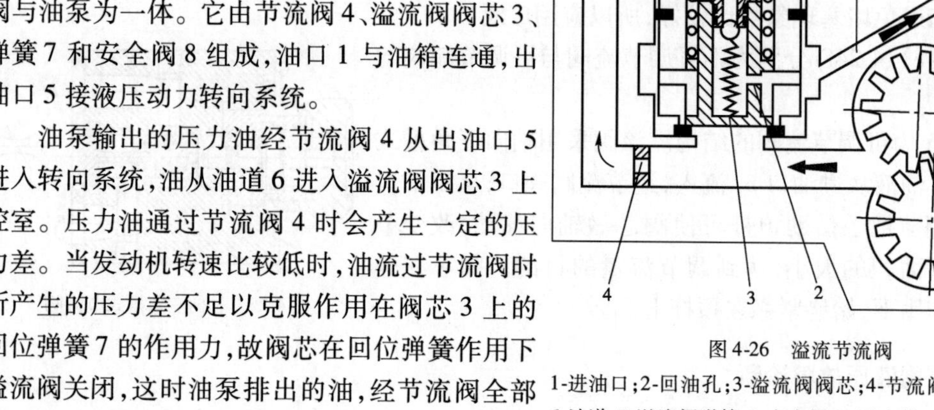

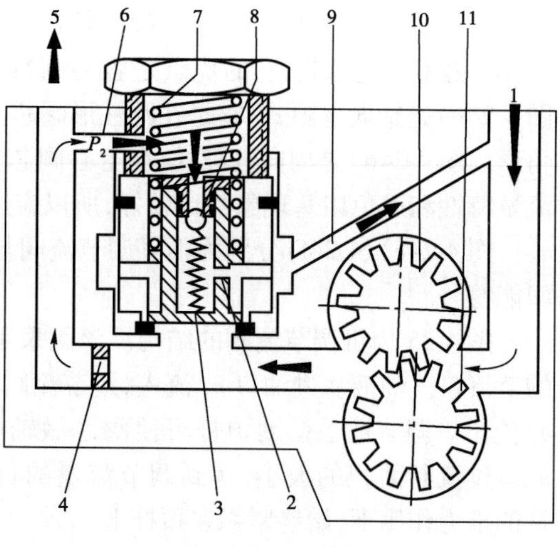

图4-26　溢流节流阀

1-进油口；2-回油孔；3-溢流阀阀芯；4-节流阀；5-出油口；6-油道；7-溢流阀弹簧；8-安全阀；9-回油道；10-主动齿轮；11-从动齿轮

油泵输出的压力油经节流阀4从出油口5进入转向系统，油从油道6进入溢流阀阀芯3上腔室。压力油通过节流阀4时会产生一定的压力差。当发动机转速比较低时，油流过节流阀时所产生的压力差不足以克服作用在阀芯3上的回位弹簧7的作用力，故阀芯在回位弹簧作用下溢流阀关闭，这时油泵排出的油，经节流阀全部进入转向系统。

当发动机转速提高，油泵流量大于某规定值时，阀芯在上、下两端压力值作用下足以克服回位弹簧7的作用力，使阀芯向上移动，打开阀口，油泵排出的油有一部分则不通过节流阀，经节流阀、回油道9返回进油端。油泵的流量越大，溢流阀的开度就越大，返回进油端的油就越多。因而使进入转向系统的流量基本不变。

为什么说进入转向系统的流量能基本保持不变呢？

节流阀前的压力 p_1 就是溢流阀的进口压力，节流阀后的压力 p_2 从溢流阀的弹簧腔作用在阀芯上，假设阀芯的轴向投影面积为 S，回位弹簧对阀芯的作用力为 F，溢流阀开启时，阀芯受力平衡方程式为

$$p_1S = p_2S + F$$

$$p_1 - p_2 = \frac{F}{S}$$

因为 S 为定值，F 变化不大，故节流阀前后的压力差 $(p_1 - p_2)$ 基本为定值。又因节流阀节流孔面积是不变的，因而通过节流阀进入转向系的流量也基本保持不变。图4-27为贝利埃GBC型汽车转向油泵供油量曲线，实验时油泵工作温度为70℃，供油压力调至3.5MPa。由图可知，当油泵转速由1300r/min上升到2880r/min时，油泵供给转向系的流量略有上升，上升的幅度取决于回位弹簧的刚度。弹簧刚度越小，则流量上升的幅度就越低。

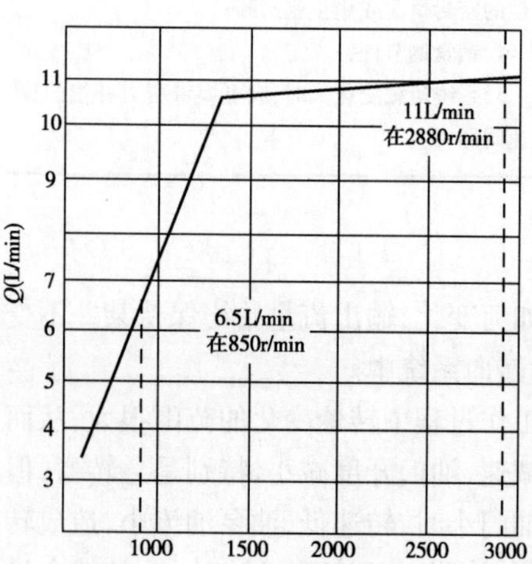

图4-27　转向油泵供油量曲线

图4-26所示溢流节流阀实际上是由节流阀、溢流阀再加上安全阀8组合而成。安全阀8起安全保护作用，当液压转向系统过载，超过最高允许压力时，安全

阀开启，一部分压力油通过安全阀从回油孔返回进油端。

三、分 流 阀

分流阀的功用是使两个油缸以不同的压力工作，而又共用一台油泵。在工程机械上用得较多的是单路稳定分流阀，例如，有的工程机械使用同一油泵向举升油缸和转向油缸供油，使用了单路稳定分流阀后，不管油泵输出流量如何变化，能使去转向油缸的流量稳定，保证转向的稳定性。

单路稳定分流阀结构如图 4-28 所示。它实质上是由一个定差减压阀 1 和固定节流孔 d_o 组成。压力油从 p 口进入阀后分成两路：一路从 B 口进入举升系统（不要求稳流），另一路经节流孔 d_o 从 A 口进入转向系统（要求稳流）。

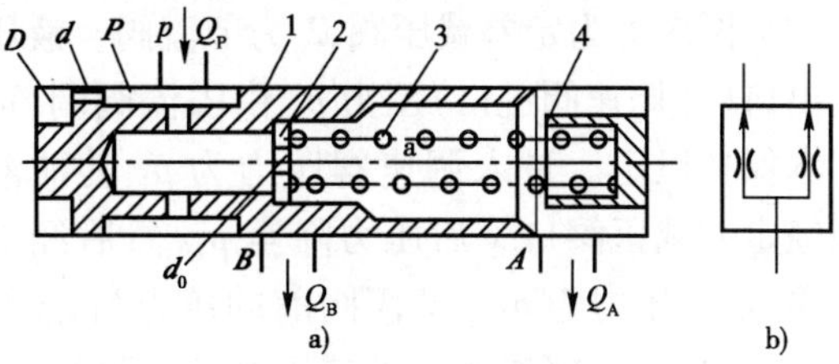

图 4-28 单路稳定分流阀

1-定差减压阀；2-节流阀；3-弹簧；4-端塞

单路稳流原理如下：

P 腔通过阻尼小孔 d 和 D 腔相通，当阀芯处于平衡状态时，D 腔油压等于入口压力 p，压力油通过节流孔 d_o 后的压力为 p_a，则通过节流孔 d_o 的流量（即进入 A 口流量 Q_A 为

$$Q_A = cf\sqrt{\frac{2g}{r}(p - p_a)}$$

式中：f——节流孔 d_o 的面积。

若忽视液动力和摩擦力的影响，阀芯平衡方程式为

$$pS = p_a S + K(x_0 + x)$$

$$p - p_a = \frac{K(x_0 + x)}{S}$$

式中：S——阀芯轴向投影面积；

K——弹簧刚度；

x_0——弹簧预压缩量；

x——阀芯位移。

由上式可知，K 为常数，x 位移也较小，所以节流孔 d_o 前后压差（$p - p_a$）几乎是个常数。由于节流孔的面积是不变的，所以进入 A 口的流量为一个常数，与外负载无关，与油泵的流量也无关。多余流量经 B 口进入举升系统。

从阀的工作原理也可以看出：若阀芯在某一平衡位置工作，A 口负载减小时，则 a 腔油压 p_a 也减小，造成瞬时压差（$p - p_a$）增大，使 Q_A 增大，但此时阀芯失去平衡，在 D 腔压力作用下阀芯右移，使 B 口开大，节流效果减弱，压力 p 即下降，压差（$p - p_a$）又恢复原来值，Q_A 又下降至原来值。反之，若 A 口负载增大，则阀芯的平衡过程与上述相反，压差（$p - p_a$）及 Q_A 也会恢复到原来值。

当车厢举升机构工作时，举升油路压力显著增加，P 口与 B 口也会显著增加，这时阀芯右移直至阀芯右端环形孔进入端塞 4 的左端部，压力油便通过阀芯右端与端塞之间的环形缝隙进入转向系统，使节流效果大大增强，进入转向系统的流量显著减少。油泵输出的压力油绝大部分都用来使车厢举升，因为车厢举升机构工作时，液压动力转向系统是不工作的。由于采用

了单路稳定分流阀，这就可提高油泵的利用率。

四、调　速　阀

1. 调速阀工作原理

调速阀由定差减压阀和节流阀串联而成，其工作原理见图 4-29。

图中 1 为定差减压阀，2 为节流阀。液压泵出口(即调速阀进口)压力 p_1 由溢流阀调节，基本保持恒定。进入调速阀压力为 p_1 的油液流经定差减压阀口 x 后压力降至 p_2，然后经节流阀流出，压力为 p_3。节流阀前的压力为 p_2 的油液经通道 e 和 f 进入定差减压阀的 c 腔和 d 腔；而节流阀后的压力为 p_3 的油液经通道 a 被引入定差减压阀的 b 腔。当减压阀阀芯在弹簧力 F_s、液压力 p_2 和 p_3 作用下处于某一平衡位置时，(忽略摩擦力和液动力)，其受力平衡方程为

$$p_2A_1 + p_1A_2 = p_3A + F_s$$

式中：A_1、A_2、A 分别为 d 腔、c 腔和 b 腔内压力油作用于阀芯的有效面积，且 $A = A_1 + A_2$，故

$$p_2 - p_3 = \Delta p = \frac{F_s}{A}$$

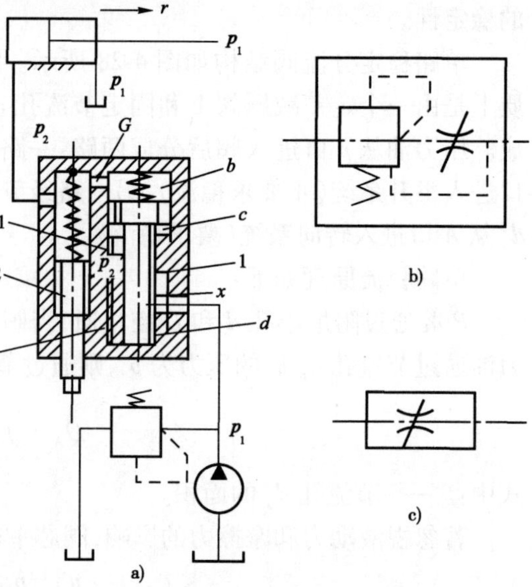

图 4-29　调速阀工作原理

1-定差减压阀；2-节流阀

因为弹簧刚度较低，且工作中减压阀阀芯位移较小，可认为弹簧力 F_s 基本保持不变，因此定差减压阀保持节流阀两端压差不变。

当负载增加时调速阀出口压力 p_3 增加，作用在减压阀阀芯上端的压力也随之增加，阀芯失去平衡而下移。于是开口 x 增大，液阻减小，使 p_2 增加，直到阀芯在新的位置上得到平衡为止。而 p_2 和 p_3 的差值基本保持不变。同理，当负载减小时，定差减压阀仍能保证 p_2 与 p_3 差值基本保持不变，从而使节流阀和调速阀的流量不受负载的影响。

图 4-30 表示节流阀和调速阀的流量与进出口压差的关系。

从图中可知，节流阀的流量随压差的变化较大。而对于调速阀，当两端的压差大于一定值后(图中 Δp_{min})，其流量就不受压差的影响。在调速阀两端压差较小区域(Δp_{min})内，由于压差不足以克服减压阀阀芯上的弹簧力，阀芯处于最下端，减压阀保持最大开口不起减压作用，这一段(mn)调的流量特性和节流阀相同。所以要使调速阀正常工作，对于中低压调速阀至少要求有 0.5MPa 的压差，对高压调速阀至少有 1MPa 的压差。

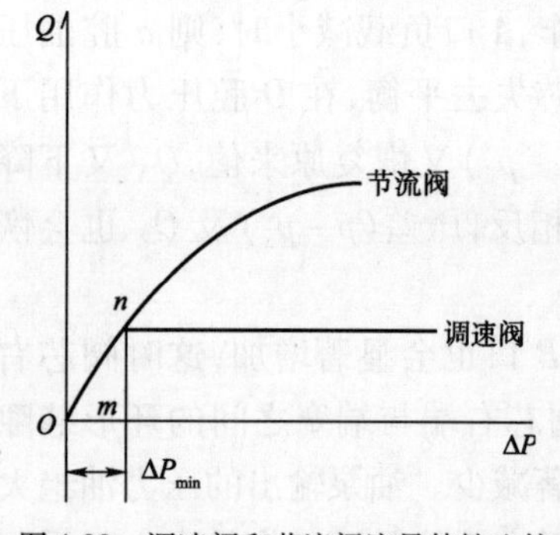

图 4-30　调速阀和节流阀流量特性比较

调速阀可用于进油路节流调速回路、回油路节流调速回路和旁油路节流调速回路 3 种调速回路中，也可用在容积节流调速回路中。

2. 调速阀液压故障诊断

调速阀常见故障与排除方法如表4-8所列。

调速阀常见故障与排除方法 表4-8

故障现象	产生原因	排除方法
压力补偿装置失灵	1. 主阀被脏物堵塞； 2. 阀芯或阀套小孔被赃物堵塞； 3. 进油口和出油口的压力太高	1. 拆开清洗、换油； 2. 去除污物； 3. 提高此压力差
流量控制手轮转动不灵活	1. 控制阀芯被赃物堵塞； 2. 节流阀芯受压力太大； 3. 在截止点以下的刻度上，进口压力太高	1. 拆开清洗、换油； 2. 降低压力，重新调整； 3 不要在最小稳定流量以下工作
执行机构速度不稳定(如逐渐减慢突然增快或跳动)	1. 节流口处有脏物，使通过截面减小，造成速度减慢； 2. 内、外漏造成速度不均匀，工作不稳定； 3. 阻尼结构堵塞，系统中进入空气，出现压力波及跳动现象，使速度不稳定； 4. 单向调速阀中的单向阀密封不良； 5. 油温过高(无温度补偿)	1. 加强过滤，并拆开清洗，换油； 2. 检查零件尺寸精度和配合间隙，检修或更换已损零件； 3. 清洗有阻尼装置的零件，检查排气装置是否工作正常，保持油液清洁； 4. 研修单向阀； 5. 若为温度补偿阀则无此故障，无温度补偿的调速阀，应降低油温

第五章

辅助装置

液压系统的辅助装置包括油管及管接头、滤油器、密封装置、油箱、冷却器及蓄能器等。这些装置对保证液压系统正常工作起着非常重要的作用。如果选择或使用不当,不但会直接影响系统的工作性能,甚至会使系统无法工作,因此必须给以足够重视。

第一节　油管和管接头

一、油管的种类和选择

油管一般常用的有钢管、铜管和橡胶软管等,采用哪种油管,主要由工作压力、安装位置及使用环境等条件决定。

1. 钢管

钢管能承受高压,价格低廉,抗腐蚀,刚度较好,不易使油液氧化,但装配、弯曲较困难。在压力较高的管道中优先采用钢管。无缝钢管有冷拔和热轧两种,冷拔钢管的外径尺寸精确,质地均匀,强度高。一般多选用10号、15号冷拔无缝钢管。

2. 紫铜管

紫铜管加工性能好,容易弯曲成所需的形状,安装方便,且管壁光滑,摩擦阻力小。但耐压力低,抗振能力弱,只适用于中、低压油路。此外紫铜管的散热性和耐腐蚀性较好,故用于回油管和散热器中较多。

3. 橡胶软管

橡胶软管用于有相对运动的两部件间的连接,它不怕振动,能吸收系统中液压冲击,装配方便。但软管制造困难,寿命短,成本高,固定连接时一般不采用。橡胶软管分为高压软管和低压软管两种。高压橡胶软管由夹有几层钢丝编织的耐油橡胶制成,钢丝层数越多,耐压越高,最高使用压力可达35~40MPa,高压橡胶软管在工程机械上应用普遍。低压橡胶软管由夹有帆布或棉线的耐油橡胶或聚氯乙烯,多用于压力低的回油路中。

4. 油管的安装

油管安装质量,直接影响液压系统的工作。如果安装不好,不仅压力损失增加,而且可能

使整个系统产生振动、噪声,甚至漏油等问题。在安装和使用管路系统时应注意下列问题:

(1)要考虑热胀冷缩对管路的影响,保证管路必要的伸缩变形,对于工程机械,由于使用环境温度变化很大,故不能忽视。

(2)管路应尽量短,布管整齐,转弯少,避免过大的弯曲。对于硬管的弯曲半径至少是其外径的三倍以上。油管弯曲后,应避免截面有大的变形,不得有压扁、扭曲等现象。

(3)要设法减轻管路的振动。管子要用管卡子固定,使它连接刚度增加。

(4)管路安装前要清洗。一般用20%的硫酸或盐酸进行,清洗后用苏打溶液(5% ~8%浓度)中和,再用清水冲洗干净之后,进行干燥,最好涂上防锈油,以防生锈。

软管的安装还要注意以下几点:

①安装长度应留有伸缩余地,因为胶管在加压时长度一般有 -2% ~ +4%的变化。如果长度上不留有余地,一旦缩短,管子就会被拉长。

②管子应避免过度弯曲。曲率半径至少是管子外径的6~7倍,管子的弯曲半径与管子寿命有关,不能轻视。

③管子在安装状态下和工作过程中不应发生扭曲,扭曲后会降低耐压力。

④管子接头部分不能急剧弯曲,其直线部分长度至少要有3倍管径以上。

⑤管子应避免与坚硬的部件发生摩擦。

⑥管子表面不要涂漆,以防管子老化,钢丝夹层生锈。

图5-1为软管安装图,Ⅰ为错误安装,Ⅱ为正确安装。

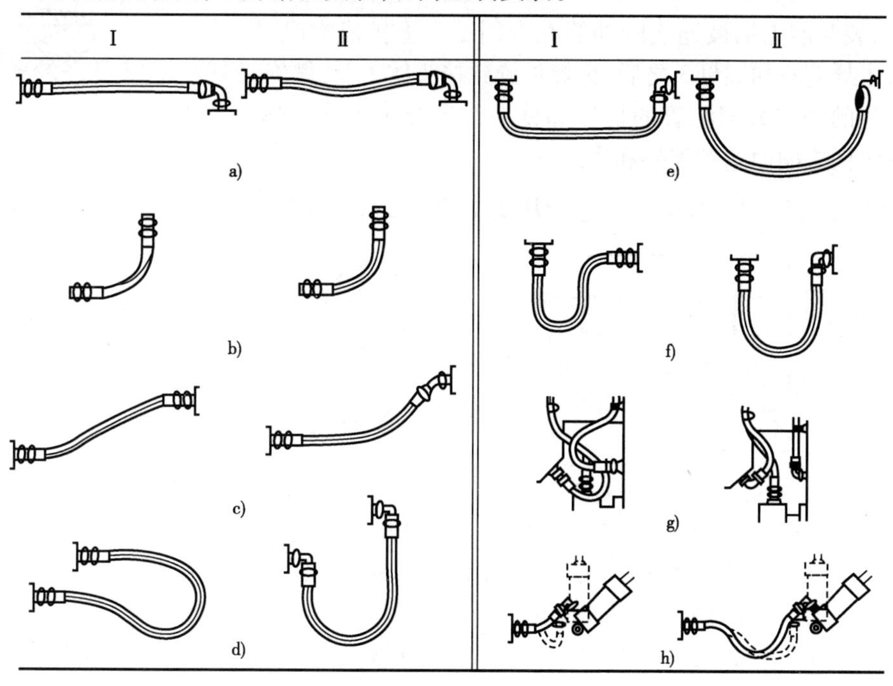

图5-1　软管安装

图5-5a)为当软管受到压力时,其长度会发生变化,因此要记住,这种软管的长度应大于两个接头间的距离。

图5-5 b)、图5-5 c)按软管的自然形状安装,避免用力使软管扭曲。

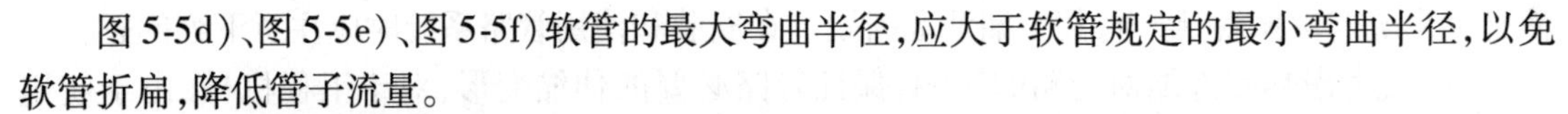

图5-5d)、图5-5e)、图5-5f)软管的最大弯曲半径,应大于软管规定的最小弯曲半径,以免软管折扁,降低管子流量。

图5-5g)安装时要选择适当的接头,以使保养方便。

图5-5h)当管子工作挠曲过大时,应适当延长连接距离,以减轻软管挠曲。

二、管 接 头

管接头是油管与油管、油管与液压元件间可拆装的连接件。它应满足拆装方便、连接牢固、密封可靠、外形尺寸小、压力损失小等要求。此外,在有振动、冲击等外力作用下,不应该松动。

管接头分为硬管接头和软管接头2大类。

1. 硬管接头

(1)卡套式管接头(图5-2)。它由接头体1、卡套2和螺母3等组成。卡套左端内圆带有刃口,两端外圆均有锥面。卡套卡进接头体内锥孔与管子之间的间隙内,再将螺母旋在接头体上使其内锥面与卡套外锥面靠紧形成主要密封。

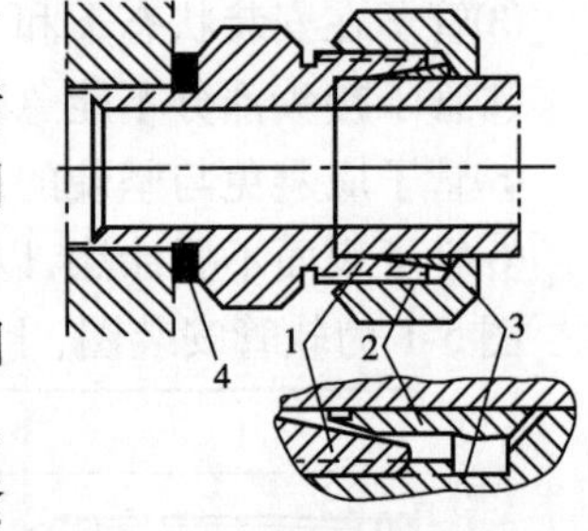

图5-2 卡套式管接头形式

1-接头体;2-卡套;3-螺母;4-垫圈

卡套式管接头的特点是装拆方便,能耐高压,卡套有弹性,耐振动,使用时间长,维修方便。因此,应用很广泛,但对卡套的制造质量和钢管的外径尺寸要求高。

(2)扩口式管接头(图5-3)。此种接头使用于薄壁钢管和铜管的连接,装配前先把被连接的油管在专用工具上扩成喇叭口,在顺次装上导套4和螺母3之后,把螺母旋到接头体2上,靠旋紧螺母时产生的轴向力把油管的扩口部分夹在导套4和接头体2相对应的锥面之间而达到连接和密封。

(3)焊接式管接头(图5-4)。它由接头1、螺母2、O形圈3、接头体4及垫圈5等组成。

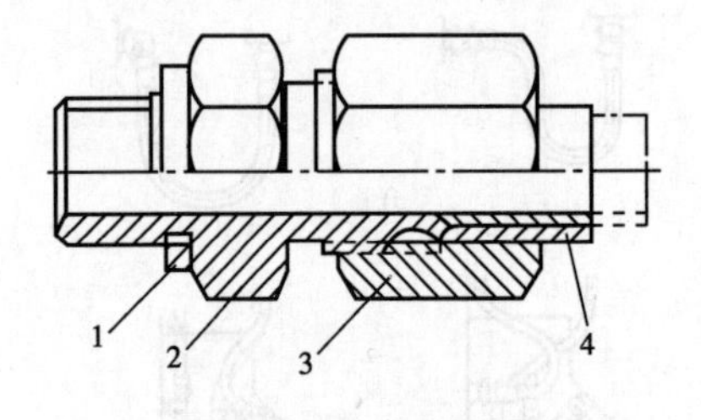

图5-3 扩口式管接头

1-垫圈;2-接头体;3螺母;4-导套

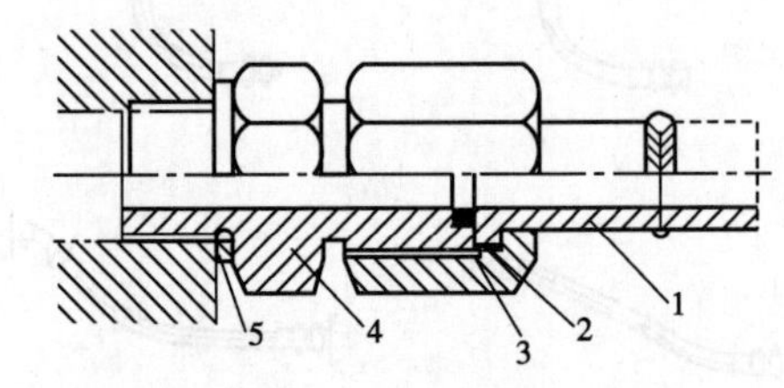

图5-4 焊接式管接头

1-接管;2-螺母;3-O形圈;4-接头体;5-垫圈

接管1一端与油管焊接连接,另一端有凸肩,螺母2将接管凸肩压紧在接头体4上,接头与接头体之间装有O形圈3以保证密封。

焊接式管接头制造工艺简单,装拆方便,密封可靠,可耐高压,对管子精度要求不高。但焊接时要注意勿使焊渣落入管内。

2. 软管接头

如图5-5所示。它可分为不可拆卸和可拆卸两大类,可拆卸的优点是软管损坏后接头拆

下可以再用，安装时不需要冲压设备及专用模具，但它只适合单件，小批量生产。不可拆卸式，适用于大量生产，是最普遍采用的一种。

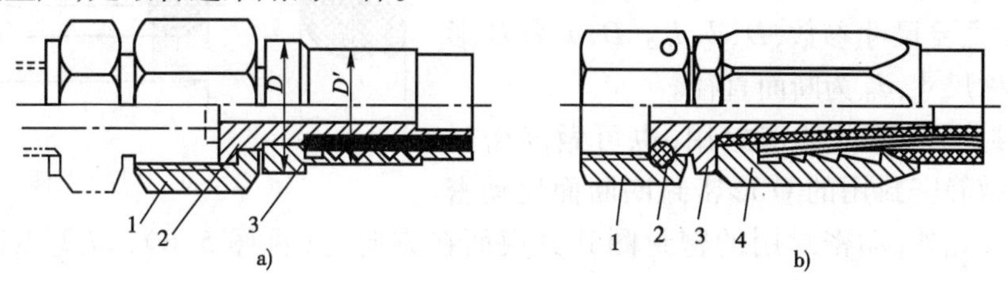

图 5-5　软管接头

a）不可拆卸；1-螺母；2-接头芯；3-外套

b）可拆卸式；1-螺母；2-钢丝；3-接头芯；4-外套

不可拆卸软管接头结构如图 5-5a）所示。它由螺母 1、接头芯 2 和外套 3 组成。装配前外套外圆无台肩，直径 D，装配时将软管端部剥去外层胶，然后装上接头芯（带螺母）与外套，再滚压与软管套装部分的外套外圆，使其直径收缩至 D'。

可拆卸软管接头结构如图 5-5b）所示。它由螺母 1、钢丝 2、接头芯 3 以及外套 4 组成。接头芯尾部外圆为锥形，将胶管剥去外层装进接头芯和外套之间，拧紧外套即可。

第二节　密 封 装 置

液压传动是利用油作介质来传递的，因此必须防止油的内外泄漏，以减少能量损失，保证液压系统正常工作。密封装置的功用就是防止液压油的泄漏，外部空气及尘埃进入系统。

密封装置按密封部分的运动情况可分为静密封和动密封两大类。静密封是指密封部位无相对运动零件之间的密封，主要有螺纹连接处、平面及圆柱面结合处等；动密封是指密封部位具有相对运动（包括往复运动和旋转运动）的零件之间的密封。

按密封原理的不同，密封装置又可分为间隙密封和密封件密封两类。

间隙密封是依靠减少相互配合零件之间的配合间隙来防止液压油的泄漏，以保证密封的，例如：控制阀的阀体和阀芯、柱塞泵的柱塞和缸体的配合面、叶片泵的转子与叶片等。为了减少间隙配合的泄漏量，除加工时要保证配合面有很高的光洁度和几何精度外，特别重要的是控制间隙的大小。为此，有的采用分组装配，有的选配，也有的采用研配的办法，因而造成某些零件不能互换，这在拆装时要特别注意。

密封件密封是指密封零件的配合面上装有密封件（通常是各种密封圈）进行密封的。密封件材料应用最广的是耐油橡胶（丁腈橡胶）。采用聚氨酯，其耐磨性和耐油能力均比耐油橡胶高，是一种理想的密封圈材料，有的防尘圈用聚四氟乙烯、尼龙等材料制作。

对密封装置的基本要求是：在一定的工作压力下密封可靠，相对运动零件间因密封装置所造成的摩擦阻力要小，耐磨性要高，磨损后能自动补偿，结构简单，拆装方便。

目前密封件多用其断面形状命名，常用的有 O 形、Y 形、小 Y 形、V 形等。它们都属于自紧式密封，即依靠密封圈材料的预先压缩产生初始压紧力，而在工作油压作用下，密封材料进一步变形，使压紧力增加，从而使密封性能也增强，密封件磨损后有一定的自动补偿能力。

下面主要介绍各种密封件结构、特点及使用等问题。

O 形密封圈的主要优点是结构简单，制造容易，使用方便，密封可靠，运动摩擦阻力小，高

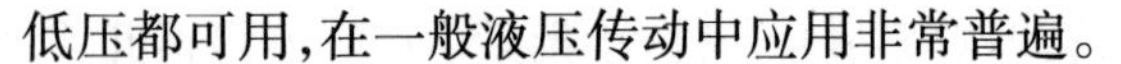

低压都可用，在一般液压传动中应用非常普遍。

O 形密封圈的结构如图 5-6 所示，它的断面呈圆形，有 3 个主要尺寸参数，D、d、d_0。D、d 为 O 形密封圈的公称尺寸，d_0 为断面直径。

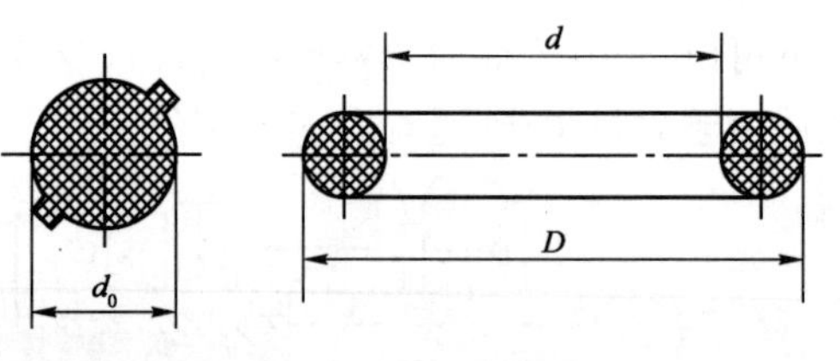

图 5-6 O 形密封圈

O 形密封圈既可做动密封用，也可做静密封用。但通常做静密封用的 O 形密封圈断面比动密封用的要小。此外，动密封用的密封圈其分模面在方向上（见图 5-6），避免飞边与密封面接触。

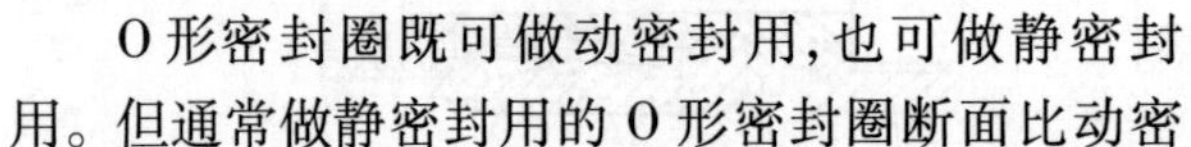

密封圈密封作用原理如图 5-7 所示。密封圈装入密封槽时，因槽的深度小于断面直径 d_0，故密封圈断面产生弹性变形。当油压作用于密封圈时密封圈便产生更大的弹性变形，因而密封能力增强。

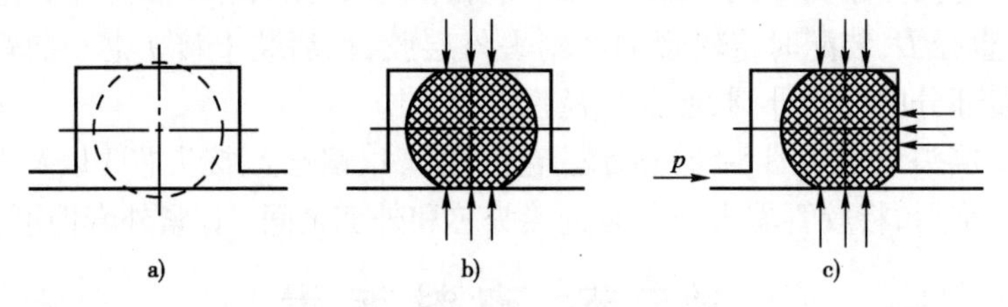

图 5-7 O 形密封圈作用原理

当 O 形密封圈的使用压力过高时，往复运动 O 形密封圈容易被高压油挤入间隙而遭到破坏，如图 5-8a）所示。此时，应在 O 形密封圈侧面安放挡圈。当单向受高压时可只在受力侧的对面放一个挡圈图 5-8b）；当双向受高时，两侧各放一个挡圈，如图 5-8c）。挡圈一般用聚四氟乙烯制成，其厚度在 1.25 ~ 2.5mm 之间。

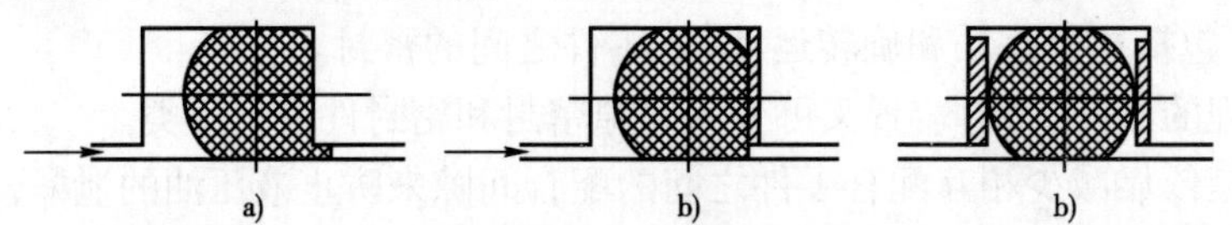

图 5-8 O 形密封圈挡圈的作用

图 5-9 为 Y 形密封圈的结构这种密封圈是靠唇口密封，安装时唇边对着高压腔，油压很低时，只靠唇边的弹性变形与被密封表面贴紧，随着油压的升高，贴紧程度越大，而且磨损后有一定的自动补偿作用。

Y 形密封圈通常用丁腈橡胶制成，使用于工作压力小于 20MPa，聚氨酯胶圈工作压力可达 32MPa。若工作压力变动较大，而且密封件的相对运动速度又较高时，为防止 Y 形密封圈扭曲，应加用支撑环，如图 5-10a）所示。为了使工作压力同时施加到密封圈内外唇边上，使唇边张开，必须在支撑环上开几个缺口，如图 5-10b）所示。此外还有一种小 Y 形密封圈，也称 Y_X

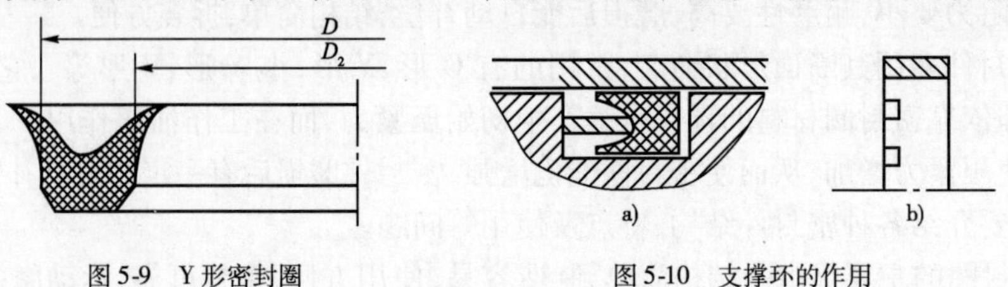

图 5-9 Y 形密封圈　　图 5-10 支撑环的作用

形密封圈。这种密封圈断面高度为宽度的两倍以上,因此,它安装在沟槽中不易扭曲。这种密封圈分为孔用与轴用两种,其结构如图 5-11 所示。Y_X 形密封圈的材料有耐油橡胶和聚氨酯两种,可以代替 Y 形圈使用。

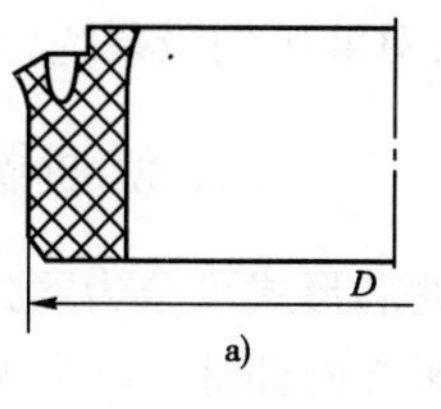

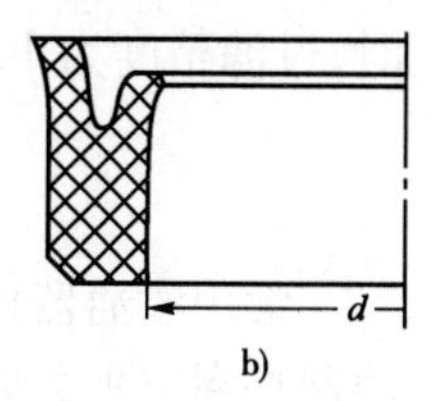

图 5-11 Y_X 形密封圈

a)孔用;b)轴用

V 形密封圈的外形如图 5-12 所示,它由多层涂胶织物压制而成,由一个压圈图 5-12a)、一个或多个密封圈图 5-12b)和一个支承圈图 5-12c)组成。使用时必须三个联合。随着压力的提高和直径的增大,要相应地增加密封圈的个数。安装时应使唇边开口面对压力油作用方向,在压力油作用下,唇边紧贴被密封件表面,达到密封作用。压圈和支承圈不起密封作用。

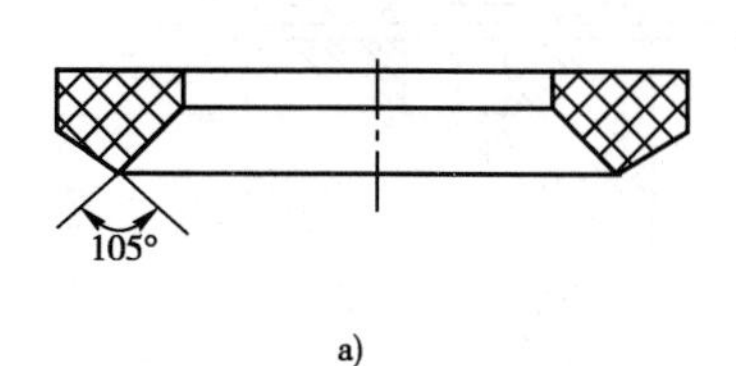

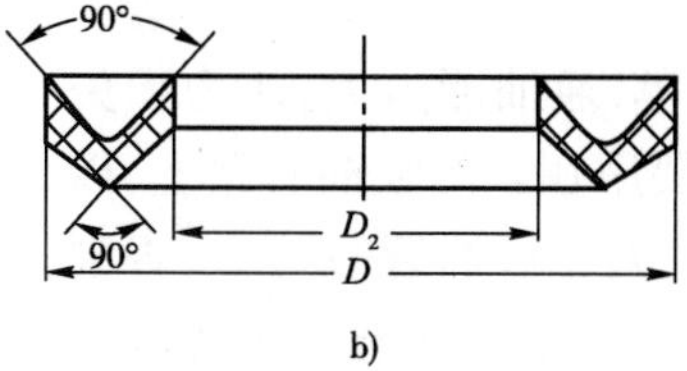

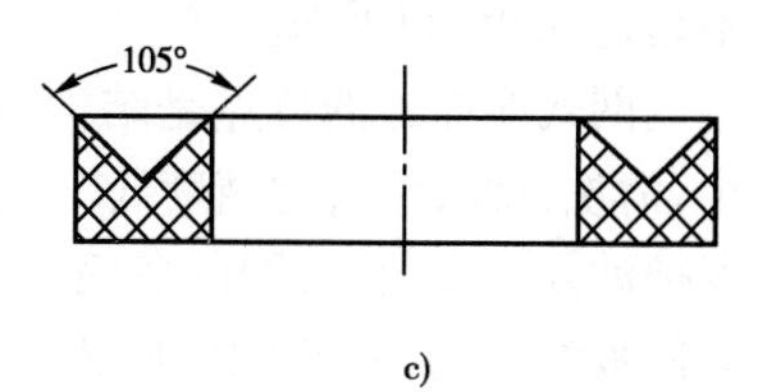

图 5-12 V 形密封圈

V 形密封圈的优点是密封可靠,承受压力高,工作压力可达 50MPa。但由于密封接触面长,摩擦阻力大,体积也较大。

旋转轴用密封圈应用最多的是骨架式和无骨架式橡胶密封圈。骨架式就是在橡胶中间装有直角形金属加强环,以增加密封圈的刚度。无骨架式则无金属加强环(图 5-13)。这种密封圈的内径略小,装到轴上靠过盈良对轴产生一定的抱紧力,自紧螺旋弹簧也对对轴产生抱紧作用。工作时唇边在油压力作用下更紧贴在轴上。这种密封圈主要用来密封液压泵、液压马达的转轴,防止油液沿轴泄漏到壳体外部。

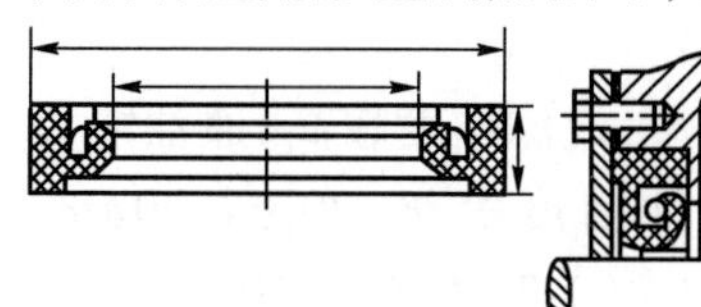

图 5-13 无骨架橡胶密封圈

第三节 滤 油 器

一、滤油器的功用及过滤精度

滤油器的功用是滤掉油液中的杂质,使油液的污染程度控制在允许范围之内如果液压油中存在颗粒状杂质,就会造成元件相对运动表面的磨损、滑阀卡住、节流孔或间隙堵塞,以至影响液压系统的工作和寿命。

任何形式的滤油器,其工作原理都是依靠具有一定尺寸过滤孔的滤芯过滤污染物。滤油器的过渡精度是指油液通过滤油器时,滤芯能够滤除的最小杂质颗粒的大小,以直径的公称尺寸(μm 为单位)来表示。颗粒愈小,滤油器的过滤精度愈高。一般把滤油器分为四类:粗的($d \leqslant 100\mu m$);普通的($d = 10 \sim 100\mu m$);精的($d = 5 \sim 10\mu m$);超精的($d = 1 \sim 5\mu m$)。

液压系统压力愈高,相对运动表面的配合间隙愈小,要求的过滤精度就愈高。当系统压力 $p < 14MPa$ 时,过滤精度为 25 ~ 50μm;当 $14 \leqslant p \leqslant 21MPa$ 时,过滤精度为 25μm;当 $p > 21MPa$

时，过滤精度为10μm；对液压伺服系统，则过滤精度为5μm。

二、滤油器的类型、结构及特点

常用滤油器按其滤芯形式可分为网式、线隙式、纸芯式、烧结式、磁性式等多种。磁性式滤油器是利用永久磁铁来吸附油液中铁屑和带磁性的磨料，一般与其他滤油器组合使用。

1. 网式滤油器

网式滤油器（图5-14）是用铜网蒙在骨架上做成的。过滤精度与网孔大小、铜网层数有关，分为三种标准等级，有80μm（200目，即每英寸长度上有200个网孔），100μm（150目），180μm（100目）。压力损失不超过0.25×10^5Pa。

网式滤油器的特点是结构简单，通油能力大，压力损失小，清洗方便，但过滤精度低。主要用在泵的吸油管路上，以保护油泵。安装时，网的底面不宜太靠近油管吸入口，否则会使吸油不畅，一般油管吸入口到网底的距离应保持网高的2/3。

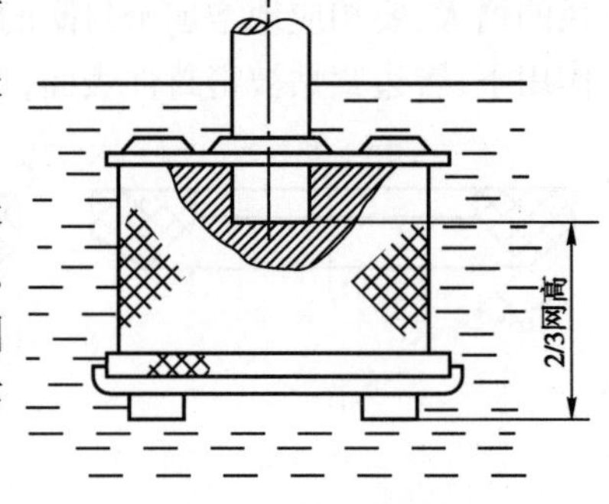

图5-14　网式滤油器

2. 线隙式滤油器

线隙式滤油器的结构如图5-15所示，它由端盖1、壳体2、带孔眼的桶形骨架3和绕在骨架3外部的铜线或铝线滤芯组成。滤油器工作时，油液从a孔进入滤油器内，经滤芯线间的缝隙进入滤芯内部后，再由孔b流出。

这种滤油器的特点是结构简单，过滤精度较高，通油能力大，应用较为普遍。它具有3种精度等级，30μm、50μm、80μm，在额定流量下，压力损失约为$(0.3\sim0.6)\times10^5$Pa。

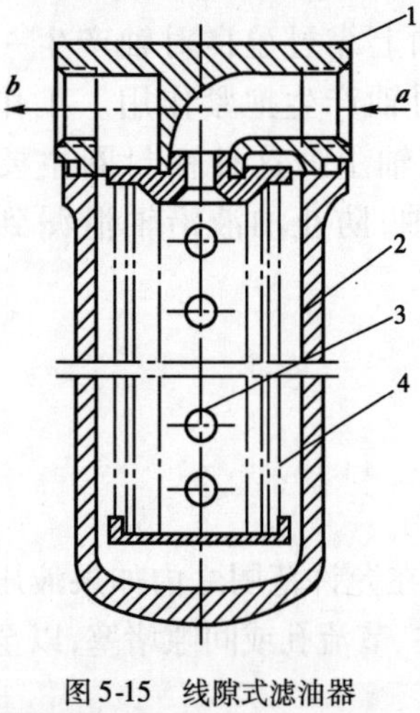

图5-15　线隙式滤油器

1-端盖；2-壳体；3-筒形骨架；4-滤芯

3. 纸芯式滤油器

纸芯式滤油器以滤纸（机油微孔滤纸等）为过滤材料，把过滤纸绕在带孔的镀锡铁皮骨架上制成滤芯（如图5-16所示）。为了增加滤芯的过滤面积，常把滤纸折叠成辐射形。

这种滤油器的过滤精度有10μm和20μm两种规格，压力损失为$(0.1\sim0.4)\times10^5$Pa。其主要特点是过滤精度高，但通油能力差，易被杂质堵塞，堵塞后又无法清洗，在使用中应定期更换滤芯。一般用于需要精过滤的场合。

4. 烧结式滤油器

图5-17为烧结式滤油器结构，它由端盖1、壳体2及滤芯3组成。滤芯是由颗粒状青铜粉压制后烧结而成。利用颗粒间的微孔滤去油中杂质。因此，过滤精度与微孔的大小有关，选择不同粒度的粉末制成不同壁厚的滤芯就能获得不同的过滤精度。

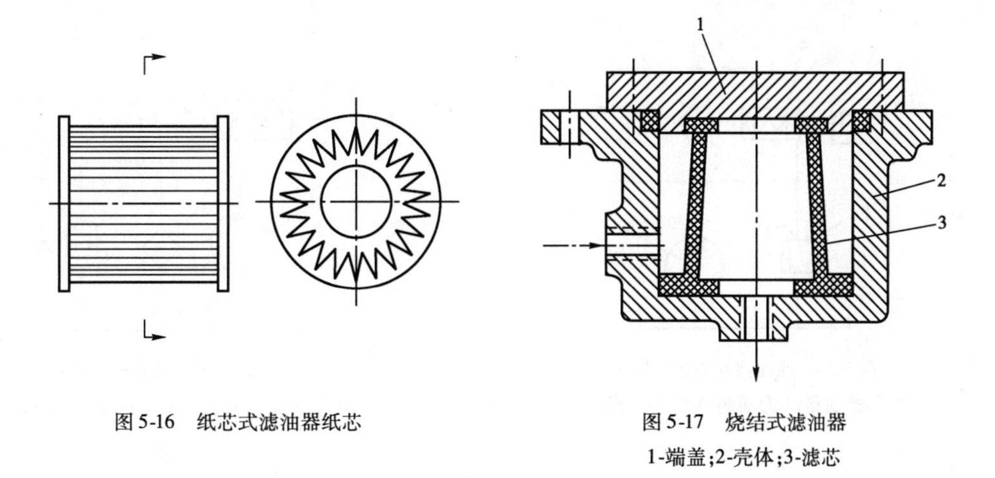

图 5-16　纸芯式滤油器纸芯

图 5-17　烧结式滤油器
1-端盖;2-壳体;3-滤芯

这种滤油器的过滤精度在 10～100 之间,压力损失为(0.3～2)×10^5Pa。它的特点是:滤芯强度高,抗腐蚀性好,过滤精度高,适用于精过滤;缺点是颗粒容易脱落,堵塞后不易清洗。

三、滤油器的安装

1. 安装在液压泵的吸油管道上

如图 5-18 所示,安装在液压泵的吸油管道上,使油泵的吸油阻力增加,而且当滤油器堵塞时,使液压泵的工作条件恶化。为此要求滤油器有较大的通油能力和较小的压力损失(不超过(0.1～0.2)×10^5Pa),一般多用精度较低的网式滤油器,其主要作用是保护液压泵。

2. 安装在液压泵的出油口

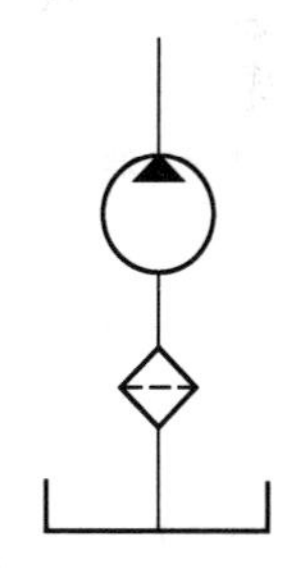

图 5-18　滤油器安装在吸油管路上

如图 5-19 所示,这种安装方式可以保护液压系统中除液压泵以外的其他元件。由于滤油器在高压下工作,要求滤油器应有足够的强度,其最大压力降不能超过 3.5×10^5Pa。为了避免由于滤油器的堵塞而引起液压泵过载,可与滤油器并联一旁通阀,但滤油器压力差超过最大允许值时,旁通阀开启。也有的在滤油器上还设置压力差指示器,当滤油器压差达到一定值时,指示器压力开关被触动,安装在驾驶室仪表板上的指示灯发亮,警告驾驶员滤油器滤芯需要更换。

3. 安装在回油管路上

如图 5-20 所示,这种安装方式不能直接防止杂质进入液压泵和其他元件,而只能循环地除去油液中的部分杂质。它的优点是允许滤油器有较大的压力降;由于是在低压回路上,故可用强度较低、刚度较小的滤油器。在工程机械上这种滤油器安装方法应用非常普遍。为防备滤油器堵塞,也要并联一旁通阀。旁通阀的开启压力也应高于滤油器最大允许压力差。

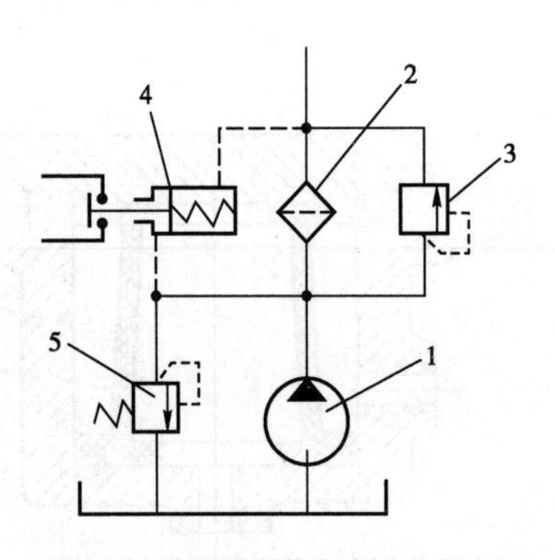

图 5-19　滤油器安装在液压泵出油口

1-油泵;2-滤油器;3-旁通阀;4-压力差指示器;5-安全阀

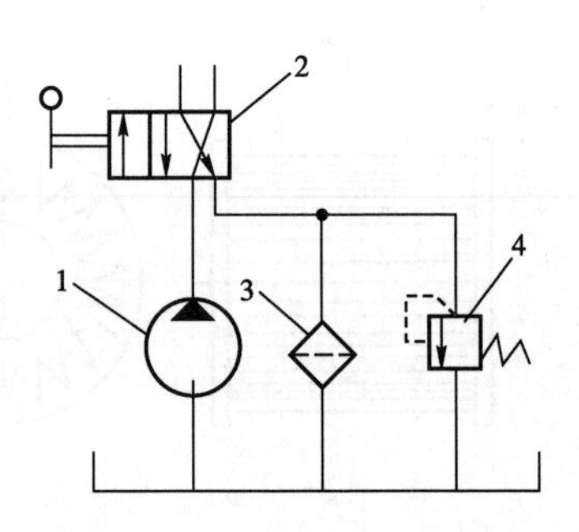

图 5-20　滤油器安装在回油管路上

1-油泵;2-换向阀;3-滤油器;4-旁通阀

四、滤油器常见故障与排除方法

见表 5-1 所示。

滤油器常见故障与排除方法　　表 5-1

故障现象	产生原因	排除方法
滤油器滤芯变形(大多数发生在网上、烧结式滤油器)	如果滤油器本身强度不高并严重堵塞,通油空隙大幅度减少,阻力大大增加,在相当大的压差作用下,滤芯就会变形,甚至压坏(有时连滤油器的骨架一起损坏)	更换强度较高的骨架和过滤油液或更换新油液
烧结式滤油器	结式滤油器的滤芯质量不符合要求	更换滤芯,装配前对滤芯进行检查,其要求为: 1. 在 10g 加速度振动下,滤芯不掉粒; 2. 在 21MPa 的压力作用下,为期一小时不应有脱粒现象; 3. 用手摇泵作冲击载荷实验,在加压速率为 10MPa/s 的情况下,滤芯无损坏现象
网式滤油器金属网与骨架脱焊	安装在高压泵进口处的网式滤油器容易出现这种现象,其原因是锡焊条熔点为 183℃,而滤油器进口温度已达 117℃,焊条强度大大降低,因此在高压油液的冲击下,发生脱焊	将锡焊铅料改为高熔点的银镉焊料

第四节　蓄　能　器

蓄能器是一种把液压油的压力能储存起来,待需要时再把压力能释放出去的装置。它可做辅助动力源,也可做液压系统中的脉动、冲击吸收器等。

一、蓄能器的类型及工作原理

蓄能器主要有弹簧式和冲气式等两种类型。

1. 弹簧式蓄能器

弹簧式蓄能器的结构如图 5-21 所示。它是利用弹簧的压缩、伸长来贮存、释放能量的。弹簧力作用在活塞上，蓄能器充油时，弹簧被压缩，弹簧力增大，因而相应的油压是升高。由于弹簧伸缩时其作用是变化的，所以蓄能器所提供的油压力也是变化的。这种蓄能器结构简单、反应灵敏，但容量小，且不宜用于高压。

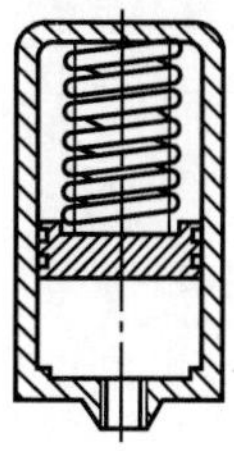

图 5-21 弹簧式蓄能器

2. 冲气式蓄能器

冲气式蓄能器是利用气体的压缩、膨胀来贮存、释放能量的。为安全起见，所充气体一般都使用惰性气体-氮气。

充气式蓄能器按结构的不同，可分为油气不分隔式和油气分隔式两类。油气分隔式又可分为活塞式和气囊式两种。这种蓄能器输出的压力也是变化的，但其变化量比弹簧式小的多。

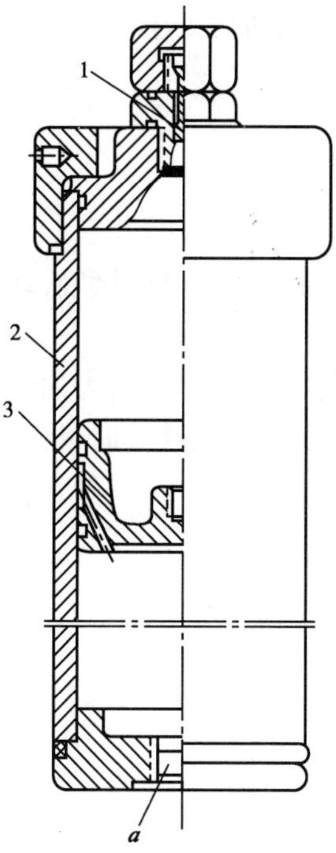

1)油气不分隔式蓄能器

这种蓄能器充入的气体与液体直接接触，但由于气体容易溶解于油液中，故耗气量较大，且影响系统的工作稳定性，在液压系统中很少采用。但其结构简单，容量大，体积小，惯性小，反应灵敏，故在工程机械中常用作油气悬架（详见第七章第 2 节），以缓和路面的不平对工程机械产生的冲击与振动。

2)油气分隔式蓄能器

(1)活塞式蓄能器：图 5-22 为活塞式蓄能器。气体通过冲气阀充入活塞上腔，压力油从孔口 *a* 充入活塞下腔，浮动活塞 3 将气体与液体隔开。活塞的凹部面向气体以增加气体的容积。这种蓄能器结构简单，拆装方便，使用寿命长。另外，由于活塞摩擦力的影响，反应灵敏受到影响。蓄能器的容量不大，常用于中、高压液压系统。

图 5-22 活塞式蓄能器
1-充气阀；2-缸体；3-活塞

(2)气囊式蓄能器：图 5-23 为气囊式蓄能器。它主要由壳体 2、气囊 3、充气阀 1 和菌形阀 4 组成。气囊 3 用特殊耐油橡胶组成，固定在壳体 2 的左端，气体从充气阀 1 冲入，蓄能器右端的菌形阀 4，用以防止油液全部排出时气囊膨胀从油口挤出。这种蓄能器的特点是：气囊的惯性小，反应灵敏，结构尺寸小，重量轻，安装方便，维修容易。因此是目前应用最广泛的一种蓄能器。但其容积不大，气囊和无缝、耐高压的外壳制造要求高。

二、蓄能器的使用

蓄能器在工程机械液压系统中常用作应急能源、缓和压力冲击和吸收振动等。

(1) 应急能源。当油泵发生故障而使系统供油中断时，蓄能器可作应急能源，继续向系统供油，供油的多少决定于蓄能器的容量。例如大型矿用自卸工程机械液压动力转向系统及全液压动力制动系统,常采用蓄能器作为应急能源。

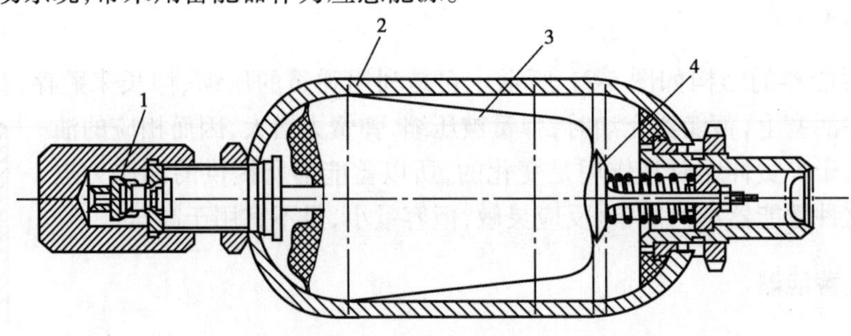

图 5-23　气囊式蓄能器

1-充气阀;2-壳体;3-气囊;4-菌形阀

(2)在工程机械自动变速器液压动力换挡系统中,蓄能器常被用来控制换挡时间和离合器结合时油压的增长速率,使换挡平顺,在第六章第四节还要详细介绍。

(3)系统保压。在汽车防抱死系统中,利用电动油泵向蓄能器充油,使蓄能器油压保持在一定控制范围内。当制动轮缸需要增压时,蓄能器向制动轮缸充油,使工程机械处于最佳制动状态。

三、蓄能器的使用、安装

使用、安装蓄能器时应注意以下几点:

(1)气囊式蓄能器应垂直安装(油口朝下),否则,气囊会受到浮力而与壳体单边接触,妨碍其正常伸缩且加快其磨损。

(2)蓄能器与液压泵之间应安装单向阀,以防止液压泵停转时,蓄能器内储存的压力油倒流。蓄能器与管路系统之间应安装截止阀,以便在系统长期停止工作以及充气及检修时,将蓄能器与主油路切断。

四、蓄能器常见液压故障与排除方法

如表 5-2 所列。

蓄能器常见故障与排除方法　　表 5-2

故障现象	产生原因	排除方法
蓄能器供油不均	活塞或气囊运动阻力不均	检查活塞密封圈或气囊,运动阻碍及时排除
充气压力充不起来	1. 气瓶内无氮气或气压不足; 2. 气阀泄气; 3. 气囊或蓄能器盖向外漏气	1. 应更换氮气瓶的阻塞或漏气的附件; 2. 修理或更换已损零件; 3. 固紧密封或更换已损零件
蓄能器供油压力太低	1. 充气压力不足; 2. 蓄能器漏气,使充气压力不足	1. 及时充气,达至规定充气压力; 2. 固紧密封或更换已损零件
蓄能器供油压力不足	1. 充气压力不足; 2. 系统工作压力范围小且压力过高; 3. 蓄能器容量太小	1. 及时充气,达到规定充气压力; 2. 系统调整; 3. 重选蓄能器容量

续上表

故障现象	产生原因	排除方法
蓄能器不供油	1. 充气压力不足； 2. 蓄能器内部泄油； 3. 液压系统工作压力范围小，压力过高	1. 及时充气，达到规定充气压力； 2. 检查活塞密封圈及气囊泄油原因及时修理或更换； 3. 进行系统调整
系统工作不稳	1. 充压压力不足； 2. 蓄能器漏气； 3. 活塞或气囊运动阻力不均	1. 及时充气，达到规定充气压力； 2. 固紧密封或更换已损零件； 3. 检查受阻原因及时排除

第五节　油　　箱

油箱主要用来储存油液，但它还有散热、沉淀杂质及分离油中气泡等作用。

油箱分为开式油箱和闭式油箱两种。开式油箱上部设有通气口，使油箱中油面与外界大气相通，油面上保持一个大气压力。闭式油箱完全封闭，油面上的压力大于大气压力。工程机械液压系统多采用开式油箱，但某些大型矿用工程机械也采用闭式油箱。

一、油箱的容量计算

1. 根据用途确定油箱的容量

油箱除储存必需的油量外，还应有液压回路中的油全回到油箱时不溢出的预备空间，即油箱油面高度最高不超过油箱的80%，最低使进口滤油器不吸入空气，而油箱的有效容积（油箱的80%容积）一般为泵流量的3～5倍。行走机械、有冷却装置的机械，油箱的容量选小值；固定设备、没有冷却装置靠油箱散热设备，选大值。

根据系统的压力概略如下：

低压系统，$V=(2-4)Q$；

中压系统，$V=(4-5)Q$；

高压系统，$V=(5-7)Q$；

工程机械（行走机械），$V=(1.5-2)Q$。

式中：Q——液压泵的流量。

2. 根据系统发热与散热确定油箱的容量

一般油箱中的油温在30～50℃范围内比较合适，最高不超过65℃。固定装置油温应在40～55℃范围。移动装置，如车辆、工程机械等，最高油温允许达到65℃。特殊情况下允许达85℃。高压系统，为了避免漏油，推荐油温不超过50℃。油箱的高、宽、长之比1∶1∶1～1∶2∶3，油面高度为油箱高度的0.8，靠自然冷却使系统保持在允许温度T_Y以下时，油箱最小容积V_{min}用下列近似公式计算

$$V_{min}\approx 10^{-3}\sqrt{\left(\frac{Q}{V_Y-T_0}\right)^3}$$

式中：Q——系统总的发热量；

T_0——环境温度。

二、油箱结构

油箱在结构上应满足以下要求：

（1）油箱中应设置滤油器，滤油器因须经常清洗，所以应拆装方便。

（2）吸油管和回油管的距离应尽量远，吸油侧和回油侧要用隔板隔开，以增加箱内油液的循环距离，这样有利于放出油中气泡，并使杂物沉淀在回油管一侧。

（3）油箱上应有通气孔，因工程机械的工作环境中有的灰尘较多，应设空气滤清器。

（4）在油箱侧壁安设油位指示计。

（5）油箱底部做成适当斜度，并设放油塞，应考虑油箱的清洗换油方便。

下面介绍油箱的实际结构。

图 5-24 为液压系统油箱结构。

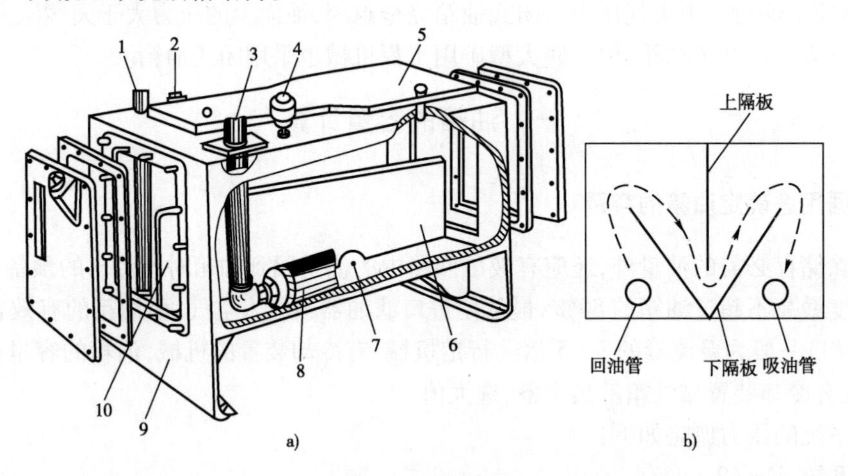

图 5-24　油箱简图

1-回油管；2-泄漏油管；3-吸油管；4-空气滤清器；5-上盖；6-油位指示器；7、9-隔板；8-油阀；10-吸油滤网器

箱体下部有液压泵吸油孔口一端装有滤清器，侧面设有油位指示器，上部加油口，加油口平时用盖子封闭。油箱顶部装有空气滤清器，在任何情况下油箱内压力均保持为大气压力。油箱还开设有供清洗、维护用的窗口，平时将其密封堵死。

从回油管来的液压油进入滤油器进入油箱。当滤油器堵塞，从回油管来的压力油通过旁通阀直接进入油箱。旁通阀的开启压力为227kPa。

油箱还装有指示油箱内贮存油液是否充足的油面指示器。它固定在油箱上，与加油盖构成一体。油面指示器浮子装在盖的延伸处，因此，当工程机械行驶在崎岖路面时，浮子仍处于稳定状态。

油面正常时，浮子杆上的电极触片上升，从而切断电路，位于驾驶室仪表板上的警告灯不亮。当油面降低到距油箱上边缘的距离为20mm时，浮子相应下降使浮子杆上的电极触片同时与两电极接线柱接触，警告灯电路接通，该灯发亮。此时，即表明油面过低，应立即停车检查，添加油液。

三、压力油箱介绍

压力油箱属密封式油箱。当油泵吸油能力差(例如转速高于1800～2000r/min),可以考虑采用压力油箱。油箱上部通以压缩空气,使油面上经常保持一定的压力,所用压缩空气,来自制动系统用的压缩空气源。压缩空气从储气筒引出经A口进入空气过滤器8及减压阀7后进入压力油箱。不经滤清和干燥的空气会加速油液的变质。减压阀7可自动保持油箱内压力在规定范围内。

压力油箱顶部设有安全阀,以保证油箱内压力不超过规定值。

压力油箱能改善油泵的吸油情况,还能减少噪声和振动。油箱中空气压力不宜过高,一般保持在96～138kPa范围内。由于空气在油液中的溶解量与绝对压力成正比,因此压力油箱中溶解的空气比开式油箱中略高,压力油箱不利于油中气体的析出。

四、冷　却　器

对于工程机械来说,一般液压传动装置经过一段时间的连续运转后,通过油箱散热,系统的发热与散热能基本平衡,油温不再上升。但对装有液力传动的工程机械,由于液力系统发热量很大,单靠油箱不可能解决散热问题,所以需要设置冷却器。图5-25所示为冷却回路。冷却器是降低或控制油温的专门装置。它的功用是控制油温,保证液压系统正常工作;延长液压系统的使用寿命。

图5-26是某工程机械液压系统回路中使用冷却器进行强制冷却的例子。从油泵1输出的压力油进入变矩器4工作后,从回油管出来的热油经冷却器7强制性地被冷却,再返回油箱。这样,该系统的平衡温度一般控制在80～90℃内较好。

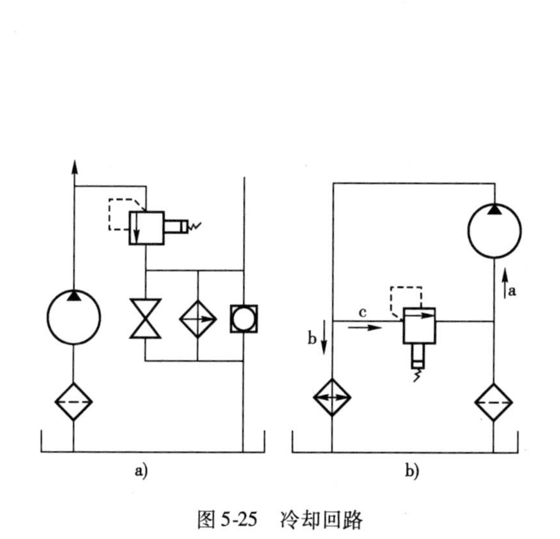

图5-25　冷却回路

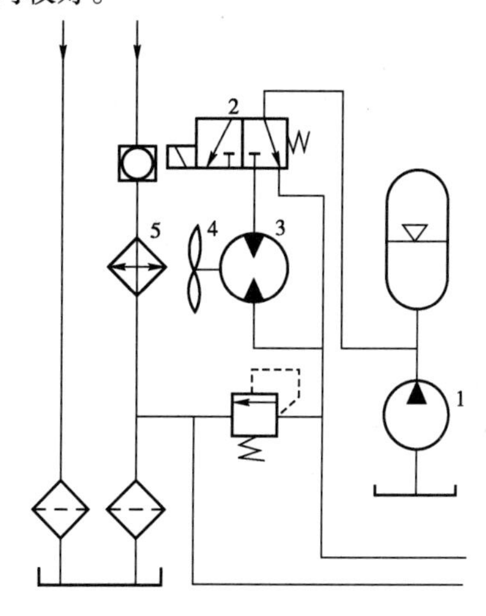

图5-26　自动调节油温冷却回路

1-液压泵;2-温控阀;3-马达;4-风扇;5-冷却器

冷却器有风冷和水冷两种形式。风冷是工作油直接进入冷却器与空气进行热交换,把热传递给空气散出;风冷是工作油进入冷却器,用水将有的热量带走,然后水通过散热器与空气进行交换,散入空气。冷却器中所用的水,一般都与发动机的冷却水共用。

工程机械上采用水冷式比风冷式有利，因为：水冷式的水与发动机冷却水共用，在起动时可以由发动机水套中的热水为变矩器的油加热，起动阻力矩小，且变矩器开始工作时的效率就较高；水冷式的效率高，能把油的热量很快传给水使热散出。而风冷式受周围环境（如气温、风速等）、工程机械行驶速度等因素的影响较大。

强制对流管式冷却器结构如图5-27所示，油从左侧上部油口 a 进入，从右侧上部的油口 b 流出。自发动机水散热器来的水从左端盖的孔 c 进入，经多根水管（一般都用铜管）的内部，从孔 d 流出，返回发动机水套。油在水管外部流过，隔板用来增加强制循环路线的长度，以改善热交换的效果。

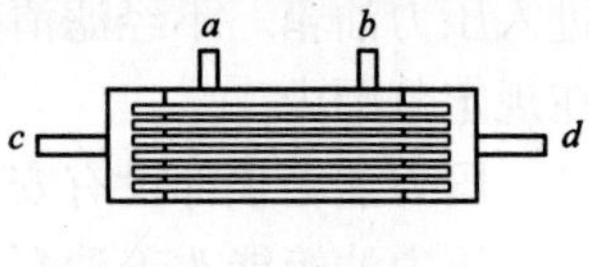

图5-27 冷却器结构

冷却器常见液压故障与排除方法如表5-3所列。

冷却器常见故障与排除方法 表5-3

故障现象	产生原因	排除方法
油中进水	水冷式冷却器的水管破裂漏水	及时检查进行焊接
冷却效果差	1. 水管堵塞或散热片上油污物黏附，冷却效果降低； 2. 冷却水量或者风量不足； 3. 冷却水温过高	1. 及时清理、恢复冷却能力； 2. 调大水量或风量； 3. 检测温度，设置降温装置

第六章

液力机械传动装置

第一节　概　　述

液力传动同液压传动一样都是以液体作为工作介质的一种能量转换装置。但是两者的工作原理却不相同,液力传动是通过液体循环流动过程中的动能来传递能量。

液力传动有两种形式:液力耦合器和液力变矩器。液力变矩器能根据工程机械行驶阻力的变化,在一定范围内自动地、无级地改变传动比与转矩比,即具有变矩的作用。目前工程机械上采用的液力变矩器,由于其变矩系数还不够大,因此还必须与齿轮式变速器配合使用。

工程机械采用液力变矩传动,具有如下优点:

(1)使工程机械具有良好的自动适应性。当工程机械行驶阻力增加时,变矩器能使工程机械自动减速,增加驱动力;反之,当工程机械行驶阻力减小时,工程机械又能自动提高车速,减小驱动力。因此,采用液力机械传动有利于提高工程机械的动力性和平均车速。

(2)可以提高工程机械的通过性。变矩器可以使工程机械以很低的稳定速度行驶,这样可以提高车辆在泥泞、松软路面上的通过性。

(3)提高了工程机械的使用寿命。由于液力传动的工作介质是液体,使传动系所承受的动负荷大为减轻,特别是矿用工程机械和越野工程机械由于在地形复杂、路面恶劣的条件下行驶,减轻动负荷更具有重要的作用。另一方面,由于采用液压动力换挡所产生的冲击载荷。所以,采用液力机械传动的车辆传动零件的使用寿命较长。据统计,发动机使用寿命可以延长47%,变速器的使用寿命可以延长400%,主传动差速器的使用寿命可以延长93%。

(4)提高了车辆的舒适性。采用液力传动后,可以平稳起步,吸收和减少冲击、振动,从而提高了工程机械的舒适性。

(5)使驾驶操作简单,便于实现半自动化和自动化换挡。因为液力变矩器本身就是一个无级自动变速装置,故可以减少机械变速器的换挡次数。此外,采用动力换挡装置后,使换挡操纵简单,从而大大降低了驾驶员的劳动强度。

变矩器可以避免发动机因外载荷突然增加而熄火。所以,驾驶员不必为发动机熄火而担心。

液力机械传动的主要缺点是:结构复杂,造价高,变矩器本身的传动效率较低,因而降低了工程机械的燃料经济性。然而,近年来采用带锁止离合器的变矩器、采用动力换挡,与发动机更好地匹配等措施,使工程机械的燃料经济性有所提高。

高级轿车大都采用液力机械传动，其主要着眼点在其舒适性及操作轻便性。装载质量为25～80t的矿用自卸工程机械，因其功率大，传动系既要传递大转矩，又要易于换挡变速，且道路条件又复杂，故极大多数都采用液力机械变速器。城市大客车因要经常停车、起步、加速，换挡相当频繁，对操纵方便的要求就显得更为突出；越野工程机械为了获得稳定的驱动力和良好的通过性，采用液力机械传动的日益增多。

第二节 液力耦合器

一、液力耦合器的工作原理

液力耦合器的主要工作机构是两个工作轮，即泵轮和涡轮，其结构示意图如图6-1所示，图6-2是耦合器零件外形图。

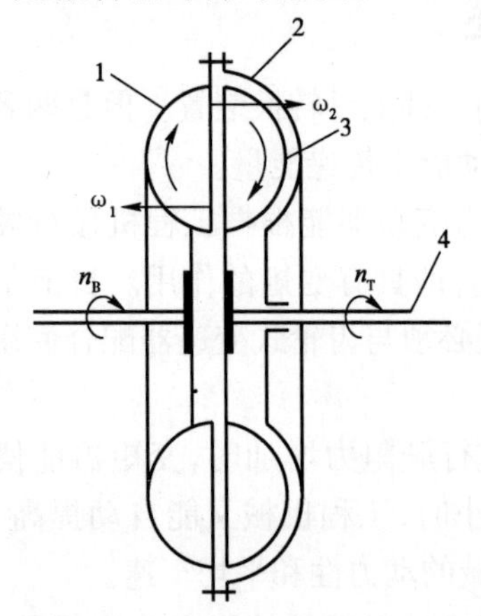

图6-1 液力耦合器示意图

1-泵轮；2-耦合器外壳；3-涡轮；4-输出轴

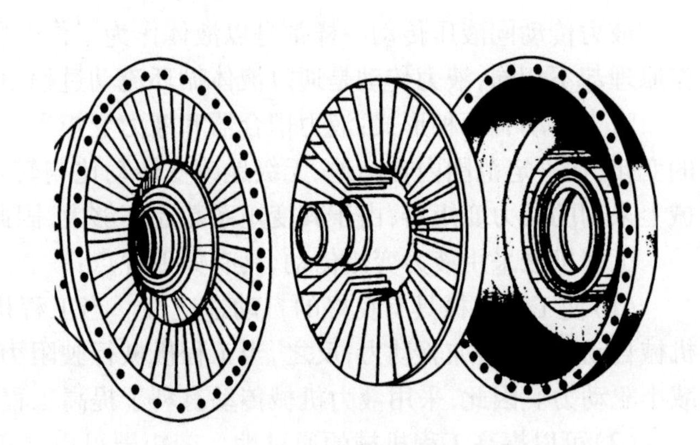

图6-2 耦合器零件外形图

泵轮1与发动机曲轴相连接，是耦合器的主动部分；涡轮3与输出轴4相连接，是耦合器的从动部分。两工作轮的环状壳体内均装有径向平直叶片，两轮之间留有3～4mm的间隙。泵轮与外壳2用螺钉连接，在环状壳体内腔贮有约占空腔容积85%的工作油(一般为汽轮机油)，上述环形壳体的圆形端面为循环圆。

当泵轮旋转时，其中的工作液体被叶片带动旋转而产生离心压力；涡轮旋转时，涡轮内的液体也产生离心压力，其方向与泵轮内液体离心压力的方向相反。只要泵轮转速 n_B 大于涡轮转速 n_T，就形成箭头所示的环状流动(图6-1)。因此，工作液体作复合运动，一方面作圆周(牵连)运动；一方面作环状(相对)运动。其圆周速度(牵连速度)和相对速度分别用 u 和 ω 表示，而液体的绝对速度用 v 表示，如图6-3所示。

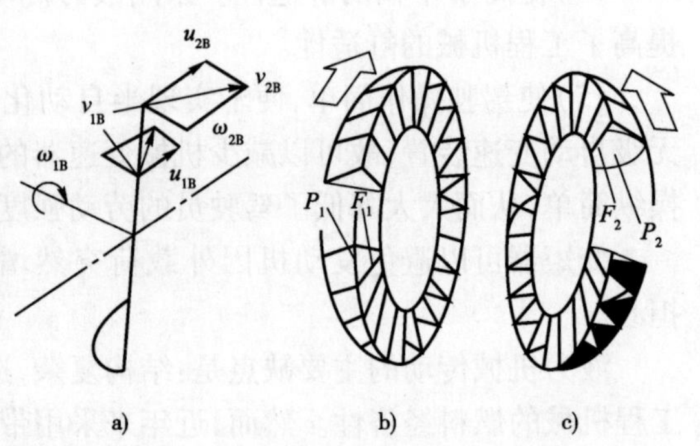

图6-3 耦合器液体运动速度和受力分析

因为泵轮转速 n_B 在正常工作时大于涡轮转速 n_T，将要进入泵轮的工作液体的圆周速度等于涡轮出口处的圆周速度 u_{2T}，但小于泵轮入口处叶片的圆周速度 u_{1B}。因此，液体进入泵轮时，但在泵轮叶片的作用下突然加速（液体的圆周速度增大了 $u_{1B}-u_{2T}$），液体则以圆周（切向）惯性力 F_1 反向冲击泵轮叶片。由于在泵轮中环状流动的方向是离心的，液体进入泵轮后不断地获得圆周加速度。因而液体在整个泵轮流动中，连续以逆旋转方向的圆周惯性力 P_1 冲击泵轮叶片。发动机的转矩就是用以克服泵轮液流中的圆周惯性力 F_1、P_1，使泵轮叶片形成的转矩（图 6-3b）。输入泵轮的功率除一部分液力损失外，主要用于泵轮对液流的加速。

工作液体从泵轮出口流出的圆周速度 u_{2B} 大于涡轮进口处的圆周速度 u_{1T}。因此，当液体进入涡轮时，便在叶片的反作用突然减速（减小了 $u_{2B}-u_{1T}$），液体则以顺圆周方向的圆周惯性力 F_2 冲击涡轮叶片。由于涡轮中环状流动的方向是向心的。因此，在整个涡轮的流程中，液体在涡轮叶片的强制下不断地减速，则以其圆周惯性力 P_2 连续冲击涡轮叶片（图 6-3c）。液流的惯性力 F_2、P_2 就形成驱动负载的涡轮转矩。

由此可知，泵轮将输入的机械能对液体加速转换为液体的动能；液体在涡轮中被减速，将液体的动能转换为机械能，实现了由泵轮到液体的动力传动。耦合器正常工作时，涡轮的转速永远小于泵轮的转速。如果二者转速相等（例如工程机械下坡行驶时），液体的环状运动将停止，耦合器则不起传动作用。

在耦合器中，由于只有泵轮和涡轮两个工作腔，因此对其循环圆内的液体来说，它只受到来自外部的两个转矩的作用：即泵轮作用于液体的转矩和涡轮作用于液体的转矩。在稳定工况时，两者恒等，也即涡轮输出的转矩 M_T 恒等于输入泵轮的转矩 M_B。所以，耦合器没有变矩作用，只能将输入转矩无改变地传递给输出轴。

耦合器工作时，液体从泵轮所接受的功率 N_B，一部分功率 N_T 传给了涡轮，一部分功率 N_m 由于液体与叶片间的摩擦及流到涡轮叶片时的冲击等而损失掉。因此

$$N_B = N_T + N_m$$

耦合器的效率 η 由下式决定

$$\eta = \frac{N_T}{N_B} = \frac{M_T + n_T}{M_B n_B}$$

因为 $M_B = M_T$；$\frac{n_T}{n_B} = i$，i 为耦合器的转速比（传动比）。所以，其意即为耦合器的效率 η 决定于耦合器的转速比或泵轮与涡轮的转速差。其随转速比的增加或转速差的减小而提高。

液力耦合器所传递的转矩与液流循环流量成比例。如液体循环流量愈大，则耦合器所传递的转矩就愈大。而液体的循环流量又与转速比有关。当泵轮转速 n_B = 常数时，如果涡轮静止不动，即 $n_T = 0$，此时，液体的循环流量应当是最大。因为此时液体的流动未受到涡轮旋转时所产生的离心压力的阻抗。随着涡轮转速的升高，涡轮内液体的离心压力也相应的增大，液流流经涡轮所遇到的阻抗也就增加。因此，循环流量必然会逐渐减小。当涡轮转速 $n_T = n_B$ 时，涡轮内液体的离心压力也增大到与泵轮内液体离心压力相等的程度，使液体在耦合器内呈相对平衡状态，因而在耦合器循环圆内将完全停止液体的流动。

耦合器传递的转矩 M 及效率 η 随转速比 i 变化的规律，称为耦合器的外特性，如图 6-4所示。

当涡轮转速 $n_T = 0$ 时，由于循环圆中液体的流量为最大，耦合器传递的转矩也为最大。这样

的工作情况称为工程机械原地起步工况。此时泵轮传给液体的功率全部消耗在液体循环流动中的液力损失和冲击损失上,其效率 $\eta=0$。当涡轮转速十分接近于泵轮转速的一个小范围内,效率急剧地下降到零,这是因为涡轮输出转矩急剧到下降到零的缘故。所以,这一个小的范围($i=0.985\sim1.00$)是不能作为耦合器的工作范围的。耦合器在正常工作时,传动效率的最大值可达到97%~98%。

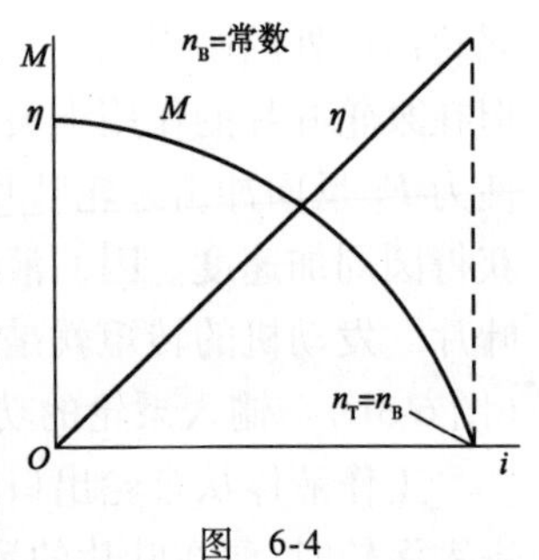

图 6-4

由于耦合器是用液体作为传动介质,泵轮和涡轮允许有很大的转速差。因为,耦合器可以保证工程机械平稳起步及加速,能衰减传动系的转矩振动并防止传动系过载,从而延长了发动机和传动系的使用寿命。当工程机械以极低速度行驶时(甚至停车),发动机仍能稳定工作而不致熄火,这样就可以减少换挡次数,提高了工程机械的平均技术速度。

此外,耦合器只起传递转矩作用,而不能改变转矩的大小,故必须有变速器与其配合使用。由于耦合器不能使发动机与传动系彻底分离,当采用一般的齿轮式变速器时,为减少换挡时齿轮冲击,还必须设置一个离合器。现代工程机械,耦合器作为传动系的装置应用较少。

二、液力耦合器分类

按特性区分,耦合器有 3 种基本类型:标准型(普通型)、限矩型(安全型)和调速型。

标准型液力耦合器传递的转矩 M 随着转速比 i 的减小而增大,其制动力矩可达到额定值的 6~20 倍。此类型耦合器结构简单,没有特殊要求的特性,效率较高,$\eta=0.96\sim0.98$。但它的制动力矩太大(起动时,防止过载性能较差,一般用于隔离振动,减缓冲击,不需要实现过载保护的场合。

限矩型液力耦合器,它是用来防止发动机过载及改善起动性能的。

调速型液力耦合器在工作过程中,能够调节其输出轴转速。调速通常是改变循环圆的充油量来实现。对于一定的负荷,充油量越少,转速就越低。如果将耦合器中工作液体完全排空,则耦合器不再传递转矩,故这种耦合器可作离合器用。有的工程机械,例如:太脱拉 T815 型及卡玛斯载货汽车用它来驱动冷却系风扇,以改善发动机的热负荷。

三、液力耦合器的构造

1. 限矩型液力耦合器

图 6-5 为工程机械传动系典型的液力耦合器的构造。

耦合器的泵轮 5 固定在发动机曲轴凸缘 1 上,同时也是发动机的飞轮。耦合器外壳 7 用螺钉与泵轮 5 相连接。在耦合器外壳沿直径方向有两孔用来注油和放油,平时用螺塞 9 盖住。耦合器的外表面有翼板,用作风扇来鼓风,以冷却耦合器。

涡轮 6 焊接在轴承座 8 上,通过滚动轴承 2 支承。涡轮通过涡轮轮毂 13 与传动轴相连接。

泵轮和涡轮是冲压的空心半圆环形,其内表面焊有径向叶片。为了防止油液受热膨胀使耦合器零件受到过大压力而损坏,在耦合器中只注入总容积 85% 的油液。

限矩型液力耦合器的结构特点，就是在涡轮轴承座8上焊有挡板12。其作用是在涡轮转速较低时，环状流动的液流将触及挡板受到阻碍，因此流量减小，从而减小了传递转矩的数值，以防止传动系过载。当涡轮转速较高时，环流并不触及挡板，因而也不会造成能量损失。

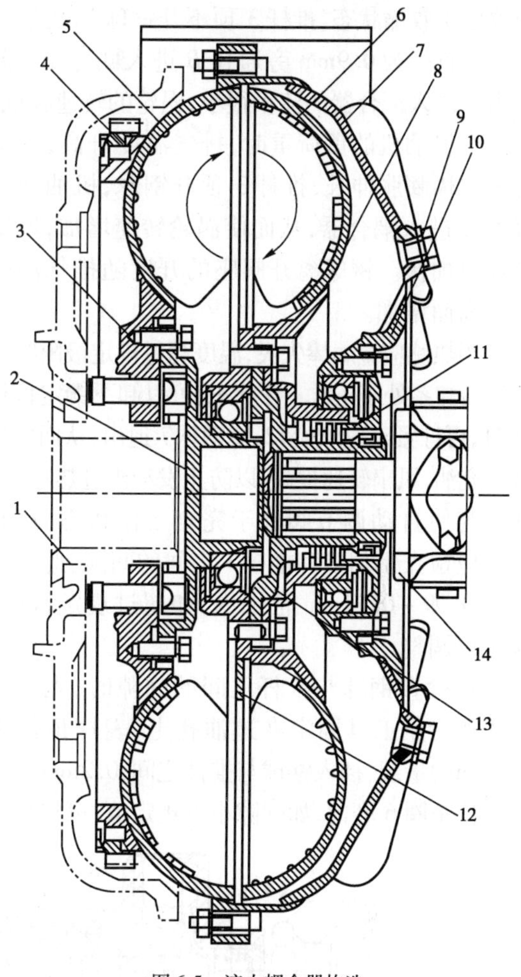

图6-5　液力耦合器构造

1-曲轴凸缘；2-涡轮轴承支座；3-泵轮连接盘；4-齿圈；5-泵轮；6-涡轮；7-耦合器外壳；8-涡轮轴承座；9-螺塞；10-耦合器外壳轮毂；11-密封装置；12-挡板；13-涡轮轮毂；14-传动轴

2. 调速型液力耦合器

图6-6为太脱拉T815型汽车风扇液力耦合器的构造。

太脱拉T815型汽车发动机采用风冷却系，即利用风扇高速气流直接吹过气缸盖和气缸体外表面，将气缸内传出的热能散到大气中，以保证发动机在最有利的温度范围内工作。

采用液力耦合器驱动风扇，可以消除风扇和传动装置的振动，保护传动装置免遭破坏。若在冷却系中设置冷却自动调节装置，耦合器可以自动调节发动机的热状态。

耦合器装在发动机正时齿轮室正上方。泵轮和涡轮各有径向布置平直叶片，两轮之间的距离为1mm。泵轮和涡轮均经过动平衡实验，以免不平衡产生振动和噪声。泵轮固定在空心的主动轴上，该轮与外壳铆成一体。在被动轴上装有涡轮，被动轴上钻有中心油孔。来自发动机主油道的机油，经自动调节阀，从接头8、中心油孔进入耦合器。油液工作后从涡轮壳体的排油孔及外壳中心排油孔排出，最后经正时齿轮室回到油底壳。

发动机启动后，通过正时齿轮、连接盘7、齿轮6带动泵轮旋转，涡轮通过传动轴驱动风扇转动。

风扇的转动取决于涡轮的转速，而涡轮的转速不仅取决于泵轮的转速，而且还取决于耦合器的充油量。充油量越多，在泵轮转速不变的情况下，涡轮的转速就越高。所以通过调节耦合器的充油量，就可以控制风扇的转速，以保证发动机在适宜的热状态下工作。

采用液力耦合器后，风扇的传动机构不在是刚性连接，当风扇的转速很高时，而发动机的转速往往是突然变化（如汽车加速和减速）。这样风扇的惯性就不会给传动机件带来损害。

耦合器的充油量由自动调节阀控制（图6-7）。自动调节阀装在发动机左侧（汽车前进方向）第一缸排气管处。

机油从管接头10进入调节阀。在发动机冷状态时，排气温度较低，装在阀右端的热感应金属棒处于收缩状态，推杆3顶不开钢球7，机油只能通过直径为0.9mm旁通孔*B*进入耦合器。此时由于进入耦合器的流量很小，涡轮的转速较低。

当发动机的负荷重时，排气温度升高，热感应金属棒膨胀伸长，推杆3顶开钢球，机油通过缝隙*A*进入耦合器，从而使涡轮转速增加，风扇转速也加快。钢球离开阀座的开度随排气温度的升高而增加。

当热感应金属棒失灵，温度超过规定极限时为使风冷却系处于正常工作状态，可以卸下铜定位垫圈11，再拧紧定位螺栓12，使钢球7退出，从而使耦合器充油，风扇转速提高，以防止发动机过热。

为使自动调节阀处于完全工作状态，在装配时应检查钢球7和推杆3之间的间隙，此间隙应在0.09～0.11mm范围内，如超过规定范围，应予以调整。

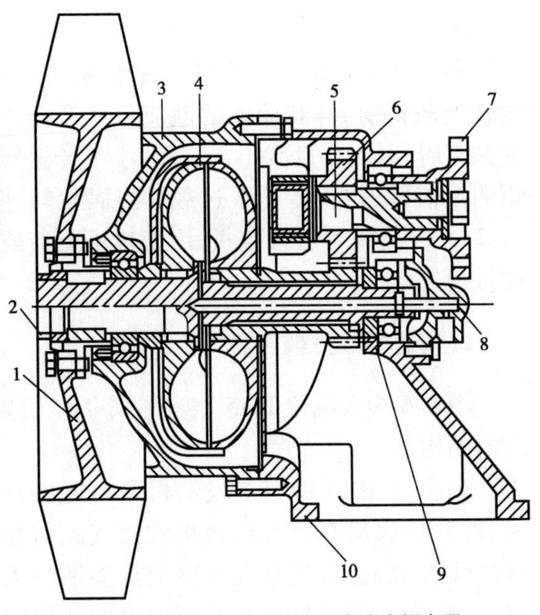

图6-6　太脱拉T815型汽车风扇液力耦合器

1-风扇叶轮；2-接套；3-风扇罩；4-液力耦合器；5-齿轮轴；6-齿轮；7-连接盘；8-接头；9-垫片；10-齿轮壳托架

在检查钢球与推杆之间的间隙时，先将千分表用专用工具固定在进油孔上，表杆顶住钢球，表头调到零位。然后从机油出口中放入0.2mm的量规，插入钢球与推杆之间，0.2mm与千分表读数之差即为间隙值，如间隙超过规定，可将定位垫圈6磨薄，如间隙小于规定值，可将推杆端面磨削，所磨表面必须垂直推杆中心线。

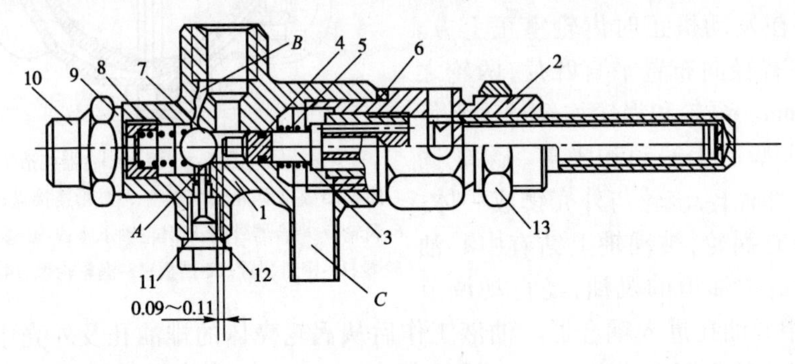

图6-7　自动调节阀

1-阀体；2-衬管；3-推杆；4-密封圈；5-弹簧；6-定位垫圈；7-钢球；8-弹簧；9-密封垫；10-管接头；11-垫圈；12-定位螺栓；13-螺母

A-锥形座；*B*-旁通孔；*C*-冷却空间

图6-8为卡玛兹载货汽车发动机冷却系风扇液力耦合器构造。液力耦合器与发动机曲轴轴线同轴配置。前盖1与轴承体2用螺栓相连接并形成安装耦合器的空腔。第一轴6、耦合器外壳3、泵轮10、轮毂12和水泵皮带轮11等用螺栓连接后组成耦合器的主动部分，它由曲轴通过花键轴驱动。涡轮9、第二轴16及风扇轮毂15组成耦合器的从动部分。在泵轮和涡轮的内圆环表面铸有径向叶片，泵轮33片，涡轮32片。

当机油充入工作腔时，泵轮将转矩传递给涡轮。涡轮的转速取决于进入耦合器的充油量。进入耦合器的充油量由自动调节阀控制。

自动调节阀的构造示于图6-9。它主要有阀体5、阀芯4、钢球9和温度传感器7组成。自动调节阀安装在发动机前端的冷却液进到右列气缸的水套管上。

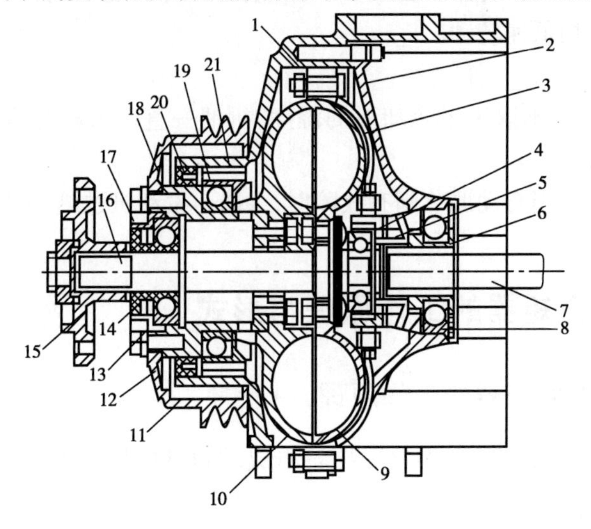

图6-8 卡玛兹载货汽车风扇液力耦合器

1-前盖；2-轴承体；3-外壳；4、8、13、19-球轴承；5-进油管；6-第一轴；7-传动轴；9-涡轮；10-泵轮；11-皮带轮；12-轮毂；14-衬套；15-风扇轮毂；16-第二轴；17、20-油封；18-垫圈；21-防护罩盘

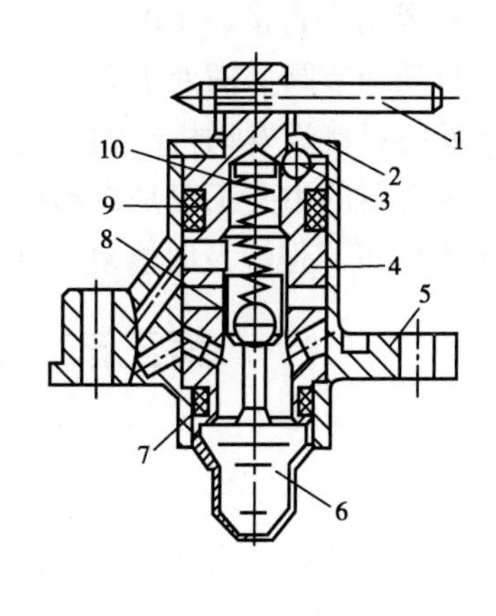

图6-9 自动调节阀

1-手柄；2-盖板；3-钢球；4-阀芯；5-阀体；6-温度传感器；7、9-密封圈；8-钢球；10-弹簧

自动调节阀有3个工作位置，即：

1）自动控制工况

自动调节阀手柄处在A位置上（图6-10）。当冷却液的温度增高时，流经温度传感器的液体，在其液瓶中的有效质量开始增大体积，同时移动传感器杆和钢球。当冷却液温度达到85℃时，钢球打开，阀体中的机油道接通，机油沿发电机的主油道从阀体中的油道Ⅰ、Ⅱ、汽缸体及其前盖、进油管5（图6-8）。第一轴的油道进到耦合器的工作腔内，此时便将曲轴的转矩经耦合器传递给风扇叶轮。当冷却液的温度低于85 ℃时钢球在回位弹簧作用下关闭，切断耦合器的供油。此时，存留在耦合器中机油经耦合器的外壳流入发动机油底壳，风扇便断开。

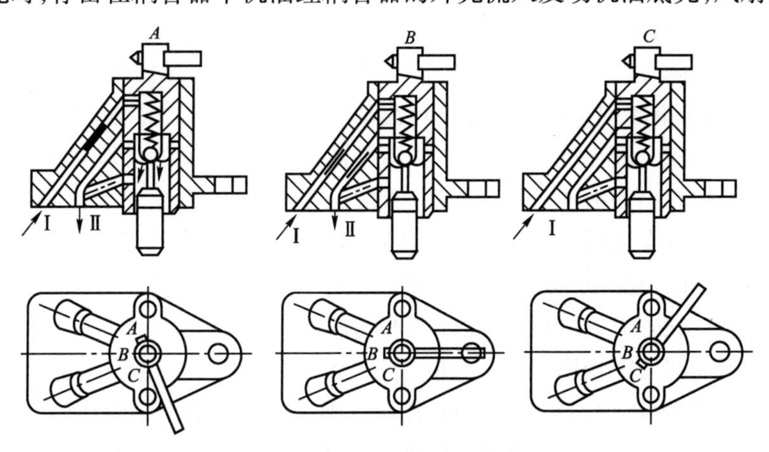

图6-10 自动调节阀工作位置

2)风扇断开工况

自动调节阀手柄处于 C 位置上,不向液力耦合器供油,此时风扇的叶片可能在耦合器油封和轴承转动时而产生的摩擦力矩使风扇低速转动。

3)风扇一直接通工况

自动调节阀手柄处于 B 位置上,此时,不取决于冷却液的温度,机油一直供入耦合器中,风扇始终以接近发动机曲轴的转速旋转。

耦合器的主要工况是自动控制工况。当自动调节阀有故障时,为防止发动机过热,手柄才置于 B 位置。但应及时修复,排除故障。

第三节　液力变矩器的工作原理与形式

一、液力变矩器的工作原理

一个简单的液力变矩器由3个主要元件:泵轮、涡轮和导轮组成,图6-11为变矩器简图,图6-12为变矩器主要元件外形图。

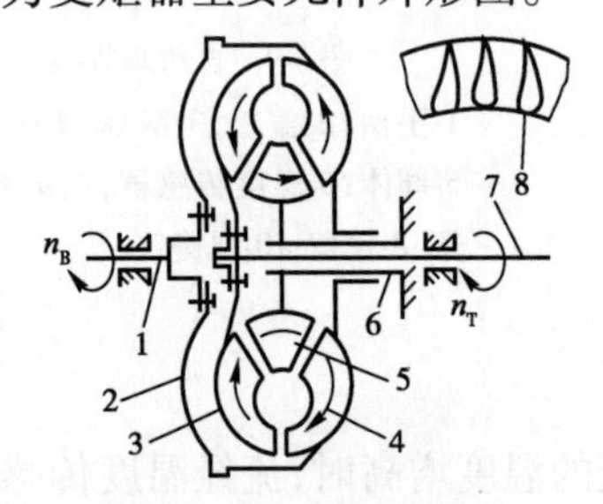

图6-11　液力变矩器简图

1-输入轴;2-变矩器壳;3-涡轮;4-泵轮;5-导轮;6-固定导轮的套筒;7-输出轴;8-叶片

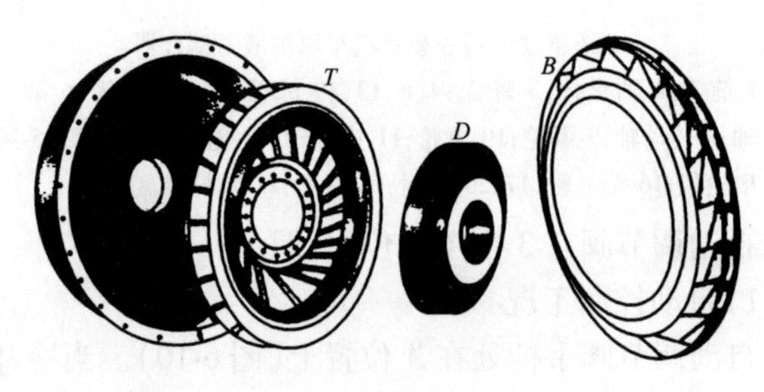

图6-12　变矩器元件外形图

B-泵轮;T-涡轮;D-导轮

泵轮4(图6-11)与变矩器壳2连成一体,并用螺钉固定在输入轴1的凸缘上。涡轮上通过输出轴7与工程机械的传动系相连接。导轮5则固定在不动的套筒6上。泵轮、涡轮和导轮均有弯曲的叶片,形成环形内腔,并充以工作油液。

变矩器工作时和耦合器一样,环形内腔的工作液体除绕变矩器轴做圆周运动外,由于离心力作用,还在循环圆中沿图中箭头方向作循环流动。发动机的机械能通过泵轮使工作液加速转换为工作液体的动能。液流进入涡轮,工作液体被减速,将液流的动能转换为涡轮旋转的机械能而输出。从涡轮流出的液体经过导轮后,其液流方向改变,再流入泵轮,形成一封闭回路。

液力耦合器只能将发动机的转矩如数地传给涡轮。但变矩器不仅能传递转矩,而且能在泵轮转速和转矩不变的情况下,随着涡轮转速的不同而改变涡轮上的转矩数值,即涡轮上的转矩能随着工程机械行驶阻力的增加、涡轮转速的降低而自动地增加。

变矩器之所以能起变矩作用,是由于在结构上比耦合器多了一个导轮。在液体循环流动的过程中,固定不动的导轮给涡轮一个反作用力矩,使涡轮输出转矩不同于泵轮输入的转矩。

为了说明变矩器的工作原理,将图6-11所示变矩器沿循环圆液流方向展开得图6-13,该图展示说明了各工作轮的叶片形状,液流在其间的流动方向及其速度的变化情况。

如图 6-13b)所示，当泵轮旋转时，工作液体在泵轮叶片的带动下，以一定的速度冲向涡轮叶片，对涡轮产生转矩；然后又进入导轮并冲击导轮叶片，使导轮承受转矩。液体经导轮后改变方向又进入泵轮。现工作液体对泵轮、涡轮、导轮的作用转矩分别为 M'_B、M_T 和 M'_D。根据液流受力平衡条件，则

$$M_T = M'_B + M'_D$$

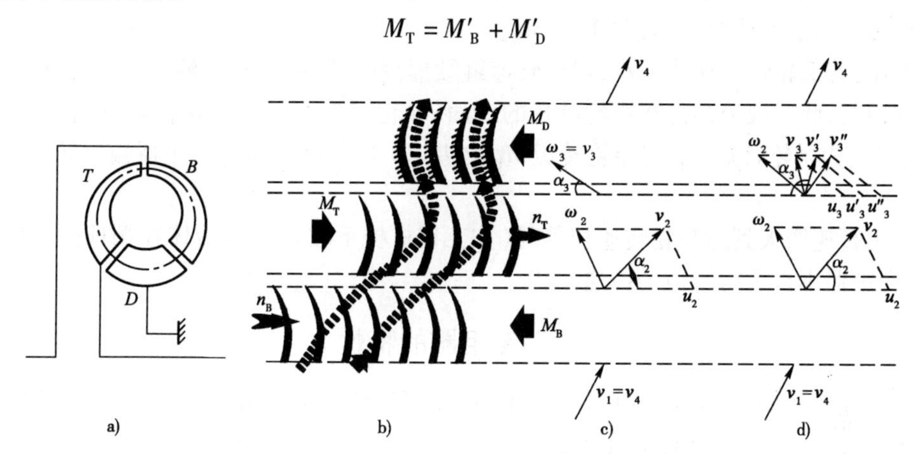

图 6-13　变矩器工作原理图

由于液流对泵轮、导轮的作用转矩 M'_B、M'_D 与泵轮、导轮对液流的作用转矩 M_B、M_D 大小相等，方向相反。所以，在数值上，涡轮转矩 M_T 等于泵轮转矩 M_B 与导轮转矩 M_D 之和。

由于导轮给予液流作用的方向与泵轮给予液体的作用是同向的，所以涡轮转矩 M_T 大于泵轮转矩 M_P，液力变矩器起到增大转矩的作用。

现在讨论变矩器是怎样自动改变转矩的。

为了说明问题简便，从变矩器速度三角形的变化情况来研究这一问题。

液体质点在变矩器工作轮叶片流道内的绝对运动是由两种运动，即与工作轮叶片相一致的旋转运动（也称牵连运动）及相对于工作轮叶片的运动（即相对运动）合成的。也就是说，液体质点的绝对速度 v 是由液体质点所在位置的叶片的圆周速度 u（也称牵连速度）及液体质点相对于叶片的相对速度 ω 合成的。通常将 u、ω 和 v 的向量依次连接成三角形，称为速度三角形，如图 6-13 所示。速度三角形简单明了地表示 u、ω 和 v 之间的相互关系。

设发动机转速和负荷不变，即变矩器泵轮的转速 n_B 及转矩 M_B 为常数，流量 Q 亦为常数，则泵轮叶片入口前和出口后的液流速度的数值及方向均不变。在不同的工况下，即涡轮的负荷改变时，涡轮的速度相应地也要改变。则涡轮出口处的速度三角形也会改变，从而使液流作用于涡轮的转矩也要发生变化。

工况Ⅰ（起步工况）：工程机械起步前，涡轮是不动的，所以 $n_T = 0$，这时变矩器的工况如图 6-13c）所示。工作液体在泵轮叶片的带动下，以一定数值的绝对速度 v_2 冲向涡轮叶片。但因涡轮叶片是静止不动的，所以液流经涡轮叶片时的圆周速度 $u_3 = 0$，液流的绝对速度 v_3 和相对速度 ω_3 大小相等，方向相同。此时，导轮所受转矩值为最大，所以涡轮的转矩也为最大。

工况Ⅱ：工程机械起步以后，涡轮转速也从零逐渐开始增加。所以液流在涡轮出口处圆周速度 u_3 也从零开始增加如图 6-13d）。由于流量 Q 为常数，所以液流的相对速度 ω_3 也就不

变。液流冲击导轮的绝对速度 v_3 将随着圆周速度 u_3 的增加而逐渐向右倾斜，使导轮上所受转矩逐渐减小。所以，涡轮的转矩将随负荷的减小，转速的增加而自动减小。

工况Ⅲ：如在某一负荷下给出的涡轮转速 n_T 使涡轮出口处工作液体的绝对速度 v'_3 的方向如图 6-13d），正好沿导轮的出口方向时，由于液体经导轮的方向不变，故导轮转矩 M_D 为零，于是涡轮转矩与泵轮转矩相等，即 $M_T = M_B$。

工况Ⅳ：若涡轮负荷继续减小，涡轮转速继续提高时，图 6-13d）中液流绝对速度 v''_3 的方向继续向右倾斜，此时液流冲击在导轮叶片的背面，导轮转矩方向与泵轮转矩方向相反。此时，涡轮转矩 M_T 为泵轮转矩 M_B 与导轮转矩 M_D 之差，即 $M_T = M_B - M_D$，变矩器输出转矩反而输入转矩小。

当涡轮转速增大到与泵轮转速相等时（如工程机械下坡），工作液体在循环圆中的循环流动停止，变矩器不再进行转矩的传递。

二、变矩器的特性

变矩器在泵轮转速 n_B 和转矩 M_B 不变的条件下，涡轮转矩 M_T 随其转速 n_T 变化的规律，称为变矩器的外特性，可用图 6-14 表示。

涡轮转速 n_T 与泵轮转速 n_B 之比，称为变矩器的转速比（亦称传动比），用 i 表示，即

$$i = \frac{n_T}{n_B}$$

涡轮转矩 M_T 和泵轮转矩 M_B 之比，称为变矩系数，用 K 表示，即

$$K = \frac{M_T}{M_B} = \frac{M_B + M_D}{M_B}$$

变矩器的输出功率 N_T 与输入功率 N_B 之比，称为变矩器的效率，用 η 表示，即

$$\eta = \frac{N_T}{N_B} = \frac{M_T n_T}{M_B n_B} = Ki$$

变矩器的特性也可以用上述的无因次数值 K、η 对 i 的关系曲线表示，如图 6-15 所示，它可由实验来测定。

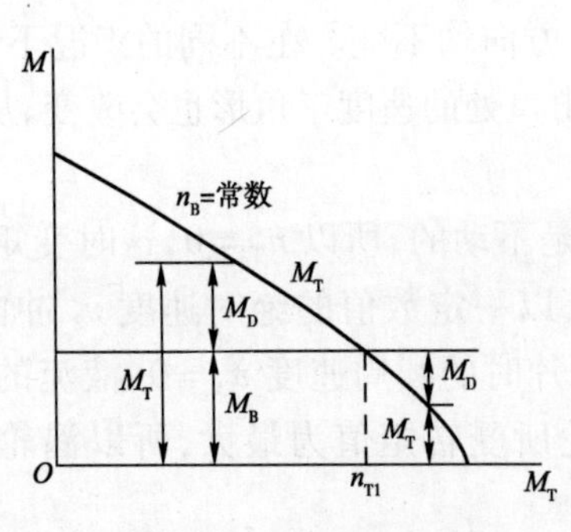

图 6-14　变矩器外特性

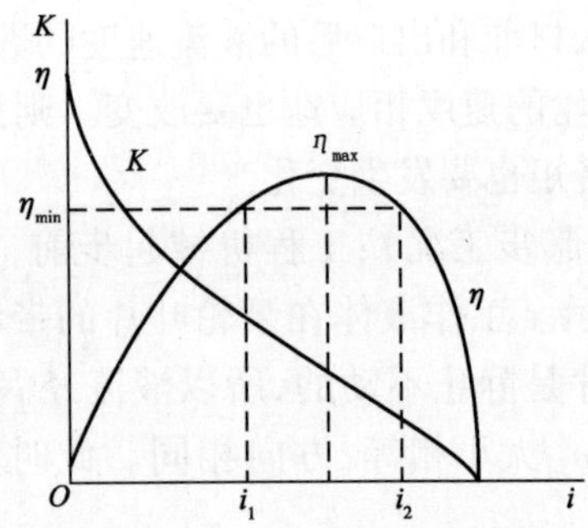

图 6-15　变矩器特性

变矩器的特性可以完全反映出变矩器工作时的性能和特点。由变矩器的特性可以看出：

(1)变矩系数 K 表示变矩器改变转矩的能力。工程机械起步工况($i=0$)时,变矩系数达到最大值,通常称为起步变矩系数 K_0(亦称失速变矩系数)。数值大表明变矩器的变矩性能好。现代工程机械单级变矩器的变矩系数 K_0 通常为2.0~3.5。

(2)变矩器的效率 η 表示经济性能。效率 η 随变矩器工况的改变而变化,在涡轮轴完全制动时,即 $i=0$ 时,效率 η 为零。此时,泵轮的功率全部消耗在液力损失及工作轮入口冲击损失上,以热能的形式消失了。然后随着涡轮的负荷的减小,即 i 的增加,而增至最大值 η_{max},以后又继续降低;到涡轮负荷完全卸除时,η 值又复为零。现代工程机械变矩器效率的最大值较低,约在0.85~0.95范围内。

变矩器长期工作的最低效率用 η_{min} 表示,一般取 $\eta_{min}=0.75$,相应的工作区 $i_1\sim i_2$ 称为高效区。高效区越宽则经济性越好。但一般变矩器高效区的工作范围较窄。因此,工程机械在行驶过程中应根据道路条件选择合适的档位,使变矩器在高效区域内工作。

三、液力变矩器的形式

工程机械采用的变矩器的主要形式有:三元件综合式变矩器、四元件综合式变矩器和带锁止离合器的变矩器,现将其工作原理及特性分述如下。

1. 三元件综合式变矩器

三元件综合式变矩器在导轮与外壳之间装设有单向离合器,如图6-16a)所示。使变矩器在一定工况下由变矩器工况过渡到耦合器工况,以提高变矩器的效率。

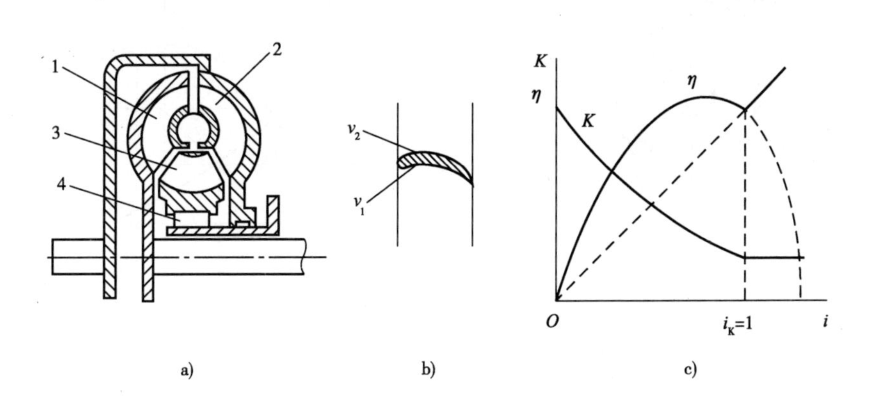

图6-16 三元件综合式变矩器及其特性
1-涡轮;2-泵轮;3-导轮;4-单向离合器

单向离合器的作用是当涡轮轴因负荷增加,而转速比泵轮转速低时,由于从涡轮流出的液流冲击导轮叶片而压紧单向离合器,使导轮固定,此时,起变矩器作用。当涡轮负荷减小,而转速增大到一定程度时,由于从涡轮流出的液流方向改变,而冲击在导轮叶片的背面,如图6-16b)中 v_2 所示,使单向离合器放松,导轮和泵轮作同向转动。此时,变矩器失去了固定的外部力矩支点,因而不起变矩作用,即变矩器按耦合器工况工作。在一定条件下可以转入耦合器工况的变矩器,称为综合式变矩器。

三元件综合式变矩器的特性如图6-16c)所示。由图可知,当综合式变矩器按变矩器工况工作时，即转速比 $i < i_{K=1}$（变矩系数 $K = 1$ 时转速比）的范围内，变矩器的效率高于耦合器的效率；而转入耦合器工况时，即转速比 $i > i_{K=1}$ 时，耦合器的效率高于变矩器的效率，从而使变矩器扩大了高效区的范围。

2. 四元件综合式变矩器

某些起步变矩系数大的变矩器，若采用三元件综合式变矩器，则在最高效率工况到耦合器工况区段效率显著降低。为了避免这个缺点，可将导轮分割成两个，每个导轮可以分别装在各自的单向离合器上，称为四元件综合式变矩器，如图 6-17a）所示。

当涡轮负荷较大，涡轮转速较低时，涡轮出口处液流冲击在两导轮的凹面上，如图 6-17b）中 v_1 所示。此时，两导轮的单向离合器均被压紧，按变矩器工况工作。当涡轮转速增加至一定程度时，液流对第一导轮的冲击反向，如图 6-17b）中 v_2 所示，使第一导轮单向离合器放松，与涡轮同向转动。此时，第一导轮不参与变矩，但第二导轮仍起变矩作用。当涡轮转速继续升高时，液流也冲击在第二导轮叶片的背面，第二导轮单向离合器也放松，这样，变矩器就转入耦合器工况。

四元件综合式变矩器的特性示于图 6-17c）。它的特性由两个变矩器和一个耦合器的特性加在一起得到。转速比在 $i_1 \sim i_K = 1$ 区段，第一导轮不参与变矩工作，变矩器就像一个带有叶片弯曲较小的导轮工作，因而，在这个区段下能得到较高的效率。转速比在 $i_K = 1 - i_{max}$ 区段，变矩器转入耦合器工况，而效率按线性规律增加。

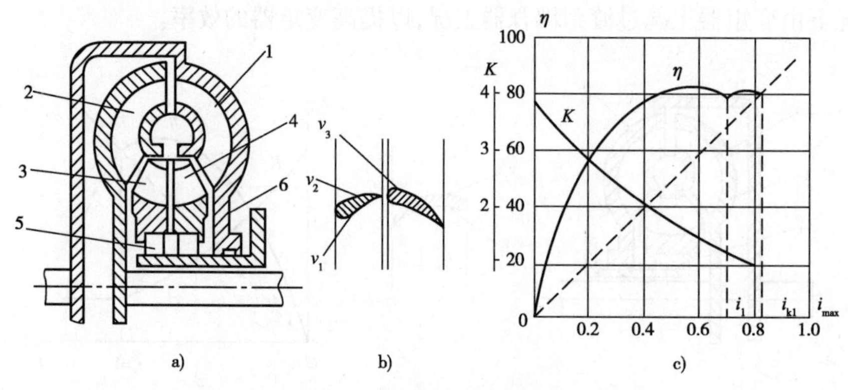

图 6-17　四元件综合式变矩器

1-泵轮；2-涡轮；3-第一导轮；4-第二导轮；5、6-单向离合器

这种变矩器的优点是起步变矩系数 K_0 较大，高效区的范围亦较宽。当工程机械在高速轻载行驶时，综合式变矩器以耦合器工况工作，这可以提高效率，降低油耗。目前，四元件综合式变矩器广泛地应用于各种工程机械上。

3. 锁止式变矩器

由于变矩器的涡轮和泵轮存在转速差和液力损失，工程机械以正常速度行驶时，变矩器的效率不如机械变速器高。因此，装有液力变矩器的工程机械，其燃料经济性有所降低。为了进一步提高变矩器在高转速比工况下的效率，目前工程机械液力变矩器的发展趋势是采用带锁止离合器的变矩器，如图 6-18a）所示。锁止式变矩器的特性示于图 6-18b）。

这种变矩器在泵轮和涡轮之间装有多片锁止离合器。锁止离合器是利用液压操纵的，在一定工况下进行接合和脱离。工程机械起步及在道路阻力较大的条件下行驶时，锁止离合器松开，变矩器按变矩器工况工作。当涡轮转速较高时，锁止离合器自动结合，将泵轮和涡轮连在一起，转为直接机械传动。此时，导轮依靠单向离合器开始在液流中自由旋转。如果没有单向离合器，那么泵轮和涡轮锁止而一起转动时，导轮仍固定不动，由于产生损失而使效率降低。

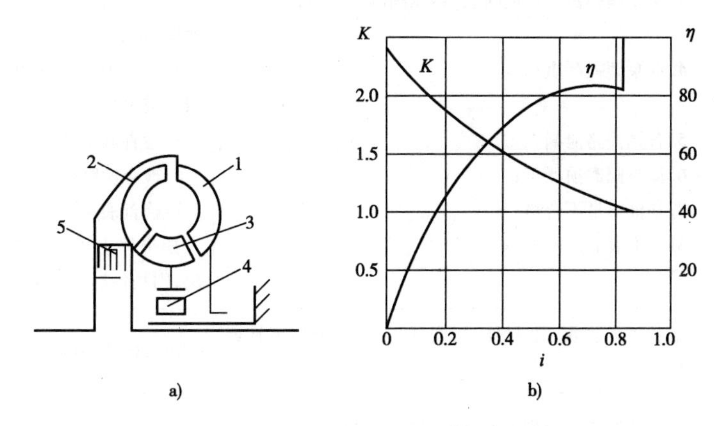

图 6-18　锁止式液力变矩器

1-泵轮；2-涡轮；3-导轮；4-单向离合器；5-锁止离合器

四、液力变矩器故障诊断

液力变矩器、动力换挡变速器的故障大多发生在控制油路中，其常见的故障及其原因和诊断方法见表 6-1 所列。

液力变矩器、动力换挡变速器常见的故障及其原因和诊断方法　　表 6-1

故障	可能的故障原因	诊 断 方 法
油温高	1. 油位不当； 2. 油冷却散热片太脏（风冷）或冷却器、滤清器或管路堵塞； 3. 变矩器进油压力阀卡在关闭位置，使进油压力高； 4. 变矩器进油压力低或泄露严重； 5. 长时间大负荷工作； 6. 变速器换挡离合器打滑； 7. 变矩器工作轮碰磨； 8. 用油不合格等	1. 检查油温表是否正常； 2. 检查油位和油品； 3. 检查进油压力是否正常； 4. 检查油箱出油口粗滤器、冷却器是否有脏物堵塞； 5. 检查滤清器或更换滤清器； 6. 听诊变矩器是否有机械碰击声； 7. 带负荷试车如果工作无力证明变矩器泄露严重或换挡离合器打滑等
变矩器噪声	1. 轴承失效，轴向和径向间隙大，导致各工作轮碰磨； 2. 与发动机的连接螺栓松动或断裂； 3. 变矩器连接部分不紧等	如果是轴承失效，会出现油温高、机械工作无力现象，并且油液中会有铝屑出现，可通过检查油液判断，否则是连接不紧

续上表

故障	可能的故障原因	诊 断 方 法
各挡换挡压力均低	1. 油位过低; 2. 油管泄漏、进油管滤网、滤清器堵塞或油管接头松动; 3. 调压阀弹簧失效或断裂、调压阀调整不当; 4. 油泵磨损严重; 5. 各挡油路泄漏; 6. 操纵阀磨损严重; 7. 油液质量不合格; 8. 压力表显示不准等	1. 首先检查压力表是否正常; 2. 检查油位高度; 3. 检查油管接头是否松动、观察有无泄露; 4. 检查进油管滤网、滤清器是否堵塞并清理或更换; 5. 检查调压阀; 6. 检查操纵阀; 7. 检查油泵 如果以上项目检查并处理后仍不能解决,则是各挡油路泄漏,要拆解变速器
某挡换挡压力低	该挡油路泄漏:密封件、活塞环、齿式离合器磨损或破裂	应解体检查维修
工作无力	1. 各挡换挡压力均低的故障原因 1 ~7; 2. 变矩器严重泄漏; 3. 装有大超越式离合器的离合器严重磨损不能工作在锁紧状态(如柳工 ZL40 或 50 装载机)等	按各挡换挡压力均低的诊断顺序进行,解体后检查变矩器的旋转油封并更换;检查大超越式离合器

第七章

液压伺服系统

第一节　概　　述

伺服系统又称随动系统或跟踪系统，是一种自动控制系统。在这种系统中，执行元件能以一定的精度自动地按照输入信号的变化规律动作。液压伺服系统是用液压元件组成的伺服系统。

一、液压伺服系统的工作原理和特点

图 7-1 是一种进口节流阀式节流调速回路。在这种回路中，调定节流阀的开口量，液压缸就能以某一调定速度运动。通过前述分析可知，当负载、油温等参数发生变化时，这种系统将无法保证原有的运动速度，因而其速度精度较低且不能满足连续无级调速的要求。

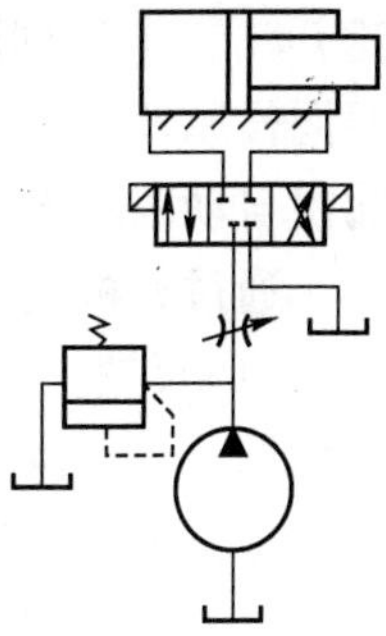

将节流阀的开口大小定义为输入量，将液压缸的运动速度定义为输出量或被调节量。在上述系统中，当负载、油温等参数的变化而引起输出量（液压缸速度）变化时，这个变化并不影响或改变输入量（阀的开口大小），这种输出量不影响输入量的控制系统被称为开环控制系统。开环控制系统不能修正由于外界干扰（如负载、油温等）引起的输出量或被调节量的变化，因此控制精度较低。

图 7-1　进口节流阀式节流调速回路

为了提高系统的控制精度，可以设想节流阀由操作者来调节。在调节过程中，操作者不断地观察液压缸的测速装置所测出的实际速度，并判断这一实际速度与所要求的速度之间的差别。然后，操作者按这一差别来调节节流阀的开口量，以减少这一差值（偏差）。例如，由于负载增大而使液压缸的速度低于希望值时，操作者就相应地加大节流阀的开口量，从而使液压缸的速度达到希望值。这一调节过程可用图 7-2 表示。

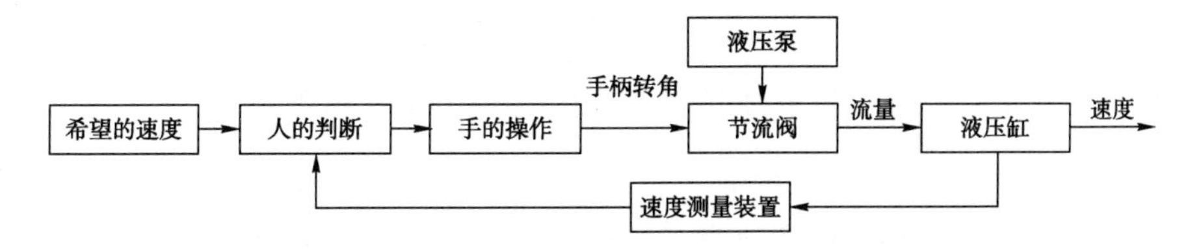

图 7-2　液压缸速度调节过程示意图

由图 7-2 中可以看出，输出量（液压缸速度）通过操作者的眼、脑和手来影响输入量（节流

阀的开口量)。这种反作用被称为反馈。在实际系统中,为了实现自动控制,必须以电器、机械装置来代替人,这就是反馈装置。由于反馈的存在,控制作用形成了一个闭合回路,这种带有反馈装置的自动控制系统,被称为闭环控制系统。图7-3为采用电液伺服阀的液压缸速度闭环自动控制系统。这一系统不仅使液压缸速度能任意调节,而且在外界干扰很大(如负载突变)的工况下,仍能使系统的实际输出速度与设定速度十分接近,即具有很高的控制精度和很快的响应性能。

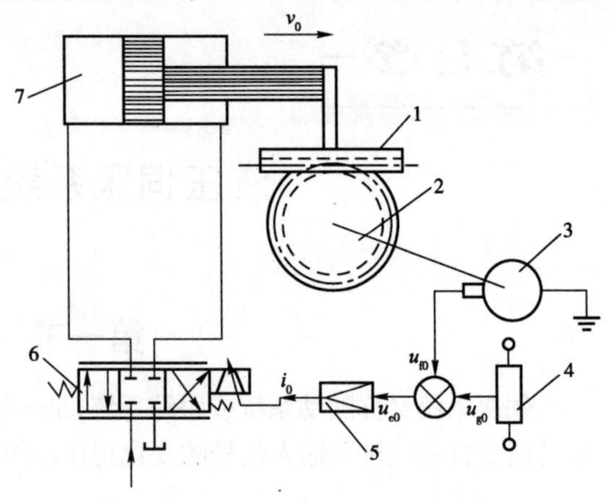

图7-3 阀控油缸闭环控制系统原理图

1-齿条;2-齿轮;3-测速发电机;4-经定电位计;5-放大器;6-电液伺服阀;7-液压缸

上述系统的工作原理如下:在某一稳定状态下,液压缸速度由测速装置测得(齿条1、齿轮2和测速发电机3),并转换为电压u_{f0}这一电压与给定电位计4输入的电压信号u_{g0}进行比较。其差值$u_{e0}=u_{g0}-u_{f0}$,经放大器放大后,以电流i_0输入电液伺服阀6。电液伺服阀按输入电流的大小和方向自动地调节滑阀的开口量大小和移动方向,控制输出油液的流量大小和方向。对应所输入的电流i_0,滑阀的开口量稳定地维持在x_0,伺服阀的输出流量为g_0,液压缸速度保持为恒值v_0。如果由于干扰的存在引起液压缸速度增大,则测速装置的输出电压$u_f>u_{f0}$,而使$u_e=u_{g0}-u_f<u_{e0}$,放大器输出电流$i<i_0$。电液伺服阀开口量相应减小,使液压缸速度降低,直到$v=v_0$时,调节过程结束。按照同样原理,当输入给定信号电压连续变化时,液压缸速度也随之连续地按同样规律变化,即输出自动跟踪输入。

通过分析上述伺服系统的工作原理,可以看出液压伺服系统的特点如下:

(1)反馈。把输入量的一部分或全部按一定方式回送到输入端,并和输入信号比较,这就是反馈。在上例中,反馈(测速装置输出)电压和给定(输入信号)电压是异号的,即反馈信号不断地抵消输入信号,这是负反馈。自动控制系统大多数是负反馈。

(2)偏差。要使液压缸输出一定的力和速度,伺服阀必须有一定的开口量,因此输入和输出之间必须有偏差信号。液压缸运动的结果又力图消除这个误差。但在伺服系统工作的任何时刻都不能完全消除这一偏差,伺服系统正是依靠这一偏差信号进行工作的。

(3)放大。执行元件(液压缸)输出的力和功率远远大于输入信号的力和功率。其输出的能量是液压能源供给的。

(4)跟踪。液压缸的输出量完全跟踪输入信号的变化。

二、液压伺服系统的职能方块图和系统的组成环节

图7-4是上述速度伺服系统的职能方框图。图中一个方框表示一个元件,方框中的文字表明该元件的职能。带有箭头的线段表示元件之间的相互作用,即系统中信号的传递方向。职能方框图明确地表示了系统的组成元件、各元件的职能以及系统中各元件的相互作用。因此,职能方框图是用来表示自动控制系统工作过程的。由职能方框图可以看出,上述速度伺服

系统是由输入(给定)元件、比较元件、放大及转换元件、执行元件、反馈元件和控制对象组成的。实际上,任何一个伺服系统都是由这些元件(环节)组成的,如图7-5所示。

下面对图7-5中各元件作一些说明:

(1)输入(给定)元件。通过输入元件,给出必要的输入信号。如上例中由给定电位计给出一定电压,作为系统的控制信号。

(2)检测、反馈信号。它随时测量输出量(被控量)的大小,并将其转换成相应的反馈信号送回到比较元件。上例中由测速发电机测得液压缸的运动速度,并将其转换成相应的电压作为反馈信号。

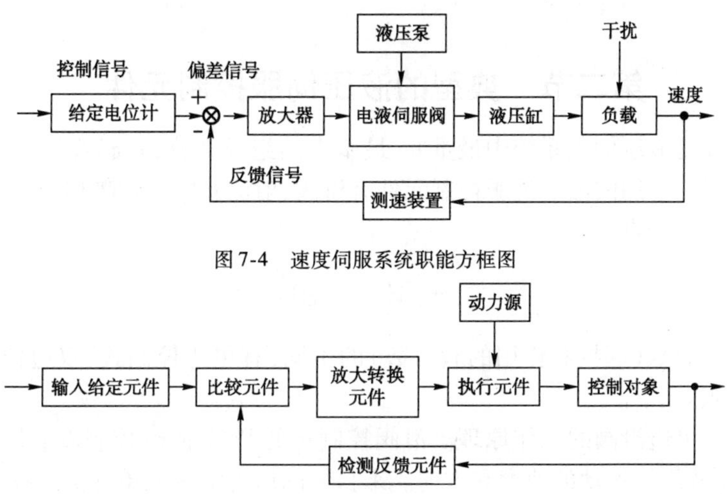

图7-4 速度伺服系统职能方框图

图7-5 控制系统的组成环节

(3)比较元件。将输入信号和反馈信号进行比较,并将其差值(偏差信号)作为放大、转换元件的输入。有时系统中不一定有单独的比较元件,而是由反馈元件、输入元件或放大元件的一部分来实现比较功能。

(4)放大、转换元件。将偏差信号放大并转换(电气、液压、气动、机械间相互转换)后,控制执行元件动作。如上例中的电液伺服阀。

(5)执行元件(机构)。直接带动控制对象动作的元件或机构。如上例中的液压缸。

(6)控制对象。如机床的工作台、刀架等。

三、液压伺服系统分类

液压伺服系统可以从下面不同的角度加以分类:

(1)按输入的信号变化规律分类。有定值控制系统、程序控制系统和伺服系统3类。当系统输入信号为定值时,称为定值控制系统,其基本任务是提高系统的抗干扰能力。当系统的输入信号按预先给定的规律变化时,称为程序控制系统。伺服系统也称为随动系统,其输入信号是时间的未知函数,输出量能够准确、迅速地复现输入量的变化规律。

(2)按输入信号的介质分类。有机液伺服系统、电液伺服系统、气液伺服系统等。

(3)按输出的物理量分类。有位置伺服系统、速度伺服系统、力(或压力)伺服系统等。

(4)按控制元件分类。有阀控系统和泵控系统。在液压设备中,以阀控系统应用较多,故本章重点介绍阀控系统。

四、液压伺服系统的优缺点

液压伺服系统除具有液压传动所固有的一系列优点外，还具有控制精度高、响应速度快、自动化程度高等优点。

但是，液压伺服元件加工精度高，价格较贵；对油液污染比较敏感，因此可靠性受到影响；在小功率系统中，液压伺服控制不如电器控制灵活。随着科学技术的发展，液压伺服系统的缺点将不断地得到克服。在自动化技术领域中，液压伺服控制有着广泛的应用前景。

第二节　典型的液压伺服控制元件

伺服控制元件是液压伺服系统中最重要、最基本的组成部分，它起着信号转换、功率放大及反馈等控制作用。常用的液压伺服控制元件有滑阀、射流管阀和喷嘴挡板阀等，下面简要介绍它们的结构原理及特点。

一、滑　　阀

根据滑阀控制边数（起控制作用的阀口数）的不同，有单边控制式、双边控制式和四边控制式 3 种类型滑阀。

图 7-6 所示为单边滑阀的工作原理。滑阀控制边的开口量 x_s 控制着液压缸右腔的压力和流量，从而控制液压缸运动的速度和方向。来自泵的压力油进入单杆液压缸的有杆腔，通过活塞上小孔 a 进入无杆腔，压力由 p_s 降为 p_1，再通过滑阀唯一的节流边流回油箱。在液压缸不受外载作用的条件下，$p_1A_1 = p_2A_2$。当阀芯根据输入信号往左移动时，开口量 x 增大，无杆腔压力减小，于是 $p_1A_1 < p_2A_2$，缸体向左移动。因为缸体和阀体连按成一个整体，故阀体左移又使开口量减小（负反馈），直至油缸受力平衡。

图 7-7 所示为双边滑阀的工作原理。压力油路直接进入液压缸有杆腔，另一路经滑阀左控制边的开口 x_{s1} 和液压缸无杆腔相通，并经滑阀右控制边的开口 x_{s2} 流回油箱。当滑阀向左移动时，x_{s1} 减小，x_{s2} 增大，液压缸无杆腔压力 P_1 减小，两腔受力不平衡，缸体向左移动；反之缸体向右移动。双边滑阀比单边滑阀的调节灵敏度高、工作精度高。

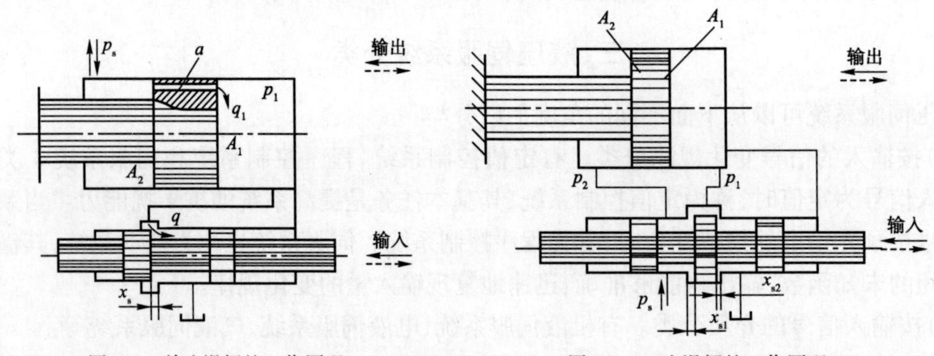

图 7-6　单边滑阀的工作原理　　　　图 7-7　双边滑阀的工作原理

图 7-8 所示为四边滑阀的工作原理。滑阀有四个控制边，开口 x_{s1}、x_{s2} 分别控制进入液压

缸两腔的压力油，开口 $x_{s3}x_{s4}$ 分别控制液压缸两腔的回油。当滑阀向左移动时，液压缸左腔的进油口 x_{s1} 减小，回油口 x_{s3} 增大，使 p_1 迅速减小；与此同时，液压缸右腔的进油口 x_{s2} 增大，回油口 x_{s4} 减小，使 p_2 迅速增大。这样就使活塞迅速左移。与双边滑阀相比，四边滑阀同时控制液压缸两腔的压力和流量，故调节灵敏度高，工作精度也高。

由上可知，单边、双边和四边滑阀的控制作用是相同的，均起到换向和调节的作用控制边数越多，控制质量越好，但其结构工艺性差。通常情况下，四边滑阀多用于精度要求较高的系统；单边、双边滑阀用于一般精度系统。

滑阀在初始平衡的状态下，其开口有 3 种形式，即负开口（$x_s<0$）、零开口（$x_s=0$）和正开口（$x_s>0$），如图 7-9 所示。具有零开口的滑阀，其工作精度最高；负开口有较大的不灵敏区，较少采用；具有正开口的滑阀，工作精度较负开口高，但功率损耗大，稳定性也差。

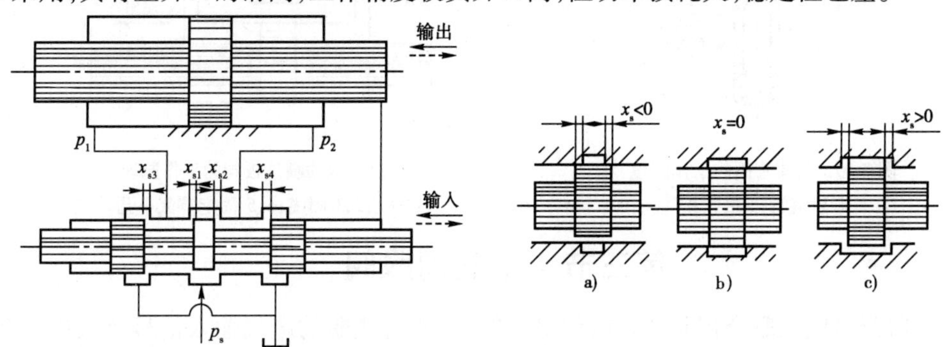

图 7-8　四边滑阀的工作原理

图 7-9　滑阀的三种开口形式

二、射 流 管 阀

图 7-10 所示为射流管阀的工作原理。射流管阀由射流管 1 和接收板 2 组成。射流管可绕 O 轴左右摆动一个不大的角度，接收板上有两个并列的接收孔 a、b，分别与液压缸两腔相通。压力油从管道进入射流管后从锥形喷嘴射出，经接收孔进入液压缸两腔。当喷嘴处于两接收孔的中间位置时，两接收孔内油液的压力相等，液压缸不动。当输入信号使射流管绕 O 轴向左摆动一小角度时，进入孔 b 的油液压力就比进入孔 a 的油液压力大，液压缸向左移动。由于接收板和缸体连接在一起，接收板也向左移动，形成负反馈，喷嘴恢复到中间位置，液压缸停止运动。

射流管阀的优点是结构简单、动作灵敏、工作可靠。它的缺点是射流管运动部件惯性较大、工作性能较差；射流能量损耗大、效率较低；供油压力过高时易引起振动。此种控制只适用于低压小功率场合。

三、喷嘴挡板阀

喷嘴挡板阀主要有单喷嘴式和双喷嘴式两种，两者的工作原理基本相同。图 7-11 所示为双喷嘴挡板阀的工作原理，它主要由挡板 1、喷嘴 2 和 3、固定节流小孔 4 和 5 等组成。挡板和两个喷嘴之间形成两个可变截面的节流缝隙 δ_1 和 δ_2。当挡板处于中间位置时，两缝隙所形成的节流阻力相等，两喷嘴腔内的油液压力相等，即 $p_1=p_2$，液压缸不动。压力油经孔道 4 和 5、缝隙 δ_1 和 δ_2 流回油箱。当输入信号使挡板向左偏摆时，可变缝隙 δ_1 关小，δ_2 开大，p_1 上升，p_2

下降，液压缸缸体向左移动。因负反馈作用，当喷嘴跟随缸体移动到挡板两边对称位置时，液压缸停止运动。

喷嘴挡板阀的优点是结构简单、加工方便、运动部件惯性小、反应快、精度和灵敏度高；缺点是能量损耗大、抗污染能力差。喷嘴挡板阀常用作多级放大伺服控制元件中的前置级。

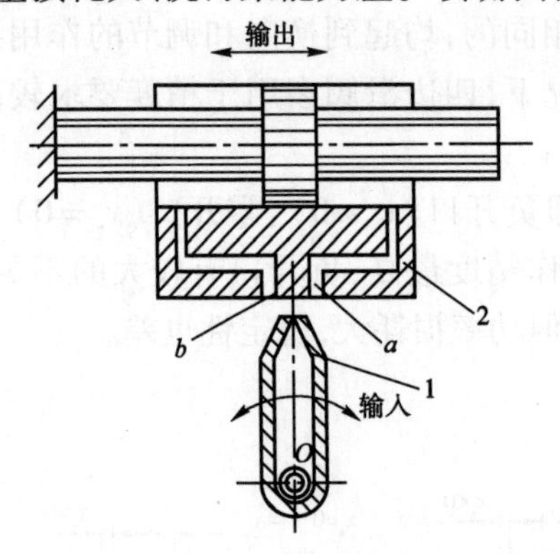

图 7-10 射流管阀的工作原理

1-射流管;2-接收板

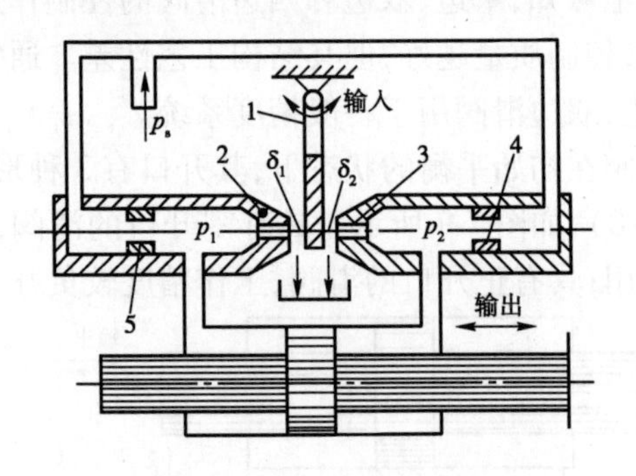

图 7-11 双喷嘴挡板阀的工作原理

1-挡板;2、3-喷嘴;4、5-固定节流小孔

第三节 电液伺服阀

电液伺服阀是电液联合控制的多级伺服元件，它能将微弱的电气输入信号放大成大功率的液压能量输出。电液伺服阀具有控制精度高和放大倍数大等优点，在液压控制系统中得到广泛的应用。

图 7-12 是一种典型的电液伺服阀结构原理图。它由电磁和液压两部分组成，电磁部分是一个力矩马达，液压部分是一个两级液压放大器。液压放大器的第一级是双喷嘴挡板阀，称前置放大级；第二级是四边滑阀，称功率放大级。电液伺服阀的结构原理如下。

一、力矩马达

力矩马达主要由一对永久磁铁 1、导磁体 2 和衔铁 3、线圈 5 和内部悬置挡板 7 及弹簧管 6 等组成（见图 7-12）。永久磁铁把上下两块导磁体磁化成 N 极和 S 极，形成一个固定磁场。衔铁和挡板连在一起，由固定在阀座上的弹簧管支撑，使之位于上下导磁体中间。挡板下端为一球头，嵌放在滑阀的中间凹槽内。

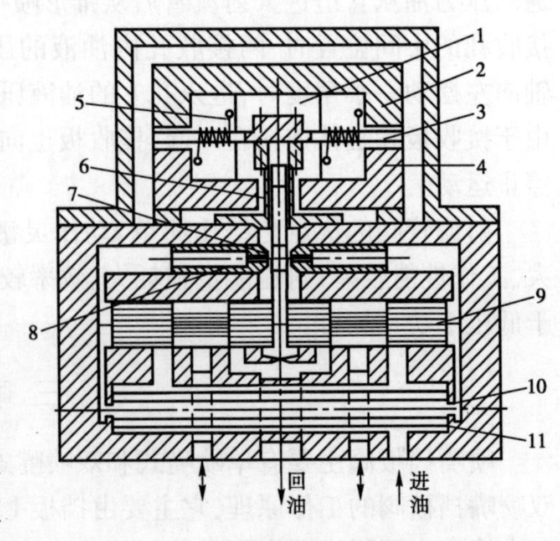

图 7-12 电液伺服阀的结构原理

1-永久磁铁;2、4-导磁体;3-衔铁;5-线圈;6-弹簧管;7-挡板;8-喷嘴;9-滑阀;10-节流孔;11-滤油器

当线圈无电流通过时，力矩马达无力矩输出，挡板处于两喷嘴中间位置。当输入信号电流通过线圈时，衔铁 3 被磁化，如果通入的电流使衔铁左端为 N 极，右端为 S 极，则根据同性相斥、异性相吸的原理，衔铁向逆时针方向偏转。于是弹簧管弯曲变形，产生相应的反力矩，致使衔铁转过口角便停

下来。电流越大,口角就越大,两者成正比关系。这样,力矩马达就把输入的电信号转换为力矩输出。

二、液压放大器

力矩马达产生的力矩很小,无法操纵滑阀的启闭来产生足够的液压功率。所以要在液压放大器中进行两级放大,即前置放大和功率放大。

第四节 典型液压伺服系统的应用

液压式动力转向机构采用液压伺服自动控制系统,具有反应快、系统刚度高等特点。在空车转向助力机构具有广泛的应用。

一、轮式车辆上采用的连杆式助力器

这种连杆式液压助力器在刚性车架的轮式工程机械中广泛应用。连杆式液压助力器转向原理如图7-13所示。助力器由伺服阀和助力液压缸两部分组成。液压缸的缸筒2是可以移动的,活塞杆3铰接在机架上。伺服阀与一般三位四通阀类似。阀体4与缸筒2作成一体,通过连杆与梯形转向板连接。阀上的四道槽 P、A、B、O 分别与液压泵(进油口)、液压缸左腔、液压缸右腔和油箱相通。液压缸左右腔均与回油口相通,阀体与阀芯相对不动。

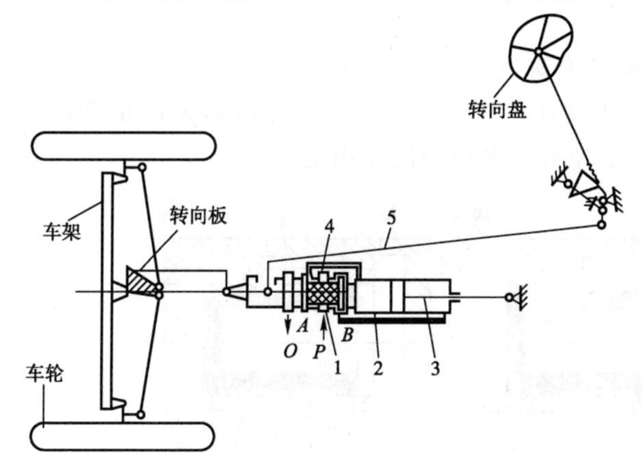

图7-13 转向器工作原理图

1-阀芯;2-套筒;3-活塞杆;4-阀体;5-拉杆

转向时转动转向盘,拉杆5推动阀芯1。如果向左移动。则液压缸左腔进油,右腔回油。缸筒连同阀体4向左移动,通过转向梯形使车轮偏转,直到阀体4赶上阀芯1重新处于平衡位置为止。因此,不断的转动转向盘,车轮便能跟随不断的偏转。而转动转向盘的力仅是移动阀芯所需的力,所以操作很简便。

助力器结构见图7-14所示。缸体2与阀体4连成一体,球头销5通过连杆与转向梯形相连,活塞3固定在机架上不动。从方向盘来的拉杆用球头销6固定在可移动套筒7内。伺服阀阀芯1用弹簧8和螺母9固定在阀杆10上。阀杆10与套筒7相连,并靠弹簧11定位。安装时可转动螺母9来调整阀芯位置与阀套12对准。阀套12上有三排径向孔 A、B、P、(每排8个孔),分别与阀体上的3条槽相通。B 孔通过轴向孔与液压缸左腔相连,A 孔通过管子13与右腔相连。当转动方向盘时,套筒7移动,带动阀芯1使液压缸相应腔进或回油,缸体连同阀体4与阀芯同向移动,完成转向。

助力器的工作过程如图7-15所示。当阀芯向右移动时(图a)P 腔(接液压泵)压力油经 A 孔至助力器液压缸右缸,而其左腔经 B 及 O 孔通油箱回油。故缸体连同阀体向右移动,直到阀体跟上阀芯处于如图b)所示位置,即伺服停止。

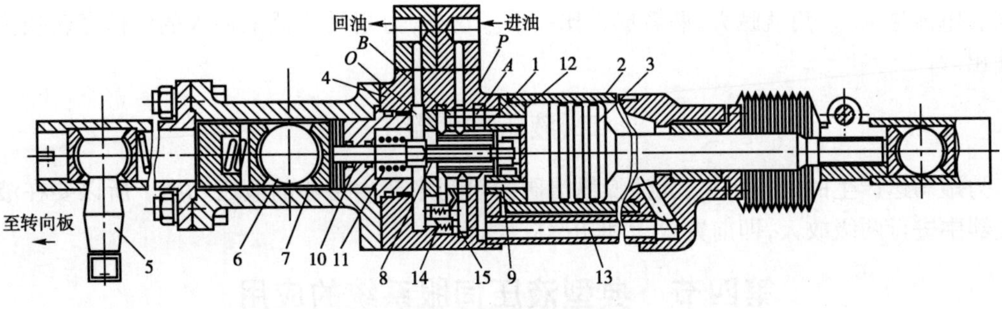

图 7-14　液压助力器结构

1-阀芯；2-缸体；3-活塞；4-阀体；5、6-球头销；7-套筒；8-弹簧；9-螺母；10-阀杆；11-弹簧；12-阀套；13-管子；14-回油阀；15-安全阀

当阀芯向左移动时（图 c）其工作过程相同，移动方向相反。

若是发动机或液压泵出现故障，转向系统仍可工作。这时助力器仅起一个连杆作用。为了防止与进油口 P 相通的液压缸腔室产生真空，装有回油阀 14（如图 7-14 所示）。正常工作时该阀在压力油作用下关闭。

安全阀 15 限制系统的最高工作压力，保护系统安全。

从上面介绍的伺服机构来看，在工程机械中使用的液压伺服系统控制阀多采用正开口。即滑阀台肩宽小于阀套开口宽度（图 7-9c），留有空隙。其缝隙的作用是：

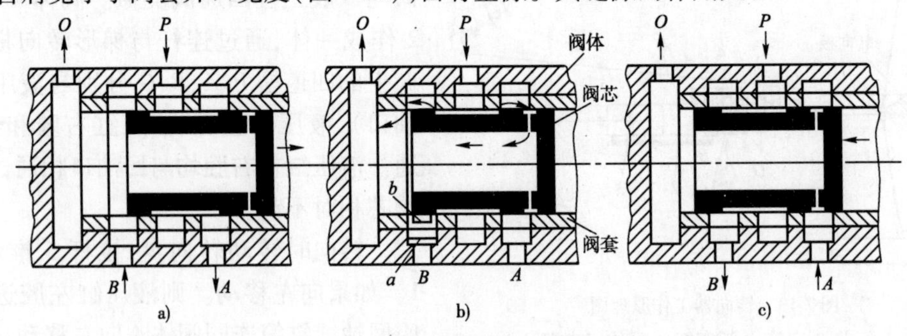

图 7-15　液压助力器工作过程

（1）使液压缸伺服动作缓慢均匀，避免油压剧增造成突然转向；

（2）液压缸在伺服运动中，油液流经缝隙形成阻尼，减少振动。同时当地面作用在车轮上的反力传到液压缸上时，也使油液流经缝隙，因阻尼消耗其动能而不至完全传到转向盘上。

（3）滑阀在中位时，高压油通过缝隙回到油箱，液压泵卸掉部分载荷。这时压力降为 3～5MPa，减少功率损失避免油液发热。

缝隙大小对伺服系统工作特性的影响：

灵敏性：转向盘上的输入信号传递到转向轮的反应快慢与缝隙有直接关系。缝隙越小反应越快，反之就越慢。因为操纵滑阀使液压缸两腔油压失去平衡而动作，缝隙较小则易于使液压缸压力增大而迅速动作。若缝隙大，则滑阀要移动较大的距离才能作出反应，即反应滞后较大。因此，缝隙越小灵敏性越高，缝隙越大反映越滞后，灵敏性越低。但实践证明，在留有一定缝隙时转向反映仍然很灵敏，滞后问题对工程机械并不是主要问题。

不可逆性:不可逆性指转向轮所受的地面的反力与冲击不会传到转向盘上。这也使转向轮在液压伺服过程中不发生左右摆动。

缝隙大小直接关系到地面反力对转向盘的传递性和液压缸作伺服运动的平衡性。如果滑阀与阀套无缝隙即零开口或负开口,则液压缸两腔在滑阀处于中位时互不相通,车轮通过液压缸与转向盘的连接"刚性"较大,地面反力易于回传到转向盘上。如果有缝隙地面反力作用到液压缸上时,在缝隙中形成液流阻尼消耗其动能,降低其回传到转向盘上的能力。

从转向时液压缸作伺服运动的平稳性上分析,滑阀与阀套在中位时两侧有缝隙与无缝隙相比,有缝隙时反映滞后,使其越过中位造成振动的能力差。原因是开口液压缸压差上升缓慢,开口处又有液流阻尼。因此,缝隙越小,不可逆性越差,缝隙越大不可逆性越高。

正开口滑阀虽使地面冲击不易传到转向盘上,但直线行驶时容易造成车辆微小摆动。使液压缸产生移动时,除了开口的阻尼作用外,滑阀作相反方向移动引起的高压油在液压缸两腔中的压差变化,对车轮的摆动也起限制作用。

在转向伺服系统中灵敏性和不可逆性是相互矛盾的两个方面,在一定的阀开度下达到统一。合理地选择开口缝隙大小,可以使伺服机构既有足够的灵敏性,又有良好的不可逆性。

这种助力器的伺服阀与助力液压缸作成一体,靠机械连接反馈,适用于驾驶室与转向轮比较近的机械上。若二者相距比较远或是铰接式车架,采用这种形式的助力器将使机械连接复杂。这种情况可采用伺服阀与助力液压缸分开的结构,即所谓分置式助力装置。

二、转阀式液压转向机构

转阀式液压转向机构又叫摆线转阀式全液压转向装置。这种转向装置由转向阀与计量马达组成的液压转向器、转向液压缸等组成。这种转向装置取消了转向盘和转向轮之间的机械连接,只有液压油管连接。转向盘和液压转向器相连,转向液压缸与转向梯形及转向轮相连。两根油管将转向器的压力油按转向要求输送到液压缸相应的腔以实现转向。图 7-16 是转阀式液压转向机构布置示意图。与其他装置相比操纵轻便灵活、结构紧凑。由于没有机械连接,因此有易于安装布置,发动机熄火时仍能保证转向性能等特点。存在的主要问题是"路感"不明显,转向后转向盘不能自动回位,以及发动机熄火时手动转向比较费力。近几年来在大型拖拉机、叉车、装载机、挖掘机和汽车起重机等大中型工程机械上,已开始采用此种转向机构,是一种用在中、低速工程机械上很有前途的转向装置。一般用车速为 50km/h 以下的工程机械上。

1. 转阀式转向器的结构与液压系统

图 7-17 是转阀式转向机构液压系统图。整个系统是由液压泵 1、液压缸 8、转向器(包括转阀 6 和计量液压马达 5)、安全阀 2、双向缓冲阀和单向阀 3、4 等组成。转向器的转阀处于中位时(图示位置)由液压泵 1 来的油经转阀 6 返回油箱,系统处于低压空循环状态,液压泵卸荷。两液压缸 8 和计量马达 5 的两腔都处于封闭状态。这时车辆沿直线或一定转向半径行驶。

左转时,操纵方向盘控制阀转到图示"左"的油路位置。液压泵来的油打开单向阀 3,通过控制阀进入计量液压马达的右腔。计量液压马达的转子在压力油的作用下旋转,迫使转子另一侧的压力油经控制阀进入转向液压缸相应的腔而实现向左转向。这时液压缸的回油就经控制阀返回油箱。计量马达转子的转向方向与方向盘转向相同。由于计量马达的转子带动控制阀套一起转动,从而消除了控制阀芯相对于阀套的转角,而使控制阀又处于中位。

当液压泵不工作时,系统油路循环全靠手动操纵。此时计量马达作为手动泵使用,单向阀3关闭,而单向阀4打开。油在系统中自行循环。单向阀3的作用是防止油液倒流而使转向轮偏转以及保护液压泵不受冲击。单向阀4是在人力转向时油液能自行循环。安全阀2限制系统最高工作压力保护系统安全。双向缓冲阀7用来防止在转向轮受到意外冲击时,由于油压突然升高而造成系统损坏。

图7-17是液压转向液压系统图。图7-18所示是计量马达控制阀的结构。

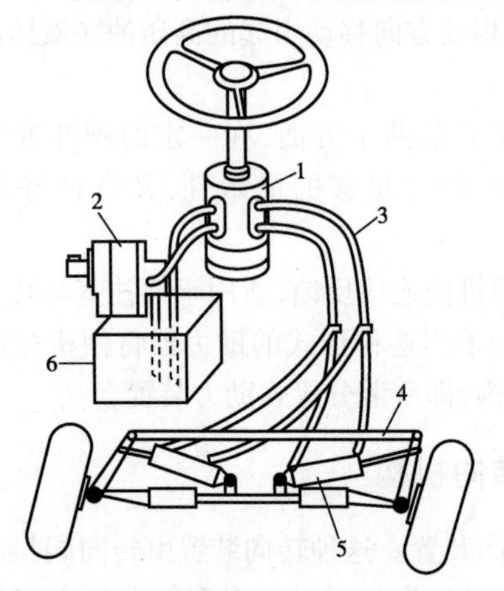

图7-16　转阀式液压转向机构示意图
1-液压转向器;2-齿轮泵;3-油管;4-转向梯形;5-转向液压缸;6-油箱

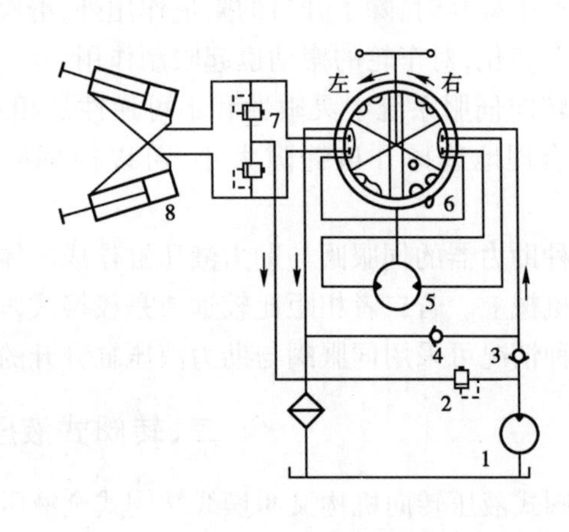

图7-17　转阀式转向机构液压系统图
1-液压泵;2-安全阀;3、4-单向阀;5-计量液压马达;6-转阀;7-双向缓冲;8-液压缸

在图7-18液压转向器结构图中,阀体是转向器壳体,所有零件都装在阀体内。阀体上有4个油孔:油口A和液压泵相连;油口B与油箱接通、油口C和D分别与转向液压缸的两腔相连。控制阀由阀芯和阀套组成,两者用销子8连接,用片弹簧9定位。由于阀芯上的销孔比阀套孔大,阀芯可相对阀套左右各转动8°,阀芯通过外端榫头与转向盘转向轴相连。定子有7个齿、转子有6个齿,转子以偏心距e为半径围绕定子中心转动。转子自转一周的同时绕定子公转6周,即转子的公转转速是其自转转速的6倍。

转子转动时,将形成7个封闭容积。转子公转一周从7个齿槽空间排出油,转子自转一周,油从$6\times7=42$个密封齿槽中挤出。因此这种马达的单位体积排量大。

计量马达进出油的配流是阀套2上12个孔d和与孔d相对应的均布在阀体上的7个孔a(图7-19)来完成的。计量马达用容积法来控制流量,保证流进转向液压缸的流量与转向盘之间转角成正比,因此将这种马达称为计量马达。它同时也起反馈作用。当人力转向时,计量马达作为手动液压泵驱动转向液压缸实行转向。

阀套和阀芯的结构如图7-19b)所示。阀套外表上有4个台阶和4个环槽I、J、K、L。4个环槽分别与阀体上的A、B、C、D4个油孔(图7-18)相对应。阀套上的孔b、c、d、e、f、g是配阀

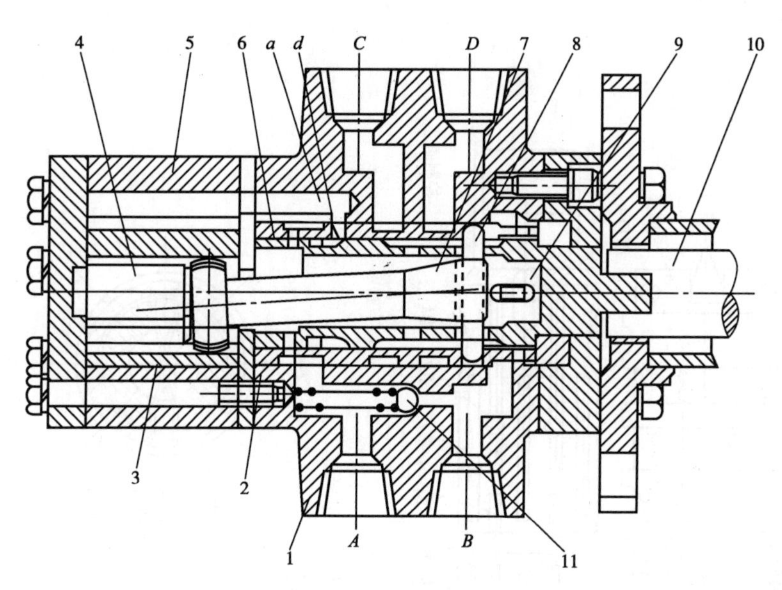

图 7-18　转阀式液压转向器

1-阀体;2-阀套;3-转子;4-圆柱;5-定子;6-阀芯;7-连接轴;8-销子;9-定位弹簧;10-转向轴;11-单向阀

孔,它们与阀芯的槽 i、j、k 和阀体上的油孔 a 配合,用来控制液流方向实现转向。

现将 12 个孔 d 分成单号 d 孔和双号 d 孔,其中单号 d 孔和孔 c 在一条直线上。12 个孔 h 和 12 个孔 d 相互错开 15°。各个孔和槽之间的相互位置和等分精度对转向器的性能有密切关系。

2. 转向器的工作原理

转向器中位时如图 7-19 所示。在定位弹簧 9(见图 7-7)的作用下,阀芯和阀套处于中位。此时孔 b 和孔 h 对齐,因此进入环槽 l 的油液通过孔 b、孔 h 进入阀芯内腔,再经孔 l、槽 k 从回油口流向油箱,因为 k、j 槽既不与孔 f 相通,也不与 d 孔相通,所以这时液压缸和转子马达两腔都处于封闭状态。

右转向时(图 7-20),阀芯随方向盘作顺时针方向旋转,阀套因和计量马达转子相连而暂时不转。此时,孔 b 和孔 h 开始错开,槽 i 沟通孔 c 和双号孔 d,槽 j 沟通单号孔 d 和孔 e,而槽 k 与孔 f、孔 g 相通。液压泵来油经油孔 c、槽 i 和与双号孔 d 相对的孔 a 进入计量马达的 3 个油腔,迫使转子转动。计量马达另外腔的液压油被挤出,通过与单号孔 d 相对应的孔 a 以及孔 e 再进入转向液压缸一腔,迫使活塞移动实现向右转向。转向液压缸另一腔的油液经孔 f、槽 k 和孔 g 通过回油口流回油箱。

左转向时(图 7-21),阀芯作反方向转动。此时,槽 i 沟通孔 c 和单号孔 d,槽 j 沟通双号孔 d 和孔 f,而槽 k 与孔 e、孔 g 相通。液压泵来油经油孔 c、槽 i 和单号孔 d 相对的孔 a 进入计量马达的 3 个油腔,迫使转子转动。计量马达另外腔的液压油被挤出,通过与双号孔 d 相对应的孔 a 以及孔 f 进入转向液压缸有杆腔,迫使活塞缩回,实现向左转向。转向液压缸另一腔的油液经孔 e、槽 k 和孔 g 通过回油口流回油箱。

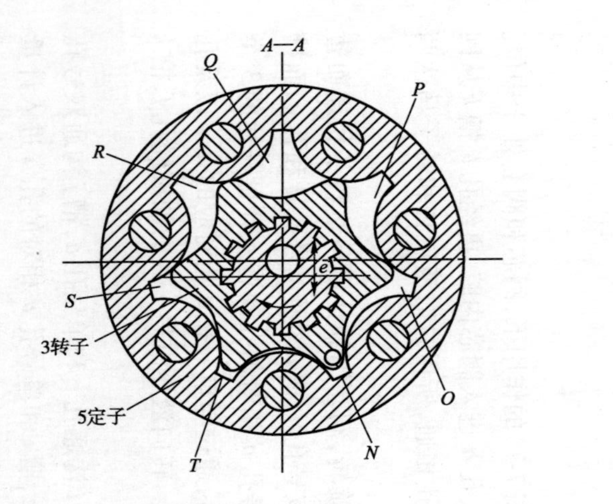

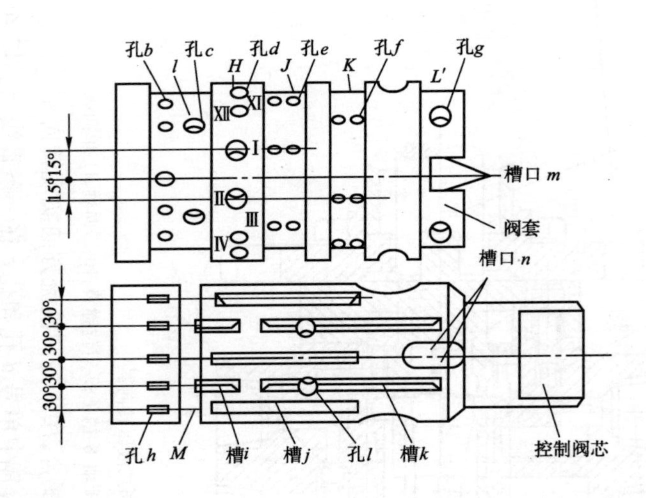

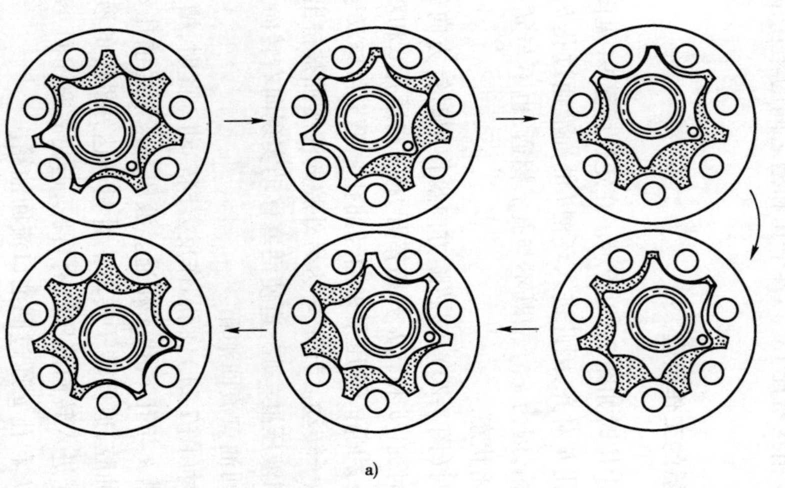

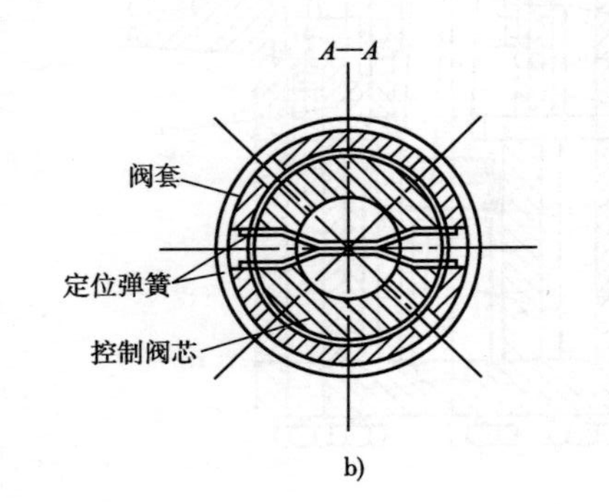

图 7-19 计量马达控制阀

在上述过程中，由于液压泵来油先经计量马达才进入转向液压缸推动计量马达转子自转，并带动阀套旋转，其转动方向和方向盘一致，从而消除了控制阀芯相对于阀套的转角，使控制阀恢复到中位，配流停止，转向轮也就被转向液压缸保持在这个转向角度上。这个伺服过程是由内部的机械反馈实现的。

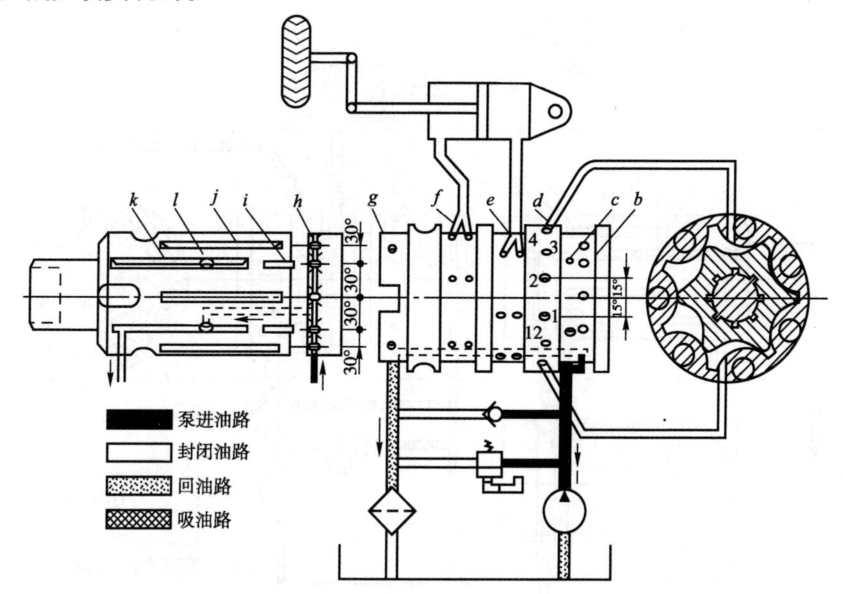

图 7-20　液压转向器中位时工作状态

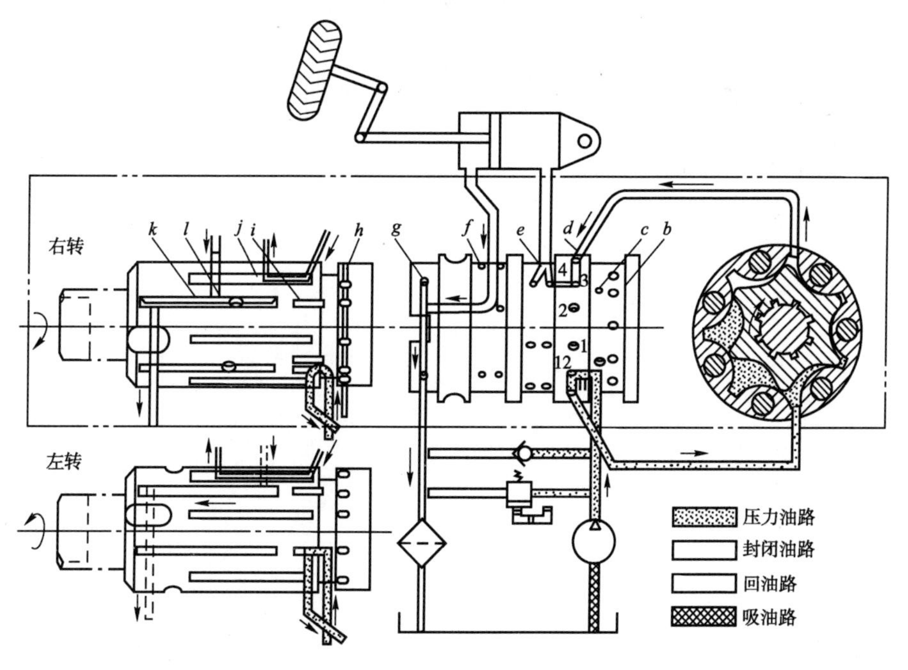

图 7-21　转向时工况

手动转向如图 7-22 所示。当发动机熄火或液压泵出现故障不能动力转向时，这种转向器仍能进行人力转向。人力转向时，计量马达起泵的作用。转向盘带动阀芯，通过销子、阀套、连接轴，带动计量马达转子转动（参见图7-7）。转子转动排出的压力油进入转向液压缸而使转向轮转向。人力左右转向时的液压油流动方向和动力转向时基本相同。所不同的是液压缸排油通过单向阀流回到手动泵的吸油腔，油液在转向器内自行循环。

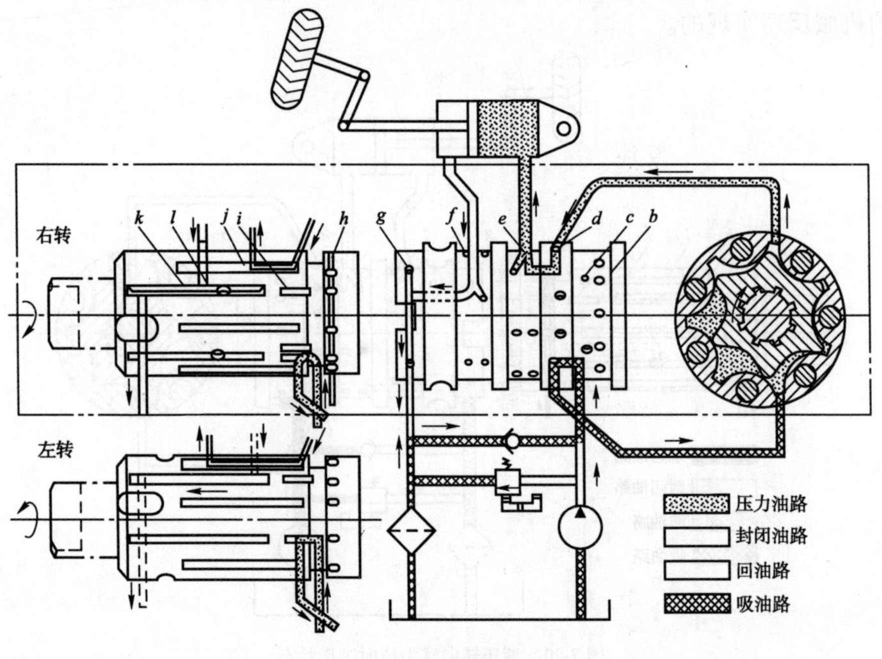

图7-22　手动转向工况

第八章

液压传动系统

第一节　概　　述

液压传动系统是指用管路将有关的液压元件合理地连接起来形成的一个整体，用以实现机械运动和动力传递。本章着重介绍一些常用汽车和工程机械工作装置液压系统，提供分析实例、使用与维修注意事项，并对液压系统设计计算作一般介绍。

一、对液压传动系统的要求

液压系统质量优劣，可按下列指标进行分析比较。

1. 系统构成

在满足机器工作要求和使用条件的前提下，系统构成的先进性主要表现在系统简单、紧凑、自重轻，元件选择合理，三化（标准化、系列化、通用化）程度高，便于安装、调试，使用，维护，工作安全可靠，应急能量强等方面。要达到这些要求，仅有良好的元件是不够的，还必须有先进合理的系统设计方案。

2. 经济性

经济性指标包括系统的造价和使用费，系统传动效率和功率利用等。这几项指标不是相互独立的，需做综合分析。

3. 技术性能

技术性能包括调速范围，微动性能，启动、制动及换向动作灵敏性，传动平稳性、限速性能、缓冲、锁紧、补油、限压、卸荷等完善的功能及震动、噪声和外泄大小等。

二、液压传动系统的分类

1. 按油液路径不同分类

按油液路径不同，可分为开式系统和闭式系统。

1)开式系统

油液的循环经过油箱。开式系统的特点:结构简单、可散热并可沉淀杂质。缺点是:油箱体积较大,油与空气接触,增加了混入空气的机会,影响工作平稳性。

2)闭式系统

其特点是系统中的油液自成循环,无需经过油箱交换,执行元件的回油直接进入油泵的入口,吸油条件好。

闭式系统的主要优点是:结构紧凑,自重轻;油液闭式循环不接触空气,减少了混入空气的机会;系统中一般都用双向变量泵,直接用液压泵变量机构调节速度和方向,避免了换向阀方式造成的节流损失和换向冲击。

闭式系统的缺点是:由于没有大体积的油箱,自然冷却条件差,油液中的污物也不能在油箱沉淀,一般都需加设冷却器,滤油器的要求也比较高;由于通常使用双向变量泵,故价格高,维修也比较麻烦。此外,尚需加设补油泵,更使系统复杂化。

2. 按泵的数量分类

按泵的数量可分为单、双泵及多泵系统。

单泵系统简单,维修方便。但在系统中有几个执行元件时,油泵压力必须满足工作压力最高的执行元件的要求,流量也必须满足最大的执行元件的要求,因而不能充分发挥油泵的作用。

各机构负载差别很大、复合动作要求较高的工程机械中,常用双泵或多泵系统,可以提高作业效率和发动机功率利用率。

3. 按泵的排量固定与否分类

按泵的排量固定与否可分为定量系统与变量系统。

定量系统的重要优点是定量泵和定量马达构造简单、使用维修方便。但是,定量系统的传动效率和功率利用率较低。变量系统能充分发挥发动机的功率,利用变量泵实现容积调速,效率高。

4. 按液压泵向执行元件供油的顺序不同分类

按液压泵向执行元件供油的顺序不同,可分为串联、并联系统。

其特点在前面多路换向阀中已作介绍。

第二节　汽车起重机液压系统

图 8-1 所示为 QY—16 型汽车起重机液压系统,采用双泵双回路型式,每台泵各自供应独立的回路,又可采用合流措施增大工作流量。

发动机同时驱动泵 1 和泵 2。在图示位置,它们输出的液体分别经多路换向阀 5 和 6 的中位回油箱。在操作阀 6b、6c 和调平阀 10 时,泵 2 向支腿回路的水平和垂直液压缸 8 和 9 压入液体,使支腿撑起工作。当支腿工作完毕,操作阀 6a,泵 2 就通过顺序阀 11、多路阀中的 5a、5b 和 5c 各自分别向回转(以液压马达 12 为核心)伸缩(液压缸 13)和变幅(液压缸 14)回路压入液体。泵 1 只通过阀 5 中的 5d 向起升回路的液压马达提供液体;泵 2 在不向支腿、回转、伸缩

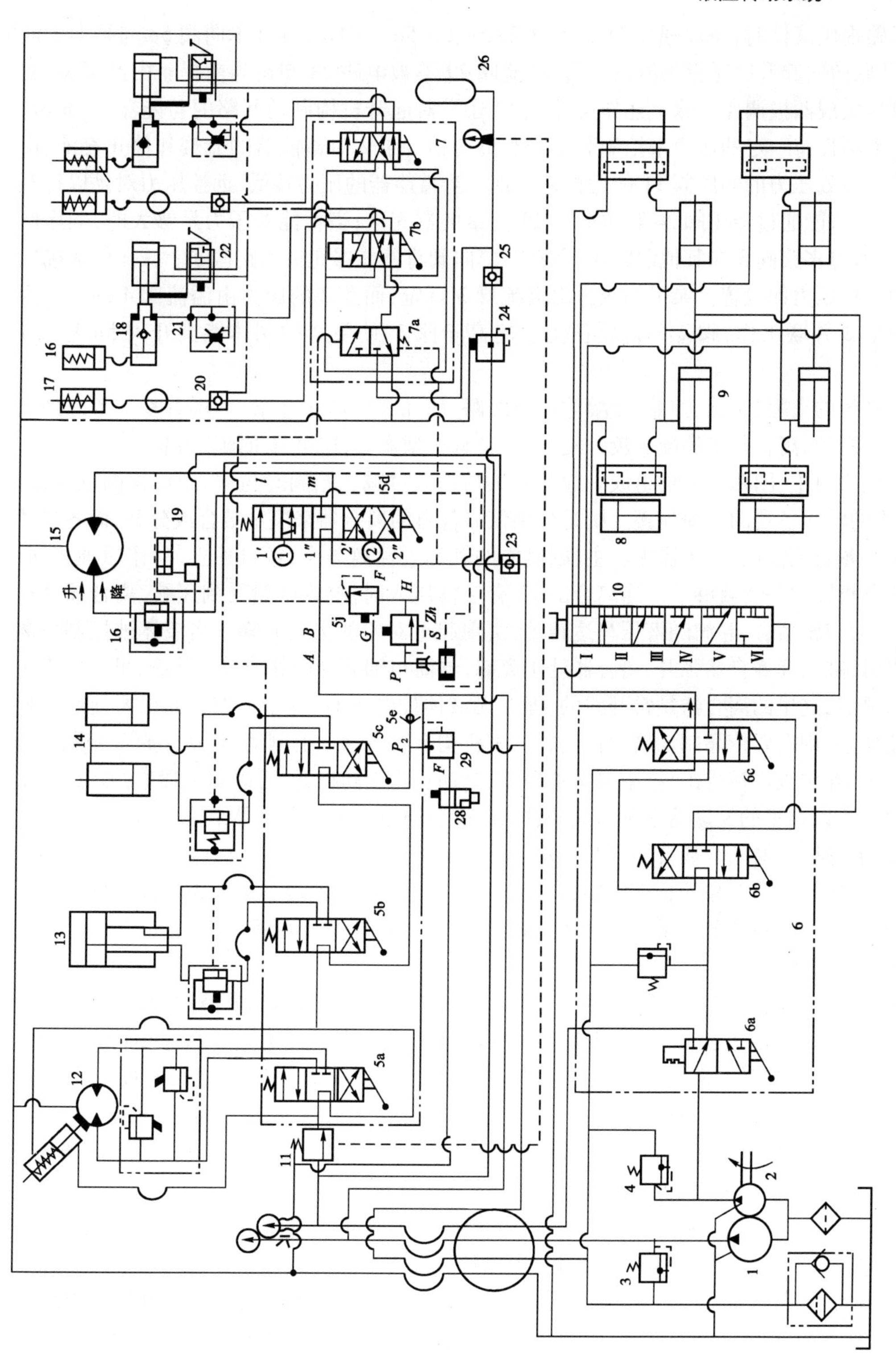

图 8-1 QY16 汽车起重机液压系统(图注见文)

和变幅回路提供液体时,可以通过顺序阀 11 和 5a、5b、5c 的中位,推开单向阀 5e 与泵 1 的液体合流,并联地向起升回路提供液体,但以溢流阀 29 不被电磁 28 卸荷为前提。由此可见,起升回路可以实现两极调速。除上述作用外,泵 2 还需对起升机构制动回路的蓄能器 26 充液,以保证蓄能器保持一定的压力来控制制动器和离合器。泵 2 对蓄能器的充液和停止充液,由蓄能器的通口处压力的顺序阀 11 的远控来实现。当蓄能器的压力较低,远控压力对足以打开顺序阀,泵 2 只能通过降压阀 24 和单向阀 25 向蓄能器充液;当蓄能器压力足够大时,顺序阀打开,泵 2 通过多路阀 5 向其他回路压出液体,单向阀将蓄能器充液通路截断。减压阀为确定蓄能器的工作压力而设置。泵 1 的压力由溢流阀 3 调定,而泵 2 的压力由溢流阀 4 确定。为了保证与泵 2 并联工作,阀 4 的调定压力要略高于阀 3,使泵 2 的阀体能推开阀 5e 与泵 1 合流。

液压系统的支腿、回转、伸缩、变幅等 4 个回路,前几节中已作介绍,不再重复。考虑到起升回路以及制动、离合回路的配合较为复杂,又具有典型意义,这里着重加以分析。

起升机构由主、副两套机构组成。起升液压马达通过减速箱同时与主、副机构的轴连接。主、副机构的轴与各自的卷筒连接。则是分别依靠各自的离合器来决定结合或分开,而各自的离合器又受各自的液压缸 17 操纵。主、副机构的轴和卷筒离与合,各自独立,动作原理相同,所以只要分析图中一套就够了。当离合缸 17 有液体压入时,缸内弹簧受到压缩,离合器处与合态,使卷筒与轴结合,卷筒随液压马达转动,实现起重对象的强迫升降。当液体被控制由离合缸排出时,缸内弹簧自然张开,离合器处于离态,卷筒与轴分开而处于自由状态,可以实现重力下降。显然,这里的离合器是常开式的,即在无液体控制力时,处于离态。如果要使起升机处于停止状态,则需要依靠制动器的作用,主、副机构有各自独立的制动器,动作原理相同。当制动液压缸 16 中液体被排出,缸中弹簧被压缩,制动器将卷筒松开,可以实现强迫升降或自由落钩工况。所以这里的制动器是常闭式的,即在无液压控制力时,制动器卡紧卷筒。

制动器的动作,必须与离合器、起升液压马达的动作配合。在液压马达停止时,制动器卡紧卷筒和轴,实现起重对象停止在空中;在液压马达转动时,制动器必须放松卷筒。这时离合器的离或合,决定起重对象是重力下降还是强迫下降,这种动作上的配合通过 5d、7a 和 7b 的联动和操作来实现。

当阀 5d 处于①位(包括 1′和①″两个位置),泵 1(有时和泵 2)压出的液体,由 m 通道经平衡阀 16 中的单向阀进入起升马达,使其正向旋转,而排出液体由 *l* 通道和 5d 回油箱;由此同时,通过与阀 5d 进口处并联的控制通道,泵的控制压力将阀 7a 推至上位,此时如阀 7b 处于下位,则蓄能器送来的一路液体通过 7b 中的通道将离合缸活塞上推,使离合器处于离态;卷筒随马达一起正向旋转;另一路通过 7a 和 7b 中的另一通道将制动缸 16 活塞上压,使制动器处于松开状态,不妨碍马达和卷筒的正向旋转,进行举升起重对象。

当阀 5d 处于②位(包括②′和 2″两个位置),使液压马达带动卷筒实现下放起重对象;唯一不同的是马达排出液体通过平衡阀的作用,得以负重匀速下降。

无论阀 5d 在①或②位,如操纵阀 7b 至上位,蓄能器压出液体,通过 7b 将液控单向阀 20 反向开启,使离合缸 17 的液体由阀 7b 排向油箱;而制动缸 16 中的液体,由单向节流阀 21 和阀 7b 排向油箱。这时,离合器处于离态,卷筒与马达脱开,马达空转,而制动器处于卡紧状态,将卷筒卡住。

制动总泵 18 的作用在于，当阀 7a 处于上位（对应于 5d 在①或②位），阀 7b 处于下位时，蓄能器压出的液体通过 7a、7b 和单向节流阀，并借助制动总泵活塞中心的单向阀进入制动缸，放松制动器，卷筒实现重力下降而转动，这时，制动总泵并未起主要作用，只是一个通道。当阀 7a 处于下位（对应于 5d 中位），阀 7d 处于，蓄能器压出的液体通过阀 7d 送入阀 22，并进入助力缸 27 活塞左腔，而右腔通油箱。这样，助力缸活塞就被推向右方，制动总泵的活塞一起拖向右方，直至被端盖挡住而停止，但向右推的力依然存在。当总泵活塞停在右端位置时活塞中心的单向阀被顶杆顶开，制动缸下腔液体通过此单向阀、阀 21、阀 7b 和阀 7a 排向油箱，使制动器卡紧卷筒，起重对象悬于空中。这时，总泵 18 仍未起主要作用，还是一条通道，但这是总泵工作的准备状态。当踏动阀 22，使其位于右位，助力缸活塞将交替地推拉制动总泵活塞，使卷筒被制动器反复交替地放松和卡紧，吊钩继续地自由下降，速度不致很快，使其达到理想的高度，适应作业需要，这是制动总泵的主要作用，这一作用的动作如下：踏动阀 22，其右位 P 型机能使主力腔实现差动连接，将助力缸活塞与制动总泵活塞一起向左移动，于是中心单向阀关闭，制动总泵左腔液体入制动缸，制动器松开，实现重力下降；在助力缸左移的同时，其活塞杆带动阀 22 的阀体一起左移，阀 22 逐渐恢复左位时，P 型机能随之消失，这是一种反馈动作。这样，助力缸和制动总泵不断停止左移，而且当阀 22 恢复到左位时，又出现助力缸左腔高压而右腔零压，助力缸活塞又拉制动总泵活塞一起右移，制动器又卡紧卷筒，重力下降停止。只要对阀 22 的踏动不撤除，这种过程将反复持续下去，吊钩继续自由下降。当踏动操纵阀 22 的操纵撤除后，制动总泵终将停止在右端位置不动，上述状态才停止。阀 5d 处于中位时，马达 15 停止旋转。阀 19 是电磁卸荷压力阀，用于限制吊钩上升高度。

第三节　装载机液压系统

装载机是一种多用途、高效率和机动灵活的工程机械，主要用来装卸成堆的散状物料，如果换上相应的工具，还可以进行推土、挖土、松土、起重和抓夹棒料等作业。

图 8-2 为 ZLM—50 型轮胎装载机液压系统图。实际上是两个独立的液压系统，泵 1 压出的液体只供工作装置（包括夹爪、装拆挂接工具、转斗及举升机构）的液压系统；而泵 2 压出的液体专供转向机构液压系统。转向机构液压回路前已述及，这里只介绍工作装置液压系统。

工作装置液压系统有 3 个分支回路，即举升、转斗以及夹爪、装拆挂接工具（相应于装挂缸 8）。3 个分支路液压缸的动作，分别受液控多路阀 3a、3b 和 3c 的控制；先导阀的液体另由装载机中控制泵供给，压力为 14 至 18MPa，主多路阀和各液压缸的液体则由图中的泵 1 提供，其压力决定于液压缸的负载阻力，而以安全阀限定其小于 15MPa。先导阀 3 各联中位为 Y 型机能，使主换向阀 4 各联阀芯的两端控制室处于零压状态，由对中弹簧使之实现中位，各联工作通口 A 和 B 被切断，各液压缸静止不动，泵 1 卸荷。先导阀为并联式，而主多路阀则为前序优先式，任何时候只可能有一个工作机构工作。

主多路阀 4 的 4c 联和先导阀 3 的 3c 联都是四位换向阀。3c 的①位使 4c 实现①位，泵 1 将液体压入举升缸 5 的无杆腔，使举升机构的动臂升起。3c 的②位实现 4c 的②位，泵 1 将液体压人缸 5 的有杆腔，使动臂下降。3c 的③位实现 4c 的③位，出现 P、O、A、B 口全通的 H 型机能，举升缸 5 浮动，呈自由状态，动臂在动力性负载拖动下运动，实现动臂上的铲斗在平整的硬质场地上自动沿地面铲掘。

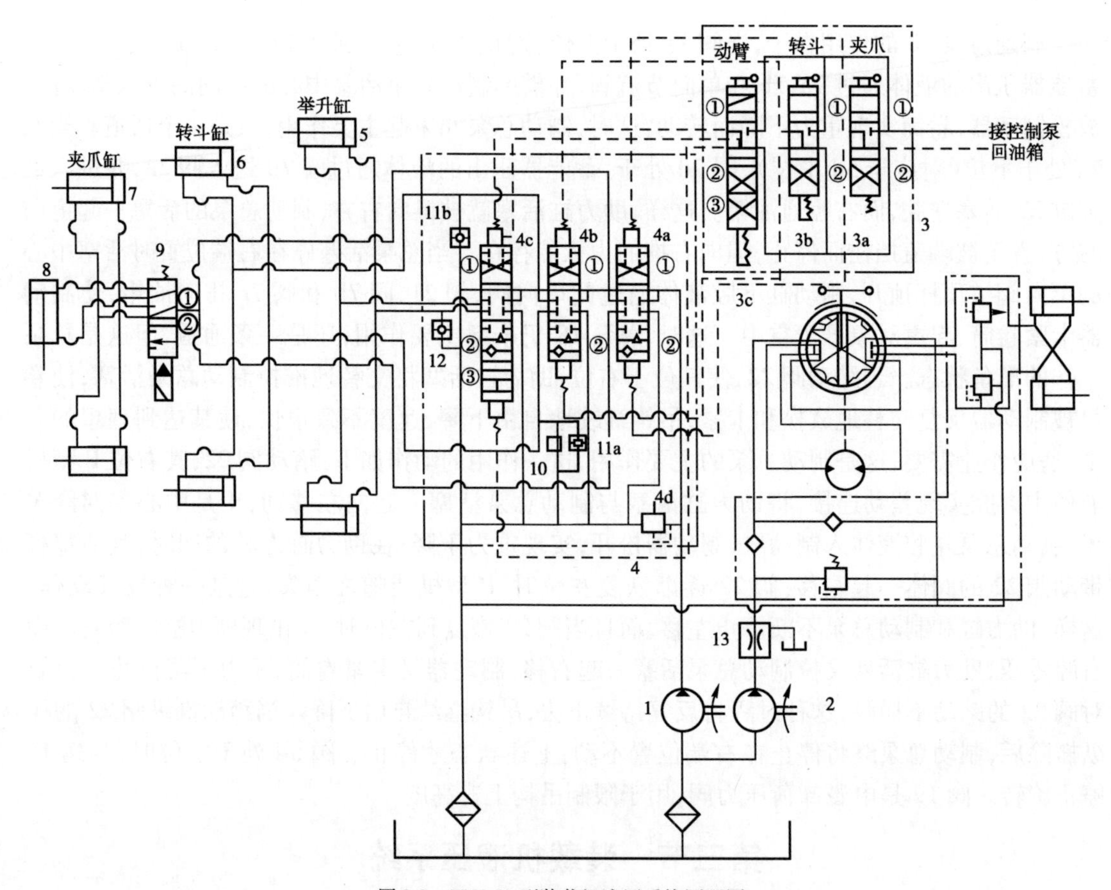

图 8-2　ZLM-50 型装载机液压系统原理图

1、2-液压泵;3-先导换向阀;4-主多路换向阀;5-举升液压缸;6-转斗液压缸;7-夹爪液压缸;8-装挂液压缸;9-换向阀;10-过载安全阀;11-补油单向阀;12-单向补油阀;13-背压阀

阀 4 的 4b 和 4a 联,分别受先导阀 3b 联控制,其作用原理与 3c 控制 4c 联的情况类似,只是转斗缸 6 和夹爪缸 7 不需要实现像 4c 联③的浮动状态,所以这两个机构的换向只需要中位、①和②位这三种状态。

夹爪缸 7 和装挂缸 8 都由 4a 联控制,它们更替工作用电磁换向阀 9 来选择。当阀 9 处于②位,装挂缸 8 受 4a 联控制;而当阀 9 处于①位,夹爪缸 7 受 4a 控制。

转斗缸 6 的负载较特殊,常呈动力性负载,即从外部倒过来推动转斗缸 6,如此时缸内无杆腔被阀 4b 联的工作通口(A 或 B)封住,腔内液体受压缩而压力急剧上升,为了保护管路及密封使不致损坏,回路上设过载安全阀 10,在过载时放出液体以限定压力峰值。在缸的无杆腔压力上升时,有杆腔体积扩大,压力急剧下降,为避免出现过大真空损坏密封及管道,设置补油单向阀 11b,由油箱将液体吸入有杆腔。在无杆腔压力冲击后,又可能出现反弹现象,故以单向阀 11a 补液。

第四节　挖掘机液压系统

单斗液压挖掘机由工作装置、回转机构及行走机构 3 大部分组成。工作装置包括动臂、斗杆和铲斗。若更换工作装置,还可进行正铲、抓斗及装卸作业。上述所有机构的动作均由液压

驱动。

WY100 型履带式单斗液压挖掘机液压系统原理图如图 8-3 所示。

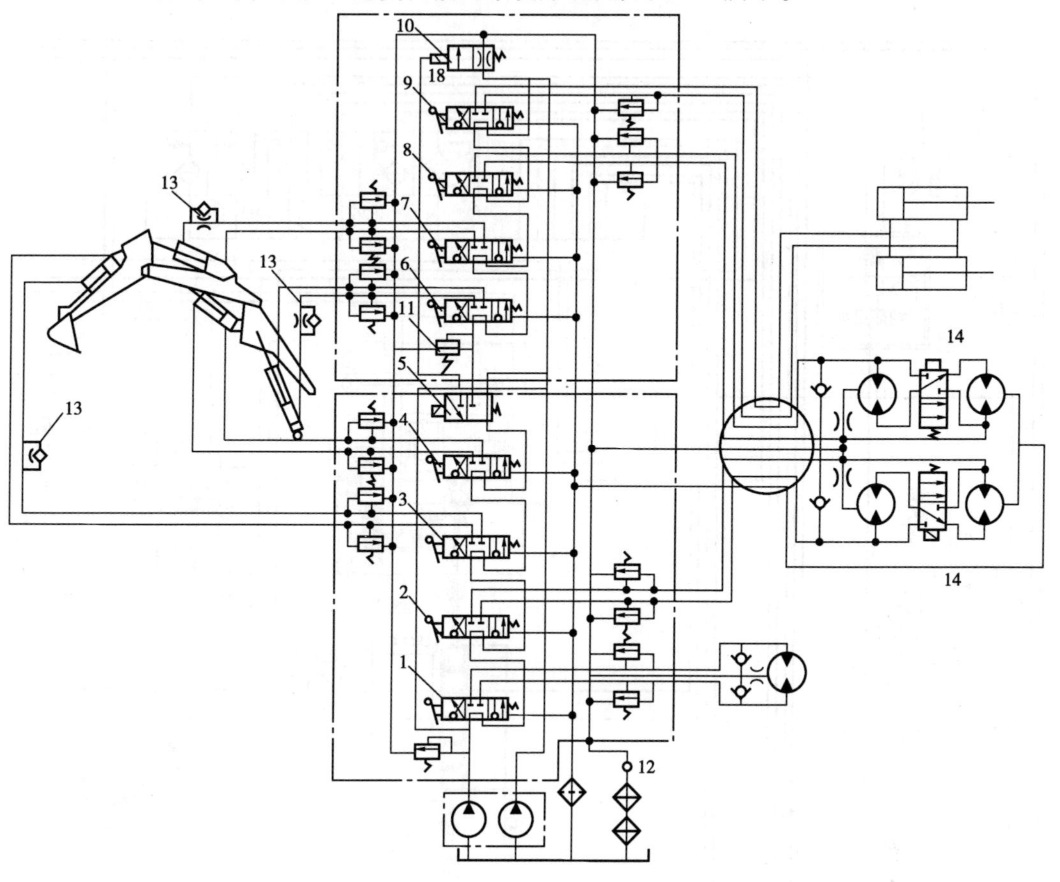

图 8-3　WY100 型履带式液压挖掘机液压系统图

1-回转马达换向阀;2-右行走马达换向阀;3-挖斗液压缸换向阀;4-副臂液压缸换向阀;5-合流阀;6-动臂液压缸换向阀;7-斗杆液压缸换向阀;8-左行走马达换向阀;9-推土铲刀液压缸换向阀;10-限速阀;11-梭阀;12-背压阀;13-单向节流阀;14-变速阀

整个液压系统分为上车和下车两部分。上车液压系统位于旋转平台以上,有三个液压缸及液压泵、回转马达、控制阀等元件。下车液压系统处于履带底盘上,有两个行走液压马达。上车液压油通过中心回转接头进入下车液压系统,驱动行走液压马达旋转,使整机行驶。

泵 A、B 为径向柱塞式、单向阀配流,泵的排量为 $2 \times 1.04 \times 10^{-5} m^3/r$,额定工作压力为 32MPa。两泵做在同一壳体内,由同一根曲轴驱动。液压系统由两个独立的回路组成。泵 A 输出液压油经多路阀块 Ⅰ 驱动回转液压马达、副臂缸、铲斗缸和右行走液压马达。该回路为一独立的串联回路。当该组执行元件不工作时,合流阀 5(左位)使泵 A 的供油进入泵 B 的供油回路,两泵一并向动臂缸或斗杆缸供油,从而加快动臂或斗杆的工作速度。

泵 B 输出的液压油经多路阀块 Ⅱ 驱动动臂缸、斗杆缸、推土缸和左行走液压马达。该回路也为另一独立的串联回路。由二溢流阀分别控制二回路的工作压力,其调定压力为 32MPa。

行走液压马达及回转液压马达均为内曲线多作用低速大扭矩马达。挖掘机每条履带均由一相应的双排液压马达驱动。两个变速阀 14 分别置于液压马达的配油轴中,其操纵形式可以

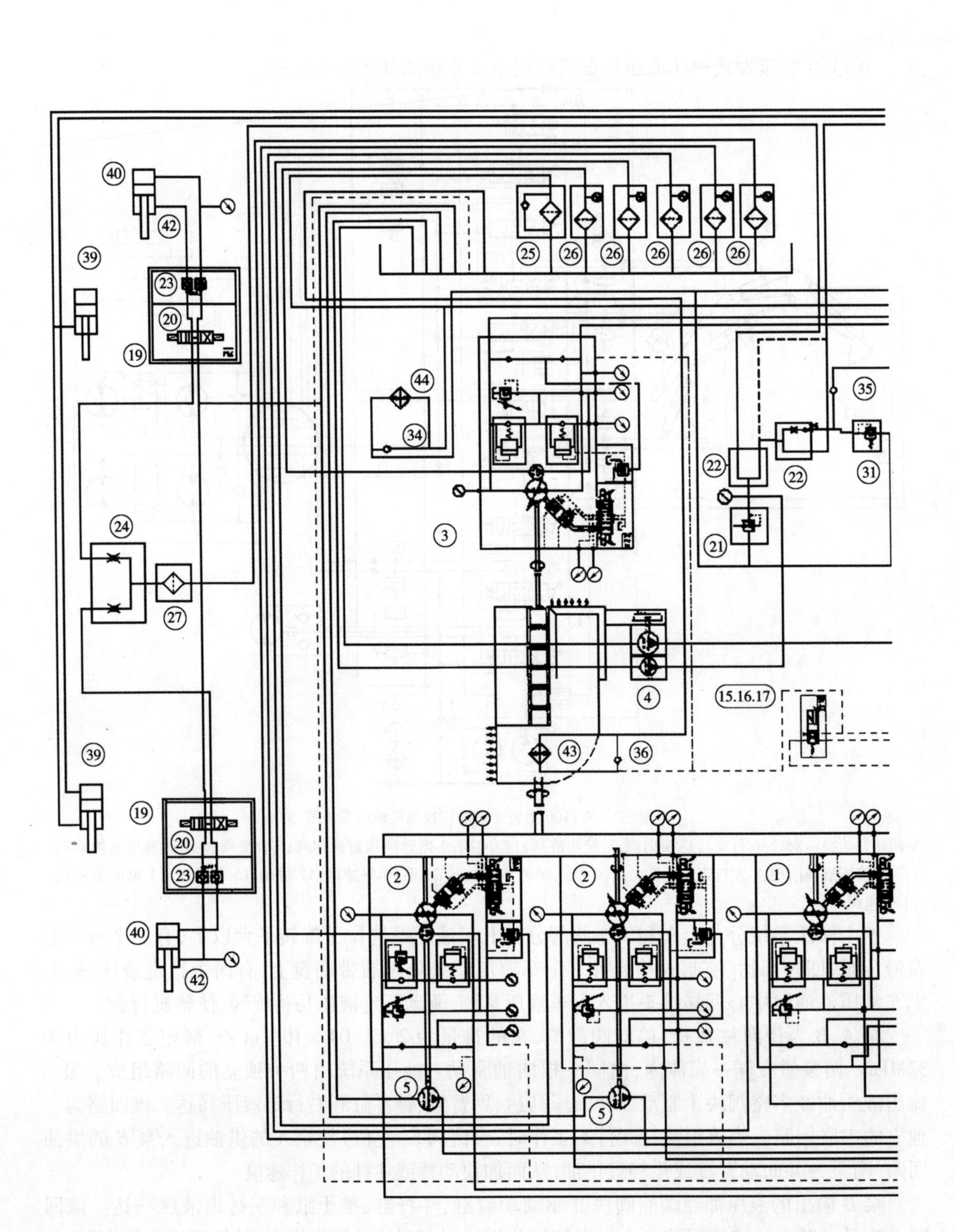

图 8-4　TTTAN422 液压系统

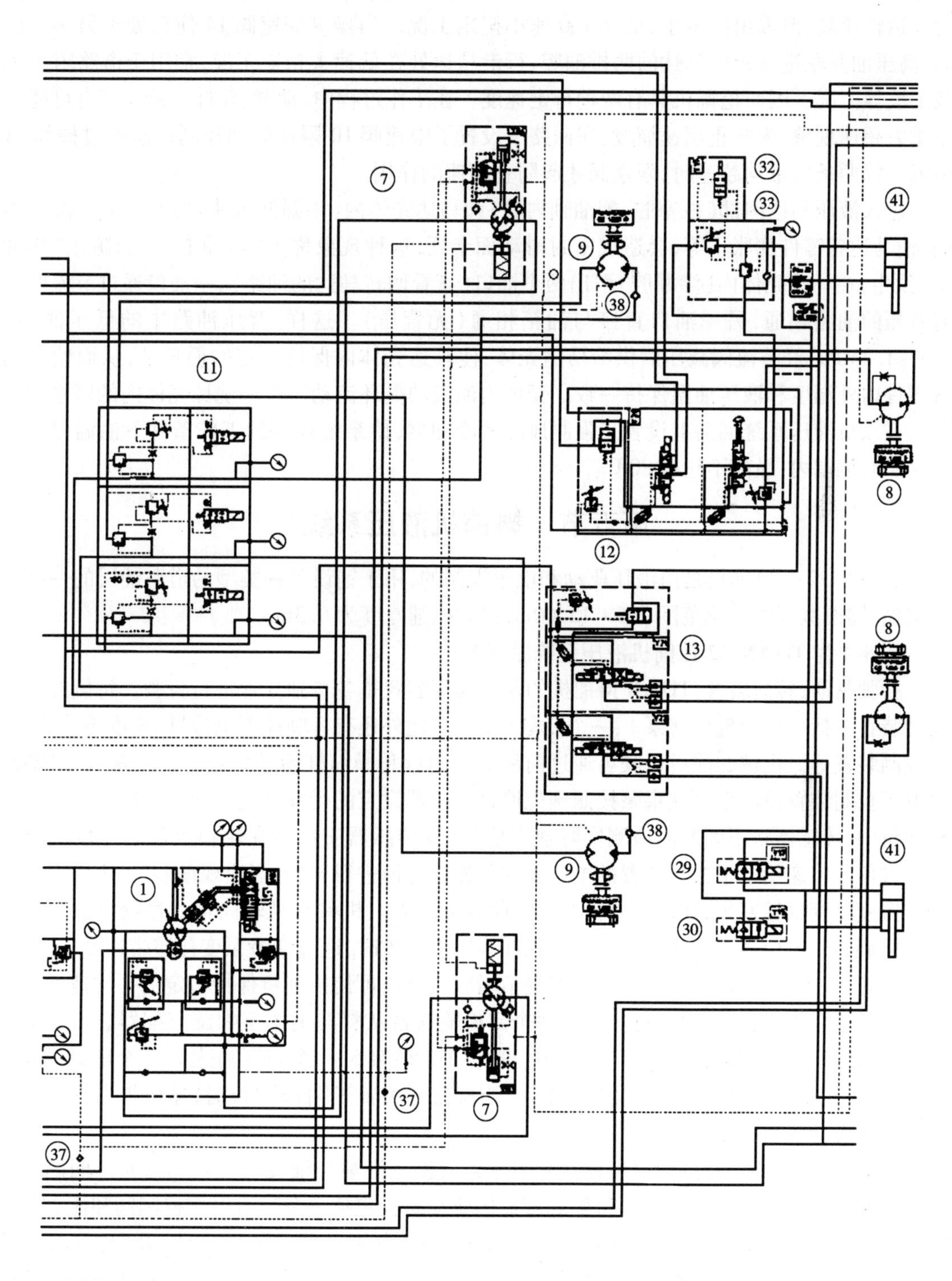

原理图(备注略)

是电磁的，也可是液控的（图示为电磁的）。当变速阀14处于图示位置时，两排马达串联，行走马达转速高，但输出扭矩小，是处于高速小扭矩工况。当操纵变速阀14使其处于另一工位时，高压油并联进入每个马达的两排油腔，行走马达处在低速大扭矩工况，常用于道路阻力大或上坡等工况。因而挖掘机具有两种行走速度。在工作过程中，动臂、斗杆和铲斗都有可能发生重力超速现象，为防止超速溜坡，在回路中设置了限速阀10限速阀的控制油压通过梭阀11引入。仅两条履带均超速时，限速阀才起防止超速的作用。

进入液压马达内部（柱塞腔、配油轴内腔）和马达壳体内（渗漏低压油）的液压油的温度不同，使马达各零件膨胀不等，会造成密封滑动面卡死，这种现象称为“热冲击”。为防止“热冲击”发生，在马达壳体内（渗漏腔）引出两个油口（参看回转马达的油路），一油口通过节流阀与有背压的油路相通，另一油口直接与油箱相通（无背压）。这样，背压油路中的低压油（约0.8～1.2MPa）经节流阀减压后供给马达壳体，使马达壳体内保持一定的循环油，从而使马达各零件内外温度和液压油温保持一致。壳体内油液的循环流动还可冲洗掉壳体内的磨损物。

在该机液压系统回路上设置了强制风冷式冷却器，使系统在连续工作条件下油温保持在50～70℃范围内，最高不超过80℃。

第五节　摊铺机液压系统

TITAN422型摊铺机是由液压驱动和电子控制的，用于铺设各种类型的道路铺层的一种施工机械，铺设宽度的变化范围2.5～12.00m，最大摊铺厚度为0.3m。

图8-4为TITAN422摊铺机液压系统原理图。

行驶驱动、转向装置：TITAN摊铺机的左右履带装置是各自独立地进行行驶。每侧的行驶驱动装置包括一个变量柱塞泵1、一个变量马达7。此外还有行驶速度电位器、速度传感器、电子控制装置等。机械的前后行驶可通过前后盘上的行驶操纵杆给予设定。在正常运行期间，由电子控制装置控制变量柱塞泵按照预先通过电位器设定的行驶速度供给所需的流量。在机械运行中，传感器将不间断的检测实际速度值（速度传感器安装地在轮箱上部的计数轮上），并通过信号传递给电子控制装置的电位器的预先设定值进行比较，当出现偏差时，则由电子控制装置变更变量柱塞泵的输出，以符合设定的履带速度。机械行驶转向可通过操纵盘上控制转向的旋转式电位器进行变化。当机械在曲线段上行驶时，通过变量泵变化履带速度，即一个履带增速，一个履带减速，而且左右速度等值增减，这样，可使摊铺机保持恒定的平均速度。

刮板输送带：机械铺设的材料系由两个刮板输送带从料斗输送至螺旋分配器。每个刮板输送带有一个独立的液压驱动装置，其中包括一个齿轮泵5、一个液压马达9、一个电磁阀Y07（Y08），此外还有搬钮开关、料位传感器等。当搬钮开关置于“自动”位时，输送带由料位传感器通过电磁阀进行控制。

螺旋分配器：用于将铺设材料输送至熨平板两侧并沿整个铺设宽度均匀分布。两侧螺旋器有各自独立的液压装置驱动。每侧螺旋器的驱动装置包括一个带有电磁控制阀和压力切断装置的变量柱塞泵2、一个液压马达8、两个搬钮开关（分别设置“手动/自动”及“比例/最大”的工作状态）等。当一个搬钮开关置于“自动”位而另一个搬钮开关置于“比例”位置时，该螺旋分配器的运行处于自动控制状态，其转速可由0～90r/min之间无级变化，由料位传感器内的电位器及整体电子放大器控制变更变量泵输送至油马达的油量。

捣固器的液压驱动是通过与柴油机飞轮法兰联接的变量泵3,将液压油供给熨平板上的各液压马达来实现的(图中右上角给出了通向该马达的油路方向)。在变量泵上有压力切断装置(压力调节为400bar),该油路系统通过操作盘上的搬钮开关(手动/切断/自动)启动电磁阀进行操纵。捣固器的速度可由旋转式电位器从零至最大值间进行无级调节。

振动器:熨平板上的振动器的液压驱动,是由与柴油机法兰联接的齿轮泵4(上)供油,该油路系统是通过搬钮开关启动电磁阀进行操纵,振动器的驱动马达(图中右下角给出通向该液压马达的油路方向)转速可由组装在熨平板上的流量调节阀从零至最大值间进行无级调节。

液压缸:摊铺机的所有液压缸均由柴油发动机正时齿轮驱动的串联式油泵4(下)供油。其中以4L/min的油量供给调平油缸40,其余油量用于提供熨平板伸缩油缸(图中油路V1、V2及V3、V4分别通向左、右伸缩油缸,由电磁阀13控制)、料斗翼板翻转油缸39以及熨平板升降油缸41。料斗油缸则坐落在操纵盘上的开关通过电磁阀12操纵。输送给调平油缸的流量需经流量分配阀(分流阀)24等量分配给调平油缸。调平油缸的动作通过中央操纵盘上的按钮开关或组装在熨平板外侧端操纵盘上的按钮开关启动电磁阀20进行操纵。当调平油缸不动作时由双向液压锁予以锁紧。此外,在其活塞杆一侧的油路上有一球形截止阀42,当需要摊铺一个要求绝对平整的铺层或铺层无变化厚度时,该阀应予以关闭。电子调平装置,主要用于控制铺层的厚度和铺层的从横坡度。使用纵坡控制器时,其传感器的布置位置可采取与螺旋轴中心线形成平行线方法,并可采用拉紧的钢弦线等方法用作基准控制。机器在行进中传感器不断地进行检测,通过电磁阀20对调平缸40予以自动调平。熨平板的升降油缸由换向阀12(右)操纵。当摊铺机在作业过程中,如出现短时间的停顿,会出现由于温度降低和铺层承载能力增加将熨平板抬高的偶然情况,为此可采用液压防爬锁紧,即利用电磁阀29来实现。这一作用只能在熨平板升降操纵杆处于浮动位即相应的换向阀12(右)处于浮动位时才会有效。

第六节　液压系统故障诊断

液压系统故障诊断一般可分为简易诊断和精密诊断。

一、简易诊断技术

简易诊断技术又称主观诊断法。它是指靠人的五觉(味觉、视觉、嗅觉、听觉和触觉)及个人的实际经验,利用简单的仪器对液压系统出现的故障进行诊断,判别产生故障的部位及原因。

二、精密诊断技术

精密诊断技术,即客观诊断法。它是指在简易诊断法的基础上对有疑问的异常现象,采用各种最新的现代化仪器设备和电子计算机系统等对其进行定量分析,从而对出故障的部位和原因作出诊断。这类方法主要有仪器仪表检测法、油液分析法、振动声学法、超声检测法、计算机诊断专家系统等。目前,精密诊断技术需要的各种仪器设备比较昂贵,如图8-5所示的液压系统检测仪,其价值就非常高。仪器安装如图

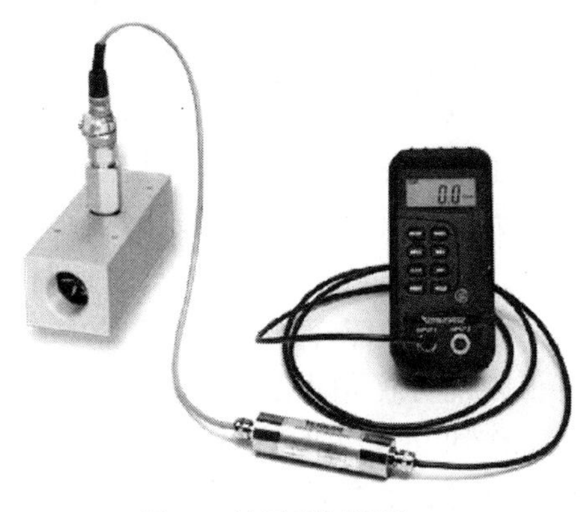

图8-5　液压系统检测仪

8-6所示，可以测量系统中的压力、流量和温度，利用图8-7的加载阀进行加载，就可以根据测量结果确定故障的性质和故障的部位。所以，在实际机械设备液压系统故障诊断中，既要采用传统简易诊断手段，在必要时要采用新的精密诊断方法，因此两者无法替代，将长期共同存在。

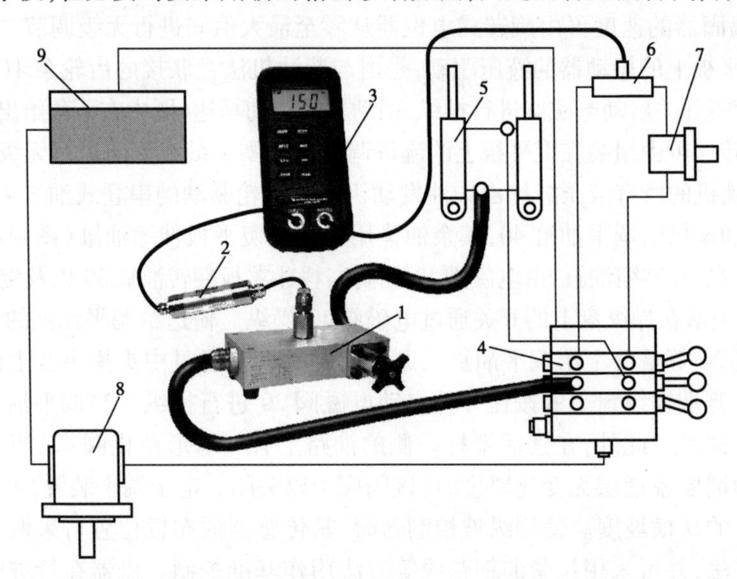

图8-6　仪器安装

1-流量阀；2-信号计；3-仪表；4-阀；5-油缸；6-阀；7-马达；8-油泵；9-油箱

查找液压故障的方法：从故障现象分析入手，查明故障原因是排除故障的最重要和较难的一个环节。初级液压技术人员，出了故障后，往往一筹莫展，感到无处下手。现从实用的观点出发，介绍查找液压故障的典型方法。

1. 根据液压系统图查找液压故障

认识液压图，是从事使用、维修工作的技术人员和技术工人的基本功，也是查找液压故障一种最基本的方法。

2. 仪器仪表检测法

以图8-8液压系统为例。故障现象为液压缸工作无力，加载阀在液压泵的出口①处，并加载至液压泵的额定压力，测量流量和压力及温度。如果流量低，说明液压泵在额定压力下泄漏较大，泵本身出现了泄漏故障，如果压力根本就加不上去，说明液压泵泄漏已非常严重，不能建立起压力。将加载阀安装在液压阀的入口②处，加载至系统额定压力。如果压力不能到达额定压力就可以确定是溢流阀出现故障，不是溢流阀的调定压力低，就是溢流阀内某些元件出现故障，如弹簧折断、阀芯磨损等。此时常常伴随着温度的升高，如果能够加载至额定压力，则是液压泵出现故障，而不是溢流阀的故障。将加载阀安装在液压阀的出口③处并加载，如果流量降低则说明液压阀出现故障，通常是阀芯的磨损，或者是先导油路的压力低导致主阀的阀芯未能工作到位，如果此处的压力和流量均正常，则可确定是液压缸出现故障，常常是密封装置故障或缸筒和活塞磨损所致。

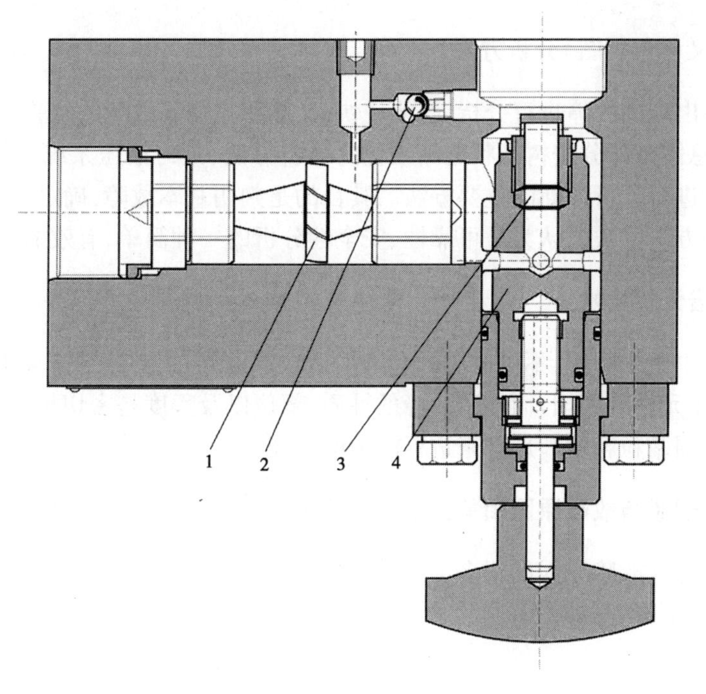

图 8-7　加载阀加载

1-流量传感器;2-安全阀;3-安全片;4-加载阀

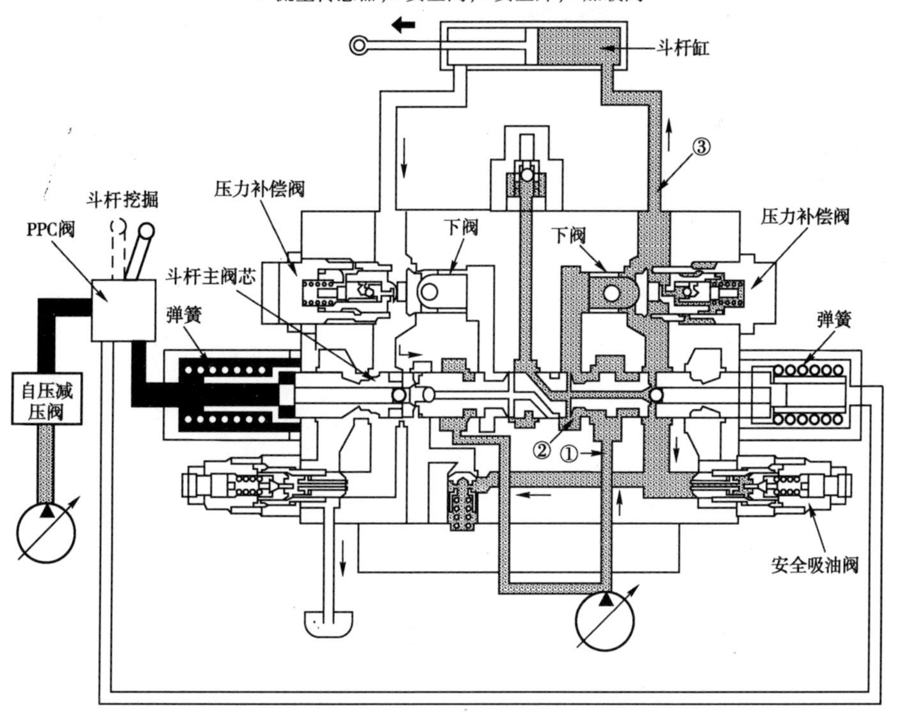

图 8-8　液压系统仪器仪表检测法

3. 因果图（又称鱼刺图）分析方法

对液压设备出现的故障进行分析，既能较快，又能积累排除故障的经验。这是一种将故障形成的原因，由总体至部分按树枝状逐渐细化的分析方法，是对液压系统工作可靠性，及其液压设备液压故障进行分析诊断的重要方法。其目的是判明基本故障，确定故障的原因，影响和发生概率。这种方法已被公认为是可靠性、安全性分析的一种简单，有效的方法。

4. 铁谱、光谱分析技术

液压设备在中由于磨损，不可避免的有磨损微粒遗留在油液中，常常磨损微粒的多少、形状、大小是与液压元件的磨损，而导致故障的性质、部位以及程度是密切相关的。因此，可以用检测油液中的磨损微粒含量和形态来进行故障的诊断。

5. 利用故障现象与故障原因相关分析液压故障

故障现象中包含故障原因的很多信息，而且是相关的、密不可分的。如系统发热常伴随泄漏，无力伴随压力下降，等等。

参 考 文 献

[1] 陈新轩,许安. 工程机械状态检测与故障诊断[M]. 北京:人民交通出版社,2004.
[2] 李永堂,雷步芳,高雨茁. 液压系统建模与仿真[M]. 北京:冶金工业出版社,2003.
[3] 张清劭. 液压与液力传动[M]. 北京:中国铁道出版社,1989.
[4] 颜荣庆. 液压与液力传动[M]. 北京:人民交通出版社,1988.
[5] 张春阳. 液压与液力传动[M]. 北京:人民交通出版社,2004.
[6] 李芳民. 工程机械液压与液力传动[M]. 北京:人民交通出版社,2000.